工程制图及 AutoCAD

张兰英　陈卫华　主编

北京理工大学出版社
BEIJING INSTITUTE OF TECHNOLOGY PRESS

内 容 简 介

本教材是编者根据教育部工程图学课程教学指导分委员会关于工程图学课程的要求,结合近年来工程制图课程体系、课程内容教学改革的要求,遵照工程制图最新国家标准,为高等院校近机类、非机类专业学习机械制图而编写的教学用书。全书除绪论和附录外,共十章。第一章:制图的基本知识与技能;第二章:点、直线和平面的投影;第三章:立体及立体表面的交线;第四章:组合体视图;第五章:轴测图;第六章:机件的各种表达方法;第七章:零件图;第八章:标准件与常用件;第九章:装配图;第十章:计算机绘图。

本书配有大量的三维立体图,重视素质教育、加强能力培养,适用面广。编者还编写了与本教材配套的《工程制图及 AutoCAD 习题集》,供相关专业使用。

本书可作为高等院校近机类、非机类专业的"工程制图"课程的教材,亦可供其他相近专业的师生和工程技术人员使用或参考。有些章节可根据不同专业的需要选用。

版权专有　侵权必究

图书在版编目(CIP)数据

工程制图及 AutoCAD / 张兰英,陈卫华主编．—北京:北京理工大学出版社,2019.8(2022.7 重印)

ISBN 978-7-5682-6271-2

Ⅰ. ①工… Ⅱ. ①张… ②陈… Ⅲ. ①工程制图-AutoCAD 软件-高等学校-教材 Ⅳ. ①TB237

中国版本图书馆 CIP 数据核字(2018)第 202574 号

出版发行 /	北京理工大学出版社有限责任公司
社　　址 /	北京市海淀区中关村南大街 5 号
邮　　编 /	100081
电　　话 /	(010)68914775(总编室)
	(010)82562903(教材售后服务热线)
	(010)68948351(其他图书服务热线)
网　　址 /	http://www.bitpress.com.cn
经　　销 /	全国各地新华书店
印　　刷 /	唐山富达印务有限公司
开　　本 /	787 毫米×1092 毫米　1/16
印　　张 /	19
字　　数 /	435 千字
版　　次 /	2019 年 8 月第 1 版　2022 年 7 月第 4 次印刷
定　　价 /	52.00 元

责任编辑 / 陆世立
文案编辑 / 赵　轩
责任校对 / 周瑞红
责任印制 / 李志强

图书出现印装质量问题,请拨打售后服务热线,本社负责调换

前　言

"工程制图"是高等院校工科类专业必修的一门重要技术基础课,是介于基础课和专业课之间的桥梁。图样在生产实践中充当着机械工程与产品信息的载体,是工程界共同的技术语言。随着我国高等教育的不断发展,教育、教学方法改革的不断深入,各高校的课程体系、教学内容与手段都有较大的改变。本书编者多年来一直致力于"工程制图"的教学改革,力图寻求一种适应现代化需求的、面向 21 世纪的教学模式,并在近年来的教学中,探索和实践这种模式,以便培养出更多的高质量工程技术人才。本书正是为配合这种需求而编写的。

在编写过程中,我们着重考虑了以下几点。

1. 注意阐明基本理论和基本知识,突出重点;既注重理论联系实际,又符合人们的认识规律,以利于培养和提高学生的素质,努力使理论与应用有机地结合起来。

2. 为了便于教学,在教材内容编排上注意内容的系统性、科学性和实践性。力求对每一个概念阐述清楚,深入浅出,通俗易懂,便于阅读。

3. 本书以图为主,充分体现了二维图形与三维立体图形的有机结合,提高了教材的实用性。

4. 本书在内容及选题上力求贯彻"少而精"的原则。对于基本概念、基本原理及基本方法尽量讲深讲透。在写法上力求通俗易懂,言简意明,便于读者自学。

5. 本书融入了计算机绘图的内容。

6. 本书采用了最新的国家标准。

本书适用于高等院校近机类、非机类专业,亦可供其他相近专业使用或参考。有些章节可根据不同专业的需要选用。

全书除绪论和附录外,共十章。另外,本书编者还编写了《工程制图及 AutoCAD 习题集》,配合本教材使用。

参加编写的有:张兰英(绪论、第二章、第三章、第四章、第五章、第七章、第九章)、陈卫华(第一章、第六章、第八章、第十章、附录)。本书由章阳生教授审稿。

本书在编写过程中,得到兰州理工大学有关院系、部门的帮助和支持。对此我们表示衷心的感谢。

对本书存在的问题,我们热诚希望广大读者提出宝贵的意见与建议,以便今后继续改进。谨此表示衷心感谢。

编　者

目 录

绪论 ·· (1)

第一章 制图的基本知识与技能 ·· (3)
第一节 国家标准《机械制图》基本内容简介 ··· (3)
第二节 绘图工具及其使用方法 ··· (11)
第三节 几何作图方法 ··· (15)
第四节 平面图形分析与绘图方法 ··· (20)
第五节 绘图的基本方法与步骤 ··· (23)

第二章 点、直线和平面的投影 ··· (25)
第一节 投影的基本知识 ··· (25)
第二节 点的投影 ··· (28)
第三节 直线的投影 ··· (32)
第四节 平面的投影 ··· (36)

第三章 立体及立体表面的交线 ··· (40)
第一节 立体 ··· (40)
第二节 平面与立体相交 ··· (49)
第三节 两曲面立体相交 ··· (57)

第四章 组合体视图 ··· (63)
第一节 三视图的形成及投影规律 ··· (63)
第二节 组合体的形体分析 ··· (64)
第三节 组合体视图的画法 ··· (68)
第四节 读组合体视图 ··· (71)
第五节 组合体的尺寸标注 ··· (80)

第五章 轴测图 ·· (88)
第一节 轴测投影的基本概念 ··· (88)
第二节 正等轴测图 ··· (90)
第三节 斜二轴测图 ··· (96)
第四节 轴测剖视图 ··· (98)

第六章 机件的各种表达方法 ··· (100)
第一节 视图 ··· (100)
第二节 剖视图 ··· (103)
第三节 断面图 ··· (113)
第四节 局部放大图和简化画法 ··· (115)
第五节 机件的各表达方法的综合举例及其小结 ··· (120)
第六节 第三角投影法介绍 ··· (122)

第七章 零件图 (125)
第一节 零件图的内容 (125)
第二节 零件与部件的关系 (126)
第三节 零件图上的技术要求 (129)

第八章 标准件与常用件 (154)
第一节 螺纹和螺纹紧固件 (154)
第二节 螺纹的标注 (159)
第三节 螺纹紧固件的装配图画法 (162)
第四节 键、销连接 (165)
第五节 齿轮的画法 (169)
第六节 滚动轴承的画法 (177)
第七节 弹簧 (180)
第八节 零件的分类和表达方法 (183)

第九章 装配图 (186)
第一节 装配图的内容 (186)
第二节 装配图的表达方法 (188)
第三节 装配图的尺寸标注和技术要求 (190)
第四节 装配图上的序号和明细栏 (191)
第五节 装配结构 (193)
第六节 画装配图的方法和步骤 (194)
第七节 看装配图的方法和步骤及拆画零件图 (198)

第十章 计算机绘图 (203)
第一节 AutoCAD 基础知识 (203)
第二节 创建二维图形对象 (209)
第三节 图形编辑命令 (216)
第四节 图形的显示控制 (224)
第五节 图层、线型及颜色设置 (225)
第六节 文字的写入与编辑 (230)
第七节 尺寸标注及图案填充 (233)
第八节 图块与属性 (241)
第九节 AutoCAD 图形输出 (243)

附录 (256)
附录1 极限与配合 (256)
附录2 螺纹 (264)
附录3 螺纹紧固件 (267)
附录4 常用滚动轴承 (283)
附录5 常用材料及热处理名词解释 (286)
附录6 常用标准数据和标准结构 (290)

参考文献 (292)

绪 论

一、本课程的性质和内容

图样和文字一样,是人类借以表达、构思、分析和交流思想的基本工具,在工程技术上得到了广泛的应用。机器、仪表、设备的设计和制造都离不开图样,都是以图样为依据的。图样就是能够准确表达物体的形状、尺寸及技术要求的图形。工程图样是工程技术中一种重要的技术资料,是进行技术交流不可缺少的工具,是工程界的"共同语言"。每个工程技术人员都必须能够阅读和绘制工程图样。在机械工程中常用的图样是零件图和装配图。

本课程是一门研究用投影法绘制和阅读工程图样以及解决空间几何问题的理论和方法的技术基础课,包括画法几何、制图基础、机械制图和计算机绘图 4 部分。

画法几何部分:研究用投影法图示空间物体和图解空间几何问题的基本理论和方法。

制图基础部分:介绍制图的基础知识和基本规定,培养学生绘制和阅读投影图的能力。

机械制图部分:培养学生绘制和阅读机械图样的基本能力及查阅有关的国家标准的能力。

计算机绘图部分:介绍计算机绘图的基本知识,培养学生使用计算机绘制图样的基本能力。

通过这 4 部分的学习,为工程绘图打下坚实的基础,经过进一步的专业知识的学习和实践,造就具有现代意识的工程技术人才。

二、本课程的学习目的和任务

(1) 学习投影法(主要是正投影法)的基本理论,为绘制和阅读各种工程图样打下良好的理论基础。

(2) 培养绘制和阅读机械零件图和部件装配图的基本能力。

(3) 培养学生空间想象、分析和造型的能力。

(4) 培养学生使用计算机绘制工程图样的能力。

(5) 培养学生认真、细致、严谨和科学的工作作风。

三、本课程的学习方法

(1) 本课程是一门实践性较强的课程,因此,学习时必须要认真、及时、独立地完成作业。

(2) 本课程是一门研究三维形体的形状与二维平面图形之间关系的课程,也就是"由物画图,由图想物"的过程。学习时要把投影分析与空间想象紧密地结合起来,要重视空间想象能力的培养。

(3) 理解和掌握基本概念、基本原理和基本作图方法。

(4) 要注意培养自学的能力。学生在自学时要循序渐进和抓住重点,把基本概念、基本理论和基本知识掌握好,然后深入理解有关理论内容并扩展知识面。

（5）图样是加工、制造的依据，在生产中起着重要的作用。绘图时，每条线、每个字都要严格要求，图纸上细小的差错都会给生产带来影响和损失。因此，学生在学习过程中要养成认真负责的态度和严谨细致的作风。

第一章 制图的基本知识与技能

图样是产品从市场调研、方案确定、设计制造、检测安装、使用到维修的整个过程中必不可少的技术资料,是工程技术人员交流信息的重要工具。国家标准《机械制图》是一项基础性的技术标准,要正确地绘制机械图样,必须严格遵守国家标准关于制图的各项规定,学会正确使用绘图工具,掌握合理的绘图方法和步骤。

第一节 国家标准《机械制图》基本内容简介

为了适应现代化生产、管理和便于技术交流,国家标准《机械制图》对绘图规则、图样画法等作了统一规定。我国国家标准的代号是"GB",简称国标。本节先简要介绍现行国家标准中的基本内容,其余有关内容将在以后各章中分别介绍。

一、图纸幅面和格式

1. 图纸幅面

绘制技术图样时,应优先采用表 1-1 所规定的图纸幅面,图纸幅面代号有 A0、A1、A2、A3、A4 五种。必要时,也允许选用规定的加长幅面,这时幅面尺寸是由基本幅面的短边成整数倍增加后得出的。

表 1-1 图纸幅面　　　　　　　　　　　　　　　mm

幅面代号	A0	A1	A2	A3	A4
$B \times L$	841×1 189	594×841	420×594	297×420	210×297
e	20		10		
a	25				
c	10			5	

2. 图框格式

在图纸上,无论何种幅面的图样,均须用粗实线画出图框线,其格式分为不留装订边和留装订边两种,如图 1-1 所示。

3. 标题栏

在图框的右下角必须绘出标题栏,其格式、内容和尺寸如图 1-2 所示。

国家标准规定生产上用的标题栏比较复杂,内容也较多,建议学生在制图作业中采用如图 1-3 所示的简化标题栏。

二、比例

比例是指图样中图形大小与实物相应要素的线性尺寸之比。图样比例分为原值比例、放大比例和缩小比例三种。根据机件的大小与结构的不同,绘图时可根据情况放大或缩小。为

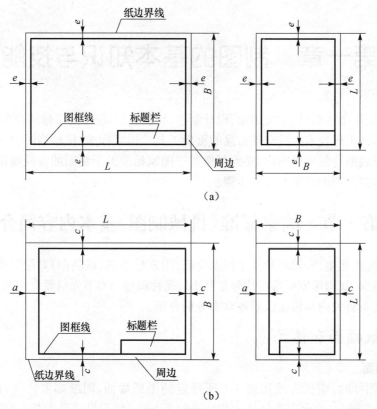

图 1-1 图框格式
(a) 不留装订边；(b) 留有装订边

了便于看图,绘图时应尽可能采用1:1的比例。图1-4为采用不同比例所绘制的图样,分别为1:1[图(a)],1:2[图(b)]及2:1[图(c)]。

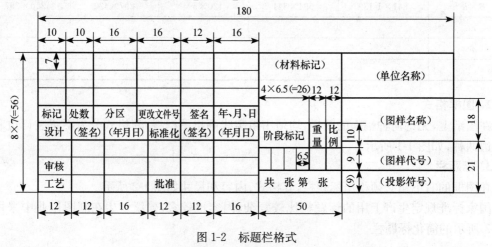

图 1-2 标题栏格式

无论采用哪种比例,图形上所标注的尺寸必须是机件的实际大小,与图形的比例无关。在绘制技术图样时,应从表1-2规定的绘图比例中选取适当比例。绘制同一机件的各个视图一般应采用相同的比例,如果某个视图需采用不同的比例时,则应在该视图的上方另行标注。

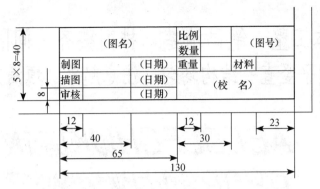

图 1-3　简化标题栏格式

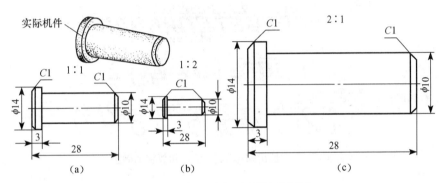

图 1-4　采用不同比例所绘的视图

表 1-2　绘图比例

种　类		比　例					
原值比例		1∶1					
放大比例	优先使用	5∶1	2∶1	$5×10^n∶1$	$2×10^n∶1$	$1×10^n∶1$	
	允许使用	4∶1	2.5∶1	$4×10^n∶1$	$2.5×10^n∶1$		
缩小比例	优先使用	1∶2	1∶5	1∶10	$1∶2×10^n$	$1∶5×10^n$	$1∶1×10^n$
	允许使用	1∶1.5	1∶2.5	1∶3	1∶4	1∶6	
		$1∶1.5×10^n$	$1∶2.5×10^n$	$1∶3×10^n$	$1∶4×10^n$	$1∶6×10^n$	

注：n 为正整数

三、字体

(1) 字体包括汉字、字母和数字三种，图样中书写的字体必须做到：字体工整、笔画清楚、间隔均匀、排列整齐。

(2) 字体的高度称为字体的号数，字体高度（用 h 表示，单位为 mm）的公称尺寸系列为 1.8,2.5,3.5,5,7,10,14,20。

(3) 汉字应写成长仿宋体字，并采用国家正式公布推行的《汉字简化方案》中规定的简化字。汉字的高度 h 不应小于 3.5mm，其字宽一般为 $h/\sqrt{2}$；字母和数字分 A 型（笔画宽 d 为 $h/14$）和 B 型（笔画宽 d 为 $h/10$）两种，可书写成直体和斜体（字头向右斜，与水平方向成 75°），同一张图纸只允许用一种类型的字体。图 1-5 分别为长仿宋体汉字、字母和数字示例。

汉字示例：

字体工整　笔画清楚　排列整齐　间隔均匀
横平竖直　结构均匀　注意起落　填满方格

字母示例：

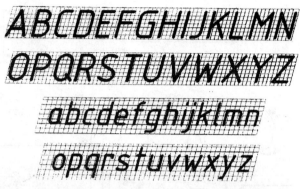

数字示例：

图 1-5　长仿宋体汉字、字母和数字示例

四、图线及其画法

1. 线型

图线是起点和终点以任意方式连接的一种几何图形，它可以是直线或曲线、连续线或不连续线。表 1-3 为国家标准规定的各种图线的名称、型式、宽度及主要用途，供绘图时选用。

表 1-3　图线的名称、型式、宽度及主要用途

图线名称	线　型	图线宽度	主要用途
粗实线	————————	d	(1) 可见轮廓线 (2) 相贯线
细实线	————————	$d/2$	(1) 尺寸线及尺寸界线 (2) 剖面线 (3) 过渡线 (4) 重合断面的轮廓线 (5) 指引线和基准线
细虚线	- - - - - - - -	$d/2$	(1) 不可见轮廓线 (2) 不可见棱边线
细点画线	— · — · — · —	$d/2$	(1) 轴线 (2) 对称中心线 (3) 剖切线
波浪线	～～～～～	$d/2$	断裂处边界线；视图与剖视图的分界线[①]
双折线	—⋀—⋀—⋀—	$d/2$	断裂处边界线；视图与剖视图的分界线[①]

续表

图线名称	线　型	图线宽度	主要用途
细双点画线	———————————	$d/2$	(1) 相邻辅助零件的轮廓线 (2) 可动零件的极限位置的轮廓线 (3) 成形前轮廓线 (4) 轨迹线
粗点画线	——— · ——— · ———	d	限定范围表示线
粗虚线	— — — — — —	d	允许表面处理的表示线

注：①在一张图样上一般采用一种线型，即采用波浪线或双折线。

图线的一般应用示例，如图 1-6 所示。

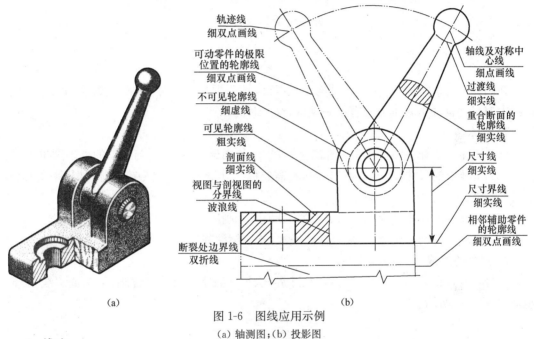

图 1-6　图线应用示例
(a) 轴测图；(b) 投影图

2. 线宽

图样的图线宽度分为粗、细两种，粗实线宽度应根据图的大小和复杂程度，在 0.5～2mm 范围内选择。图线宽度的推荐系列（单位为 mm）为：0.18，0.25，0.35，0.5，0.7，1，1.4，2。机械制图中常用的粗实线宽度为 0.7mm 和 1mm。机械制图中粗、细线宽度之比为 2∶1。

3. 图线画法

画图线时应注意以下几个问题。

(1) 在同一张图样中，同类图线的宽度应基本一致。细虚线、细点画线及细双点画线的线段长度和间隔应各自大致相等，其长度可根据图形的大小决定。

(2) 绘制圆的中心线时，圆心应为长画的交点。细点画线的首末两端应该是长画而不是短画，且应超出图形 2～5mm。细点画线、细双点画线、细虚线与其他线相交或自身相交时，均应交于长画处。

(3) 在较小的图形上画细点画线或细双点画线有困难时，可用细实线代替。

(4) 细虚线为粗实线的延长线时，细虚线在连接处应留有空隙；细虚线直线与细虚线圆弧相切时，细虚线圆弧的线段应画到切点，在与之相切的细虚线直线间应留有空隙。

(5) 当图中的线段重合时,其优先次序依次为粗实线、细虚线、细点画线。

图线画法示例如图 1-7 所示。

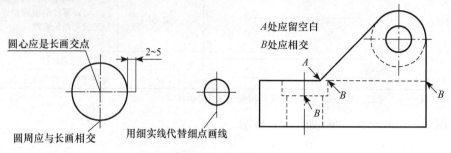

图 1-7 图线画法示例

五、尺寸标注方法

在图样中,除了要表达机件的结构形状以外,还需要标注尺寸,以确定机件的大小。国家标准中对尺寸标注的基本方法有统一规定,绘图时必须严格遵守。

1. 基本原则

(1) 图样中所标注的尺寸为机件的实际尺寸,与图样比例无关,与绘图的准确度也无关。

(2) 图样中的尺寸以 mm 为单位时,不需要标注计量单位的符号或名称;如果采用其他单位,则必须注明。

(3) 图样中的尺寸应为机件的最终加工尺寸,否则应加以说明。

(4) 机件中的同一尺寸,一般只标注一次,并应标注在反映该结构最清晰的图样上。

2. 尺寸的组成

图样中标注的尺寸一般由尺寸线、尺寸界线、尺寸数字和尺寸线终端(箭头或斜线)4 部分组成,如图 1-8 所示。

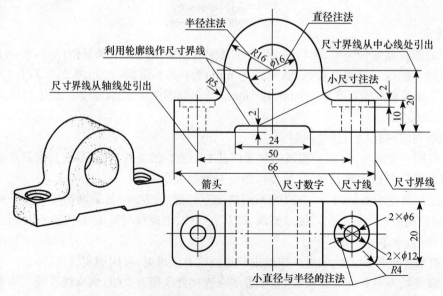

图 1-8 图样上的各种尺寸标注法

1) 尺寸线

尺寸线表示尺寸度量的方向,用细实线绘制,同方向尺寸线之间的距离应均匀,间隔为7~10mm。尺寸线不能用其他图线代替,也不能与其他图线重合或画在其他图线的延长线上。尺寸线不能相互交叉,而且要避免与尺寸界线交叉。标注线性尺寸时,尺寸线必须与所标注的线段平行。

尺寸线一般应与尺寸界线垂直,必要时才允许倾斜,如图1-9所示。

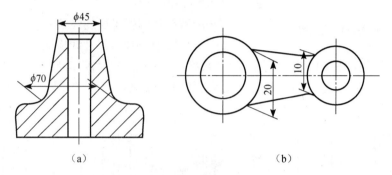

图1-9　尺寸线倾斜标注示例

2) 尺寸界线

尺寸界线表示尺寸的起止范围,用细实线绘制,并应由图形的轮廓线、轴线及对称中心线引出或由它们代替。尺寸界线一般与尺寸线垂直,且超出尺寸线2~5mm。

3) 尺寸数字

尺寸数字表示机件的实际尺寸大小。

(1) 尺寸数字一般注写在尺寸线的上方,也允许注写在尺寸线的中断处。对于垂直方向的尺寸,其数字一般注写在尺寸线的左边,并且字头向左,也可水平地注写在尺寸线的中断处,但在同一张图样中必须采用同一种标注形式。

(2) 线性尺寸的数字方向一般应按图1-10(a)所示的方向注写,并尽可能避免在图示30°的范围内标注尺寸。无法避免时,应采用图1-10(b)的引出标注形式。

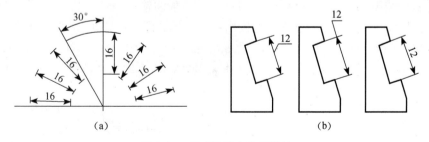

图1-10　尺寸数字方向标注法

(3) 尺寸数字不可被任何图线通过,当无法避免时,必须将该图线断开。如图1-8中的$R16$处将粗实线圆断开。

4) 尺寸线终端

尺寸线终端可以是箭头或斜线两种形式。机械图样上的尺寸线终端一般画成箭头,以表明尺寸的起止,其尖端应与尺寸界线相接触。图 1-11 所示为尺寸线终端的放大图。

图 1-11 中尺寸 b 为粗实线的宽度,尺寸 h 为尺寸数字的高度。箭头应尽量画在尺寸界线的内侧,对于狭小尺寸,如果没有足够的位置画箭头或注写数字时,可将箭头或数字放在尺寸界线的外侧,如图 1-12(a)所示。当连续标注几个较小的尺寸时,允许用圆点或斜线代替箭头,如图 1-12(b)、(c)所示。

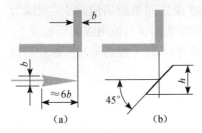

图 1-11　尺寸线终端的放大图

3. 圆的直径和圆弧半径的注法

(1) 标注圆的直径时,尺寸线应通过圆心,尺寸线的两个终端应画成箭头,如图 1-13(a)所示,尺寸数字前应加上符号"ϕ"。当图形中的圆弧显示大于一半时,尺寸线应略超过圆心,此时仅在尺寸线的一端画出箭头,如图 1-13(b)所示。

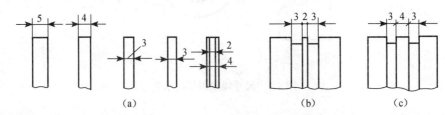

图 1-12　狭小尺寸的注法及箭头的替代

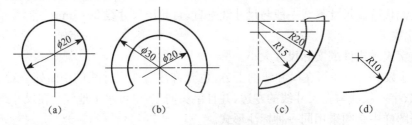

图 1-13　圆和圆弧的尺寸注法

(2) 标注圆弧的半径时,尺寸线的一端一般应画到圆心,以明确表明其圆心的位置,另一端画成箭头,如图 1-13(c)、(d)所示;在尺寸数字前应加注符号"R"。

(3) 当圆弧的半径过大,或在图纸范围内无法标出其圆心位置时,可将尺寸线画成折线形式(只折一次),如图 1-14(a)所示;若不需要标出圆心位置,可按图 1-14(b)所示的形式标注。

(4) 标注球面的直径或半径时,应在符号"ϕ"或"R"前再加注符号"S",如图 1-15 所示。

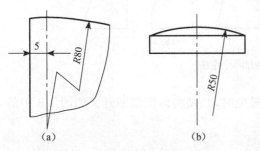

图 1-14　大圆弧半径标注法

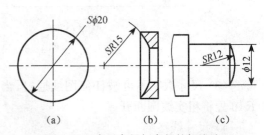

图 1-15　球面直径与半径的标注法

(5) 当图形中圆弧或圆较小时,如果没有足够的位置画箭头或注写数字,可按图1-16所示的形式标注尺寸。标注小圆弧半径的尺寸线时,不论其是否画到圆心,其方向都必须指向圆心。

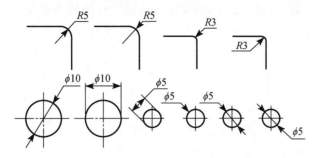

图1-16 小直径与半径标注法

4. 角度的注法

(1) 标注角度时,尺寸线应画成圆弧,其圆心是该角的顶点,尺寸界线应沿径向引出,如图1-17(a)所示。

(2) 角度标注的数字应一律写成水平方向,一般注写在尺寸线的中断处,必要时也可以注写在尺寸线的上方或外面,也可引出标注,如图1-17(b)所示。

5. 板状零件厚度的注法

当仅用一个视图表示板状零件,且厚度全部相同时,其厚度标注可在尺寸数字前加注符号"t",如图1-18所示。

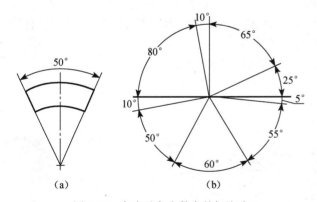

图1-17 角度及角度数字的标注法

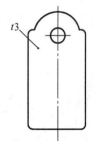

图1-18 板状零件厚度的标注

第二节 绘图工具及其使用方法

为了提高绘图效率,保证图面质量,必须正确、合理地使用绘图工具和仪器,从绘图实践中不断总结经验,才能逐步提高绘图技能。下面简要介绍常用绘图工具及其使用方法。

一、图板和丁字尺

图板用来固定图纸,板面应光滑、边框应平直。绘图时将图纸用胶带固定在图板上,不用时应竖立保管,保护工作面,避免受潮或曝晒,以防变形。

丁字尺用来画水平线,由尺头和尺身组成,与图板配合使用,如图1-19所示。使用时尺头的内侧边应紧靠在图板的左侧导边上,以保证尺身的工作边始终处在正确的水平位置。切忌在尺身下边画线。

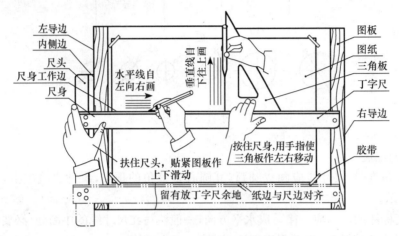

图1-19 图板、丁字尺的使用

二、直尺和三角板

一副三角板有30°三角板和45°三角板各一个,经常与丁字尺、直尺配合使用,可画出垂直线和15°角整数倍的倾斜线。画垂直线时,将三角板的一直角边紧靠在丁字尺尺身的工作边上,铅笔沿三角板的垂直边自下而上画线,如图1-20所示。

直尺和三角板配合,还可以画已知斜线的平行线或垂线,如图1-21所示。

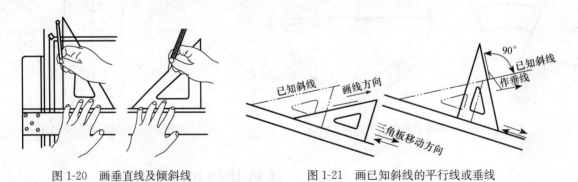

图1-20 画垂直线及倾斜线　　　　图1-21 画已知斜线的平行线或垂线

三、圆规

圆规是画圆及圆弧的工具,常用的有三用圆规(图1-22)、弹簧圆规和点圆规(图1-23)。弹簧圆规和点圆规是用来画小圆的,而三用圆规则可以通过更换插脚来实现多种绘图功能。圆规的用途及用法见表1-4。

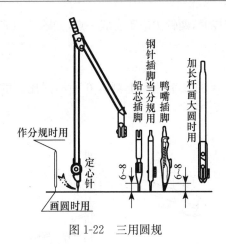

图 1-22 三用圆规

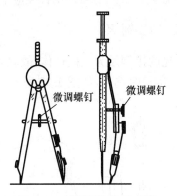

图 1-23 弹簧圆规和点圆规

表 1-4 圆规的用途及用法

用 途	图 例	用 法
圆规头部结构		圆规使用前要调整针尖,使铅芯与定心针的针尖台阶平齐
画一般圆或圆弧		画圆时,针尖准确放于圆心处,铅芯尽可能垂直于纸面,顺一个方向均匀转动圆规,并使圆规向转动方向倾斜
画大圆或圆弧		画大圆时应装加长杆,针尖和铅芯都应垂直于纸面,一手按住针尖,另一手转动铅芯插脚
画小圆或圆弧		一般用点圆规画 5mm 以下的小圆。先以拇指和中指提起套管,食指按下针尖对准圆心,然后放下套管使针尖与纸面接触,转动套管即可画出小圆。画完后先要提起套管才能拿走小圆规

四、分规

分规的结构与圆规相似,只是两头都是钢针。分规用来量取或截取长度、等分线段或圆弧。

为了准确度量尺寸,分规的两针尖应平齐,当两腿合拢时,两针尖应重合成一点,如图 1-24 所示。

五、比例尺

常见的比例尺为三棱柱体,故又名三棱尺。在尺的 3 个棱面上刻有 6 种不同比例的刻度尺寸,供度量时选用,如图 1-25 所示。

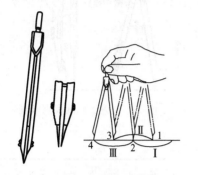

图 1-24　分规及其使用

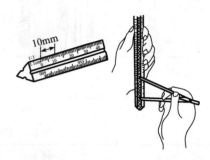

图 1-25　比例尺及其用法

六、曲线板

曲线板是用来画非圆曲线的工具,其轮廓线由多段不同曲率半径的曲线组成,如图 1-26 所示。作图时,先徒手用铅笔轻轻地把曲线上一系列点顺次连接起来,然后选择曲线板上曲率合适的部分与徒手连接的曲线贴合,并将曲线描深。每次连接应至少通过曲线上 3 个点,并注意每画一段线应和前一段的末端有一段相吻合,以保证曲线连接光滑。

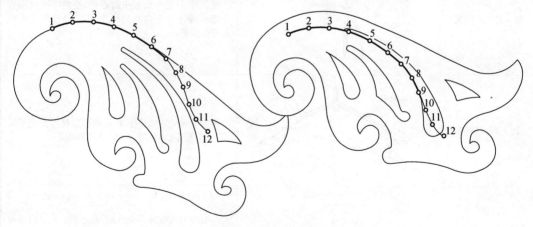

图 1-26　曲线板的用法

七、铅笔

铅笔一般采用木质绘图铅笔,其末端印有铅芯硬度标记。绘图时应同时准备 H、2H、HB、B、2B 铅芯的铅笔数支。绘制各种细线及画底稿时可用稍硬的铅笔,如 H 或 2H;加深图线时则用较软的铅笔,如 B 或 2B;写字时,则选用软硬适中的 HB 铅笔较合适。铅芯长度最好为 6～8mm,铅笔应从无字的一端开始使用,以保留铅芯硬度标记。

八、绘图机

绘图机取代了丁字尺和三角板，利用绘图机上的水平尺和垂直尺的刻度，可以直接在图上进行度量，这样大幅提高了绘图速度。常用的绘图机有以下几种。

1. 钢带式绘图机

钢带式绘图机如图1-27(a)所示，它可以绘制A1幅面范围内的各种图纸，固定在机头上的一对互相垂直的纵横直尺，在移动时可始终保持平行，机头还可以作360°转动。

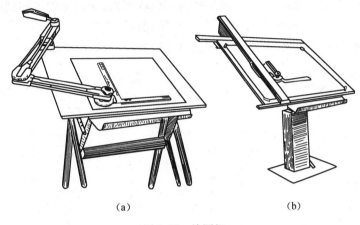

图1-27 绘图机

2. 导轨式绘图机

导轨式绘图机如图1-27(b)所示，它可以绘制大幅面的图纸，机头结构与钢带式绘图机相似。机头可沿横梁上的导轨上下平移，而横梁又可沿顶端的纵向导轨作左右平移，图板台面可以偏斜，并能升降。导轨式绘图机刚性较好，因此所绘图样精确度较高。

3. 自动绘图机

自动绘图机是由电子计算机控制的新一代先进绘图机，它的发展极为迅速，而且应用越来越广泛。

第三节　几何作图方法

任何平面图形都可以看作是由一些简单的几何图形组成的，常遇到的几何作图问题有等分线段、等分圆周、斜度与锥度、圆弧连接以及绘制平面曲线等。熟练掌握几何作图方法，迅速准确地画出平面图形，是工程技术人员应掌握的基本技能之一。

一、等分线段

图1-28为将已知直线段AB五等分的一般作图法：过点A任意作一直线AC，用分规以适当长度为单位在AC上截得1、2、3、4、5五个等分点，如图1-28(a)所示；然后连接$5B$，并过1、2、3、4各等分点作$5B$的平行线与AB交于点$1'$、$2'$、$3'$、$4'$，即得AB的各等分点，如图1-28(b)所示。

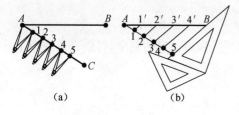

图 1-28 等分线段

二、等分圆周及作正多边形

图样中经常会遇到正多边形结构,如六角头螺栓的头部即为正六边形,画图时就要通过六等分圆周来完成作图。具体作法如下。

(1) 因为圆的内接正六边形的边长等于其半径,所以六等分圆周及作正六边形的方法是以圆的水平中心线与圆周的交点 1、2 为圆心,以圆的半径为半径画圆弧,交圆上的点即把圆周六等分,依次连接等各等分点,即得正六边形,如图 1-29(a)、(b)所示。

(2) 也可利用丁字尺和 30°-60°三角板配合作图,如图 1-29(c)所示。

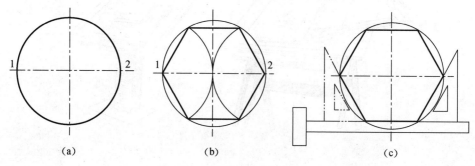

图 1-29 圆的内接正六边形画法

三、斜度与锥度

1. 斜度

斜度是指一直线(或平面)对另一直线(或平面)的倾斜程度,其大小用两者之间的夹角的正切值来表示[图 1-30(a)],即

$$斜度 = H/L = BC/AC = \tan\alpha \ (\alpha \ 为倾斜角度)$$

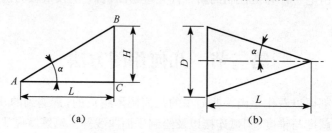

图 1-30 斜度与锥度

作 1:5 的斜度图时,先按其他有关尺寸作出它的非倾斜部分的轮廓,如图 1-31(a)所示,再过点 A 作水平线,任取一个单位长度 AB,自点 A 开始截取相同的五等份。过点 C 作 AC 的垂线,并取 CD=AB,连接 AD 即完成该斜面的投影,最后完成全部作图,如图 1-31(b)所示。

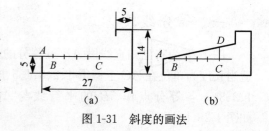

图 1-31 斜度的画法

斜度用斜度符号进行标注,斜度符号如图 1-32(a)所示。图中尺寸 h 为数字的高度,符号的线宽为 $h/10$。斜度在图样上通常以 $1:n$ 的形式标注,并在前面加上斜度符号"∠",符号斜线的方向应与斜度方向一致。标注斜度的方法如图 1-32(b)、(c)、(d)所示。

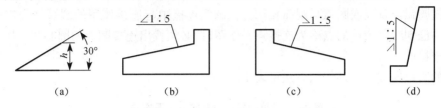

图 1-32　斜度的符号及注法

2. 锥度

锥度是指正圆锥体的底圆直径与圆锥高度之比,如图 1-30(b)所示;如果是圆锥台,则为两底圆直径之差与圆锥台高度之比,如图 1-33(a)所示,即

$$锥度 = \begin{cases} D/L & (正圆锥) \\ (D-d)/l & (圆锥台) \end{cases} = 2\tan\alpha \ (\alpha \text{ 为圆锥半角})$$

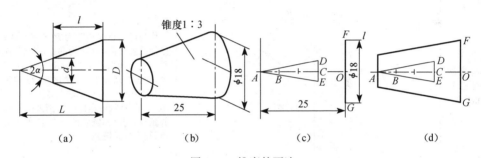

图 1-33　锥度的画法

工程上一般将锥度值化为 $1:n$ 形式来表示。如图 1-33(b)所示圆锥台具有 1∶3 的锥度。作图时,先根据圆锥台的尺寸 25 和 ϕ18 作出 AO 和 FG 线,过点 A 任取一个单位长度 AB,自点 A 开始在 AO 上截取相同的三等份。过点 C 作 AC 的垂线,并取 $DE=AB$,连接 AD 和 AE 并过点 F 和点 G 分别作 AD 和 AE 的平行线,即完成该圆锥台的投影。如图 1-33 (c)、(d)所示。

锥度用锥度符号加锥度值进行标注,锥度符号如图 1-34(a)所示。标注锥度的方法如图 1-34(b)、(c)、(d)所示。锥度可直接标注在圆锥轴线的上面,也可从圆锥的外形轮廓线处引出进行标注。要注意锥度符号的方向应与所画锥度的方向一致。

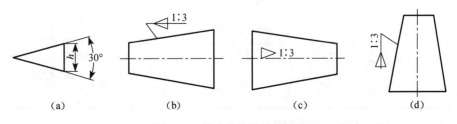

图 1-34　锥度的符号及标注法

四、圆弧连接

画工程图样时，经常要用圆弧光滑连接另外的圆弧或直线，这个作图过程叫圆弧连接。其实质就是使圆弧与直线或圆弧与圆弧相切。在圆弧连接中起连接作用的圆弧称为连接圆弧，连接圆弧与已知线段衔接的点称为连接点。作图时，必须找出连接圆弧的圆心和连接点，这样才能保证连接的光滑。

常见的圆弧连接形式及作图方法见表1-5。

表1-5 常见圆弧连接形式及作图方法

内 容	图 例	方法和步骤
用连接圆弧连接两已知直线	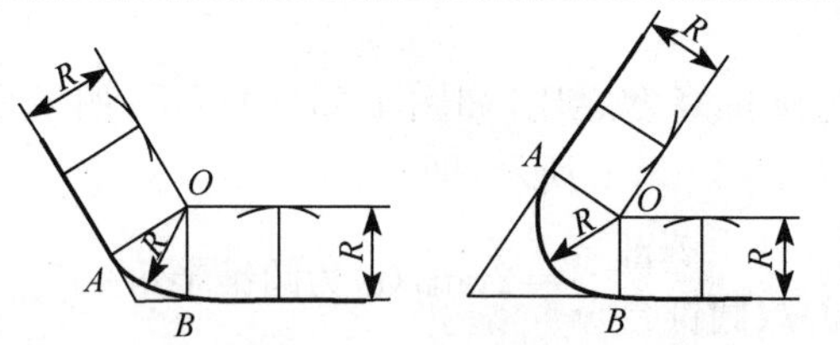	分别作与已知两直线相距为 R 的平行线，交点 O 即为连接圆弧的圆心；从点 O 分别向已知直线作垂线，垂足 A、B 即为切点；以 O 为圆心，R 为半径，在两切点 A、B 之间画连接圆弧，即为所求
用连接圆弧连接已知直线和圆弧	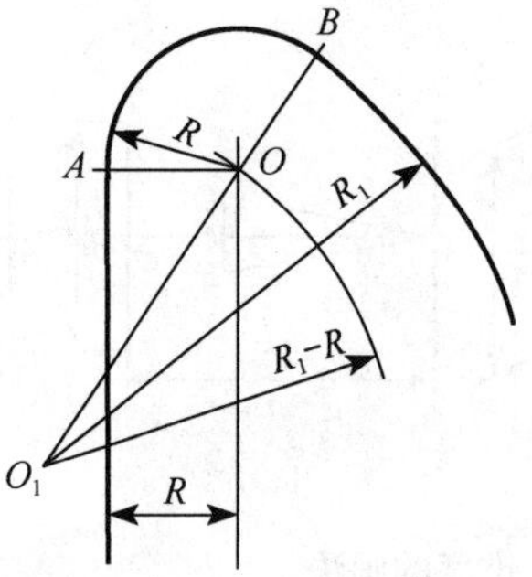	作与已知直线相距为 R 的平行线；再以已知圆弧的圆心 O_1 为圆心，以已知圆弧半径与连接圆弧半径之差（R_1-R）为半径画弧，此弧与所作平行线的交点 O 即为连接圆弧的圆心；从点 O 向已知直线作垂线，垂足 A 即为切点；连接已知圆弧圆心和点 O 并延长，与已知圆弧的交点 B 即为另一切点；画出连接圆弧
用连接圆弧连接两已知圆弧(1)	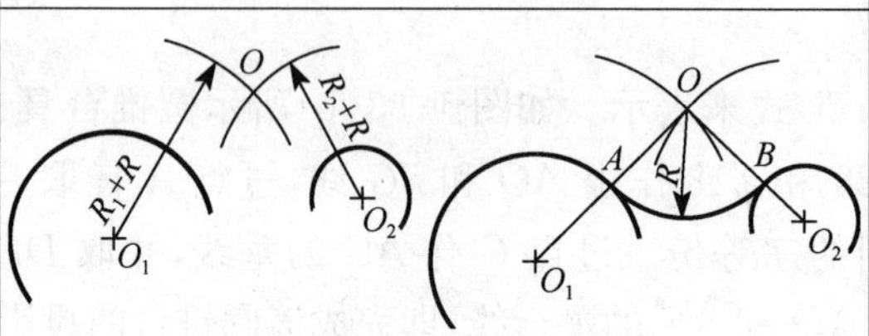	分别以 O_1、O_2 为圆心，以已知圆弧半径与连接圆弧半径之和（$R+R_1$）、（$R+R_2$）为半径画弧，交点 O 即为连接圆弧的圆心；连接 OO_1、OO_2，与已知圆弧的交点 A、B 即为切点；画出连接圆弧
用连接圆弧连接两已知圆弧(2)	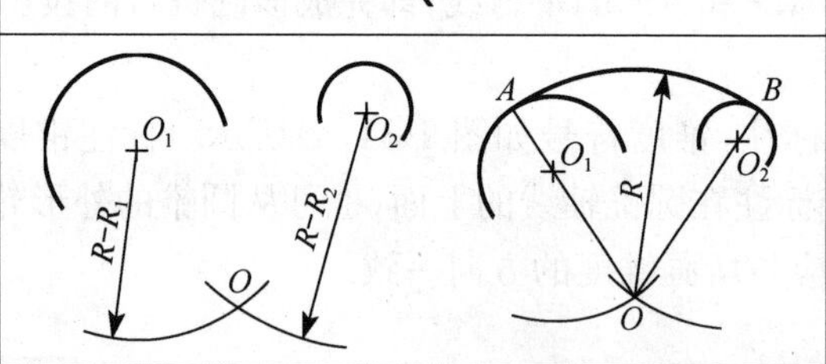	分别以 O_1、O_2 为圆心，以（$R-R_1$）、（$R-R_2$）为半径画弧，交点 O 即为连接圆弧的圆心；连接 OO_1、OO_2，与已知圆弧的交点 A、B 即为切点；画出连接圆弧
		分别以 O_1、O_2 为圆心，以（R_1+R）、（R_2-R）为半径画弧，交点 O 即为连接圆弧的圆心；连接 OO_1、OO_2，与已知圆弧的交点 A、B 即为切点；画出连接圆弧

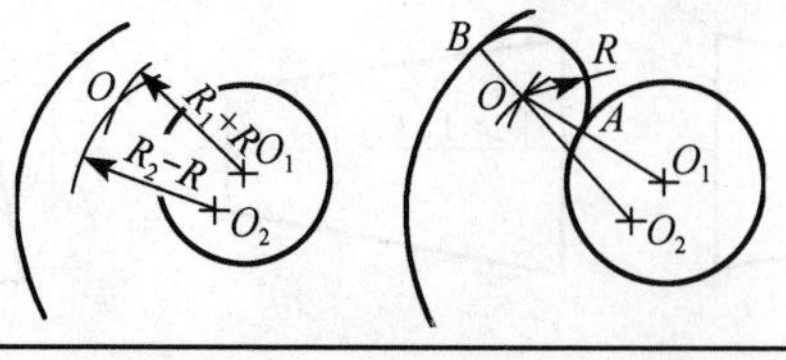

常见圆弧连接作图示例见表1-6。

表 1-6 常见圆弧连接作图示例

步 骤	图 例	作图过程
(1) 分析各圆弧	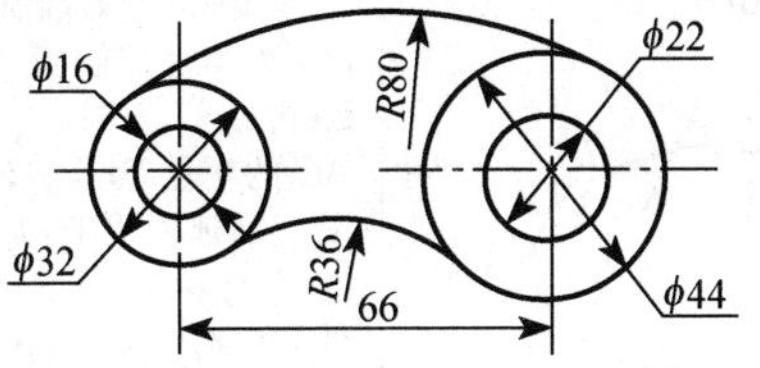	图中 $\phi32$、$\phi16$、$\phi22$、$\phi44$ 为已知圆弧，$R36$、$R80$ 为连接圆弧
(2) 作 $R36$ 圆弧与 A、B 两圆外切	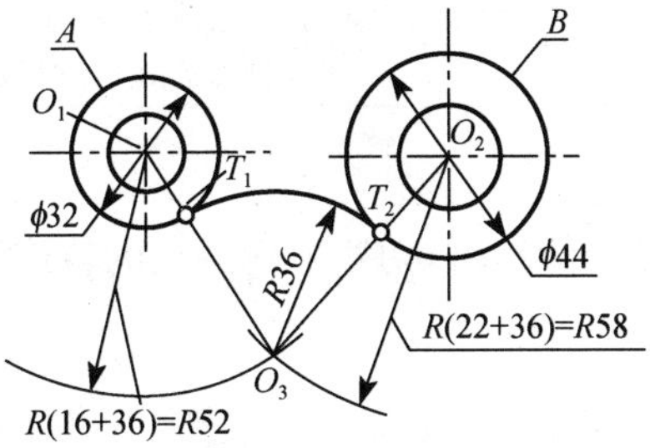	分别以 O_1、O_2 为圆心，以 $R(16+36)$、$R(22+36)$ 为半径画弧，所得交点 O_3 即为连接圆弧的圆心；连接 O_1O_3、O_2O_3，分别与已知圆交于 T_1、T_2，即为两切点；以 O_3 为圆心，$R36$ 为半径，自点 T_1 至 T_2 画圆弧
(3) 作 $R80$ 圆弧与 A、B 两圆内切	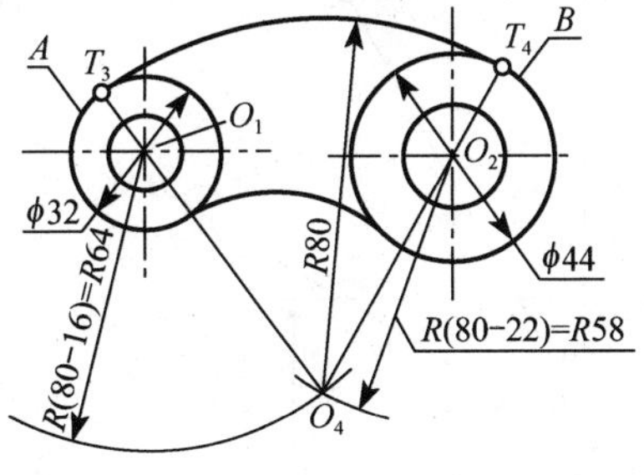	分别以 O_1、O_2 为圆心，以 $R(80-16)$、$R(80-22)$ 为半径画弧，所得交点 O_4 即为连接圆弧的圆心；连接 O_1O_4、O_2O_4，它们的延长线分别与已知圆交于 T_3、T_4，即为两切点；以 O_4 为圆心，$R80$ 为半径，自点 T_3 至 T_4 画圆弧

五、平面曲线

工程中常见的平面曲线有椭圆、渐开线、阿基米德螺线等，下面仅介绍椭圆和渐开线的画法。

1. 椭圆

椭圆的作图方法很多，已知条件不同，画法也随之变化。下面仅介绍同心圆法和四心扁圆法的作图步骤，分别列于表 1-7 中。

表 1-7 椭圆画法

方 法	图 例	作图步骤
同心圆法	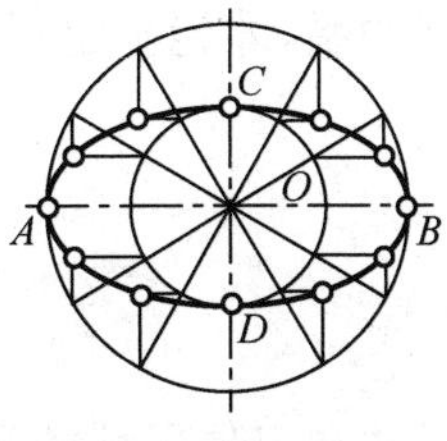	分别以长、短轴为直径画同心圆，过圆心作一系列直径分别与两圆相交，由直径与大圆的交点作铅垂线、与小圆的交点作水平线，依次光滑连接对应铅垂线、水平线的交点即得椭圆

续表

方　法	图　例	作图步骤
四心扁圆法（近似表示椭圆）		连接长、短轴端点得 AC；以点 O 为圆心、OA 为半径作圆弧，得与 OC 延长线的交点 E；再以 C 为圆心，CE 为半径作圆弧，得与 AC 的交点 F；作 AF 的中垂线交长轴于 O_1、交短轴延长线于 O_2，找出 O_1、O_2 关于原点 O 的对称点 O_3、O_4；连接 O_1O_2、O_2O_3、O_4O_1、O_4O_3 并延长，以 O_2、O_4 为圆心，O_2C 为半径作大圆弧，以 O_1、O_3 为圆心，O_1A 为半径作小圆弧，点 K、L、M、N 为大小圆弧的切点，即得四心扁圆，近似表示椭圆

2. 渐开线

当圆周上的切线绕圆周作连续无滑动的滚动时，切线上任一点的轨迹称为渐开线，其作图步骤如图 1-35 所示。

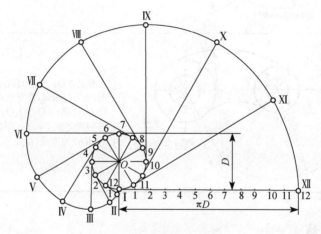

图 1-35　渐开线画法

首先将圆周展开成直线（长度为 πD），分圆周及其展开长度为 12 等份，如图 1-35 中所示为相同等份；过圆周上各等分点作圆的切线，并自切点 1 开始在各切线上依次截取长度等于 $\pi D/12$、$2\pi D/12$、……，得到Ⅰ、Ⅱ、Ⅲ……共 12 个点，用曲线板光滑连接起来即得渐开线。

第四节　平面图形分析与绘图方法

平面图形是由线段组成的，有些线段可根据足够的已知条件直接绘出来，还有些线段则必须根据相邻线段的几何关系才能绘出。只有根据图中所给出的尺寸对构成图形的各类线段进行分析，明确其形状、大小及线段之间的相互关系，才能确定正确的作图方法和步骤，提高绘图的质量和效率。

一、平面图形分析

1. 平面图形的尺寸分析

平面图形的尺寸按其作用可分为定形尺寸和定位尺寸两大类。

(1) 定形尺寸,指确定平面图形中各组成部分形状和大小的尺寸。例如,图 1-36 中直线段的长度 52、圆弧的半径 $R10$、圆的直径 $\phi 30$ 等都是定形尺寸。

(2) 定位尺寸,指确定平面图形上各组成部分之间相对位置关系的尺寸。例如,图 1-36 中的圆心定位尺寸 28 和 32(28 为圆 $\phi 30$ 和 $\phi 44$ 的圆心定位尺寸;32 为圆 $\phi 10$ 的圆心定位尺寸)。

用以确定尺寸位置所依据的点、线、面,称为尺寸基准。标注尺寸时,必须预先选好基准。平面图形中,长度和宽度方向应至少各有一个主要基准,还可能有一些辅助基准。一般平面图形中常选择图形的对称中心线、较大圆的中心线、图形底线或主要轮廓线作为尺寸基准。

2. 平面图形的线段分析

平面图形中的线段,通常按给定的尺寸,分为已知线段、中间线段和连接线段三种。

(1) 已知线段,指定形尺寸和定位尺寸均给出,可直接绘制的线段,如图 1-37 中 $\phi 19$、$\phi 11$、14 以及 $R6$ 等。

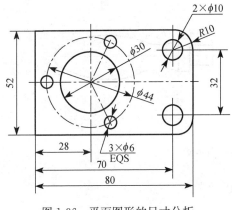

图 1-36 平面图形的尺寸分析

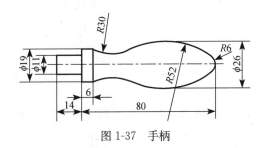

图 1-37 手柄

(2) 中间线段,指只有定形尺寸和一个定位尺寸,另一个定位尺寸必须根据与相邻已知线段的几何关系才能求出的线段,如图 1-37 中的 $R52$。

(3) 连接线段,指只有定形尺寸,其位置必须依靠两相邻的已知线段求出,才能绘出的线段,如图 1-37 中的 $R30$。

二、平面图形的绘图方法与步骤

在对平面图形进行尺寸分析和线段分析之后,可进行平面图形的作图。现以手柄为例介绍具体的作图步骤:

(1) 选取适当比例和图幅;
(2) 固定图纸,画出基准线(对称线、中心线等);
(3) 按已知线段、中间线段、连接线段的顺序依次绘出各线段,如图 1-38(a)、(b)、(c) 所示;
(4) 擦去多余图线,加深图线,结果如图 1-38(d) 所示。

三、平面图形的尺寸标注

平面图形中尺寸标注是否齐全,决定了能否正确绘出图形。标注尺寸时,首先要对该图形进行分析，找出该图形由哪些基本几何图形组成以及各部分之间的相互关系。然后选定基准，根据各图线的尺寸要求，标注出全部定形尺寸和必要的定位尺寸。标注尺寸时必须做到完整、清晰、合理，符合国家标准中有关尺寸标注的规定。

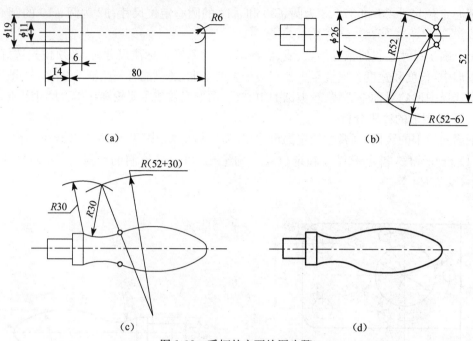

图 1-38 手柄的主要绘图步骤

图 1-39 为几种常见平面图形的尺寸标注示例，供参考。

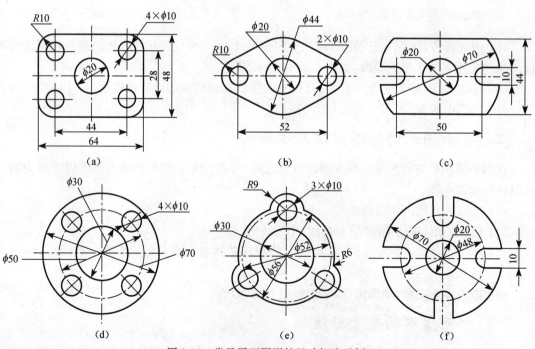

图 1-39 常见平面图形的尺寸标注示例

第五节　绘图的基本方法与步骤

为了提高绘图速度和保证绘图质量，除了必须熟练掌握有关的制图标准、几何作图方法及正确使用绘图工具以外，还应该遵循一定的绘图程序。

一、绘图的一般方法与步骤

1. 准备工作

准备好必要的绘图工具、仪器以及相关用品，确定图纸幅面和绘图比例，熟悉所绘图形，用胶带将图纸固定在图板的合适位置，以便于绘图。

2. 图形布局

按照图形的大小及标注尺寸所需的位置，将图形布置在图框中合适的位置。

3. 绘制底稿

首先绘出基准线、对称中心线及轴线，再绘图形的主要轮廓线，最后绘出细节部分。

4. 加深

绘好底稿以后应仔细检查校核，及时修改图中的错误，必须做到线型正确、连接光滑。加深时从图形的左上方开始，首先加深所有的水平粗实线，再从左向右加深所有垂直的粗实线，最后加深倾斜的粗实线。对于同心圆弧，先加深小圆弧，再由小到大依次加深其他圆弧。

5. 标注尺寸，填写标题栏、其他技术说明和注释

按照标准标注尺寸，填写标题栏、其他技术说明和注释。

二、徒手绘图

徒手绘图是指不用绘图工具和仪器，凭目测按大致比例绘制图样。对徒手绘制的草图，要求做到图形正确、线型分明、比例匀称、字体工整及图面整洁。徒手绘图是工程技术人员应掌握的基本技能之一，只有通过实践训练才能不断提高徒手绘图能力。

1. 徒手绘直线

徒手绘直线（图1-40）时，常将小拇指紧贴纸面，以保证线条的平直。徒手绘图时可以任意转动图纸，以便绘图方向正好是顺手方向。要绘制一条较长的直线段，眼睛应该盯住线段的终点，以保证所绘直线的方向正确。

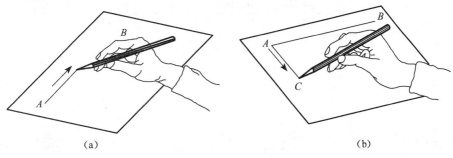

图1-40　徒手绘直线示例

2. 徒手绘圆

徒手绘圆时,应先作两条互相垂直的中心线,定出圆心,再根据直径大小,目测估计半径大小后,在中心线上截得 4 点,然后便可绘圆,如图 1-41 所示。对于较大的圆,还可再绘一对互相垂直的 45°斜线,按半径在斜线上也定出 4 个点,然后通过这 8 个点徒手连接成圆。

3. 徒手绘斜线

当绘与水平线成 30°、45°、60°等夹角的斜线时,可根据两直角边的近似比例关系,先定出两端点,然后连接两点即为所绘的斜线,如图 1-42 所示。

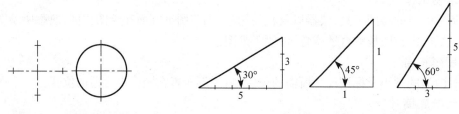

图 1-41　徒手绘圆示例　　　　　图 1-42　徒手绘 30°、45°、60°斜线

为了提高徒手绘图的速度和质量,可利用方格纸进行徒手绘图。利用方格纸可以很方便地控制图形各部分的大小比例,并保证各个视图之间的投影关系。绘图时,应尽可能使图形上主要的水平、垂直轮廓线及圆的中心线与方格纸上的线条重合,这样有利于保证所绘图形的准确度。图 1-43 为在方格纸上徒手绘图示例。

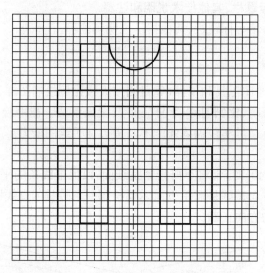

图 1-43　在方格纸上徒手绘图示例

第二章　点、直线和平面的投影

第一节　投影的基本知识

一、投影法的基本概念

空间物体在灯光或阳光的照射下,会在墙壁或地面上产生物体的影子。人们就是根据这种自然现象进行抽象研究,总结其中的规律,提出了投影法。投影法是工程制图的基础。如图 2-1 所示,设平面 P 为投影面,S 为投射中心,空间任意一点 A 与投射中心点 S 的连线 SA 称为投射线,投射线均由投射中心射出,投射线 SA 的延长线与投影面相交于一点 a,点 a 称为空间点 A 在投影面 P 上的投影。同理,点 b 是空间点 B 在投影面 P 上的投影。

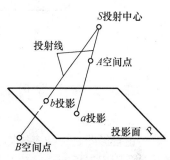

图 2-1　投影法示意

所以,投射线通过物体向选定的面投射,并在该面上得到图形的方法称为投影法。工程上就是根据投影法来确定空间的几何形体在平面图纸上的图像。

二、投影法的分类

投影法一般分为中心投影法和平行投影法两类。

1. 中心投影法

如图 2-2 所示,所有的投射线都相交于投射中心点 S,这种投影法称为中心投影法。在确定投射中心点 S 的条件下,用中心投影法得到的物体投影大小与物体的位置有关。当 $\triangle ABC$ 靠近或远离投影面 P 时,它的投影 $\triangle abc$ 就会变小或变大。中心投影法一般不能反映物体的实际大小,作图又比较复杂,所以绘制机械图样时一般不采用中心投影法。

2. 平行投影法

当把投射中心点 S 移至无限远处时,投射

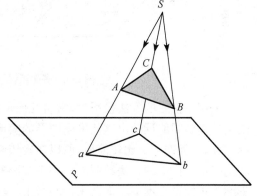

图 2-2　中心投影法

线互相平行,这种投影法称为平行投影法,如图 2-3 所示。在平行投影法中,当平行移动空间物体时,它的投影的形状和大小都不会改变。平行投影法按投射方向与投影面是否垂直又可分为两种。

(1) 斜投影法:投射线倾斜于投影面,如图 2-3(a)所示。

(2) 正投影法:投射线垂直于投影面,如图 2-3(b)所示。

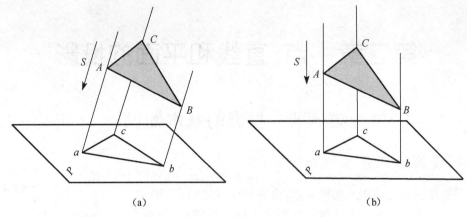

图 2-3 平行投影法

三、工程上常用的投影图

1. 正投影

正投影图是一种多投影面的图,它采用相互垂直的两个或两个以上的投影面,在每个投影面上分别用正投影法获得几何形体的投影。由这些投影便能完全确定该几何形体的空间位置和形状。如图 2-4(a)为几何体的多面正投影形成过程,(b)为几何体的多面正投影图。

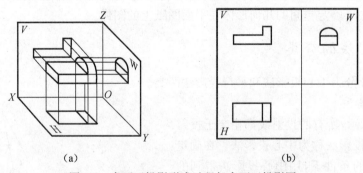

图 2-4 多面正投影形成过程与多面正投影图

采用正投影的方法投影时,常将几何形体的主要平面放成与相应的投影面相互平行,这样画出的投影图能反映出这些平面图形的实形。因此,从图上可以直接量取空间几何形体的实际尺寸,而且作图也比较简便,所以在机械制造行业和其他工程行业中被广泛采用。机械图样就是采用正投影的方法绘制的。用正投影的方法画出的空间几何元素(点、线、面)和物体的投影称为正投影。本书后文若未特别指出,投影均指正投影。

2. 轴测投影

轴测投影是单面投影。先设定空间几何形体所在的直角坐标系,采用平行投影法将 3 根坐标轴连同空间几何形体一起沿不平行于坐标面的方向投射到投影面上。利用坐标轴的投影与空间坐标轴之间的对应关系,来确定图像与原形之间的一一对应关系。

如图 2-5 所示是几何形体的轴测投影。由于采用平行投影法,所以在空间中平行的直线投影后仍平行。

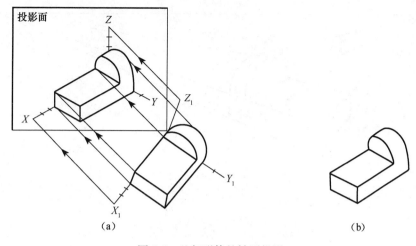

图 2-5　几何形体的轴测投影

采用轴测投影时,将坐标轴相对投影面放成一定的角度,使投影图上同时反映出几何形体的长、宽、高三个方向上的形状,以增强立体感。轴测投影比正投影图作图复杂且度量性较差,但由于它的直观性较好,故常用于作产品的样图和广告图。

3. 标高投影

标高投影是用正投影获得空间几何元素的投影后,再用数字标出空间几何元素对投影面的距离,以在投影图上确定空间几何元素的几何关系。如图 2-6 所示是曲面的标高投影。

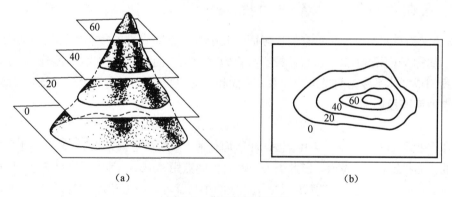

图 2-6　曲面的标高投影

标高投影常用来表示不规则曲面,如船舶、飞行器、汽车曲面及地形等。

4. 透视投影

透视投影采用的是中心投影法,它与照相成影的原理相似,图像接近于视觉映像。所以透视投影富有逼真感、直观性强,但作图复杂、度量性差。按照特定规则画出的透视图,完全可以确定空间几何元素的几何关系。

图 2-7 是几何形体透视投影的一种。由于采用中心投影法,所以在空间中平行的直线,有些在投影后就不平行了。

透视投影广泛用于工艺美术及宣传广告图样,在工程上只用于建筑工程及大型设备的辅助图样。

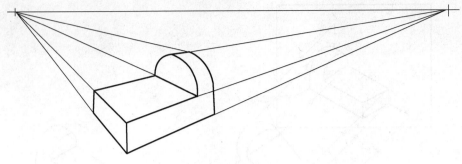

图 2-7 透视投影

第二节 点的投影

组成物体的基本元素是点、线、面。因此,为了正确而又迅速地画出物体的投影或分析空间几何问题,必须首先研究与分析空间几何元素的投影规律和投影特性。我们首先来讨论点的投影性质和作图方法,然后扩展到直线和平面,最后扩展到立体图形。

由前述的投影性质可知,仅依靠空间点在一个投影面上的投影不能确定空间点的位置,其位置需要通过其在 2 个或 3 个不同投影面上的投影来确定。在工程制图中,这些投影面通常都是互相垂直的。

一、点在两投影面体系中的投影

图 2-8(a)为空间两个互相垂直的投影面。其中处于正面直立的投影面称为正面投影面,用 V 来表示,简称 V 面;处于水平位置的投影面称为水平投影面,用 H 来表示,简称 H 面,由 V 面和 H 面所组成的体系称为两投影面体系。V 面和 H 面的交线 OX 称为 X 投影轴,简称 X 轴。

1. 点的两面投影图

如图 2-8(a)所示,过空间一点 A 向 H 面作垂线,其垂足就是点 A 在 H 面上的投影,称为点 A 的水平投影,以 a 表示。再由点 A 向 V 面作垂线,其垂足就是点 A 在 V 面上的投影,称为点 A 的正面投影,以 a' 表示。以此类推,规定:空间点用 A、B、C 等大写字母表示;水平投影用相应的小写字母 a、b、c 等表示;正面投影用相应的小写字母在右上角加一撇 a'、b'、c' 等表示。

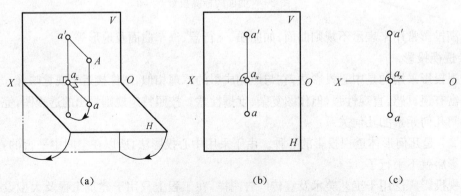

(a)   (b)   (c)

图 2-8 点在两投影面体系中的投影

为了便于实际应用,还需要把位于两个互相垂直的投影面内的投影展开到一个平面内。规定 V 面保持不动,将 H 面绕 X 轴向下旋转 $90°$,使之与 V 面重合(即处于同一平面位置上),得到了点的两面投影图,如图 2-8(b)所示。因为投影面可根据需要扩大,所以通常不必画出投影面的边界。因此,图 2-8(c)就是点 A 在两面投影体系中的投影图。

反之,若有了点 A 的正面投影 a' 和水平投影 a,就可确定该点的空间位置。可以想象:图 2-8(c)中 X 轴上的 V 面保持直立位置,将 X 轴以下的 H 面绕 X 轴向上转 $90°$ 呈水平位置,再分别过 a'、a 作 V、H 投影面的垂线,相交即得空间点 A,从而唯一地确定了该点的空间位置。

2. 两面投影图中点的投影规律

由图 2-8(a)可知,Aaa_xa' 是个矩形,即 $Aa'=aa_x$,$Aa=a'a_x$;$a'a_x \perp X$ 轴,$aa_x \perp X$ 轴,H 面经旋转后,a、a' 的连线 aa' 一定垂直于 X 轴,如图 2-8(b)、(c)所示。由此可得出点的投影规律:

(1) 点的水平投影和正面投影的连线垂直于 X 轴,即 $aa' \perp X$ 轴;

(2) 点的水平投影到 X 轴的距离等于空间点到 V 面的距离,即 $aa_x=Aa'$;

(3) 点的正面投影到 X 轴的距离等于空间点到 H 面的距离,即 $a'a_x=Aa$。

二、点在三投影面体系中的投影

1. 点的三面投影图

如图 2-9(a)所示,在两投影面体系上再加上一个与 H、V 均垂直的投影面,使它处于侧立位置,称为侧面投影面,用 W 表示,简称 W 面。这样 3 个互相垂直的 H、V、W 面就组成了一个三投影面体系。H、W 面的交线 OY 称为 Y 投影轴,简称 Y 轴;V、W 面的交线 OZ 称为 Z 投影轴,简称 Z 轴,3 个投影轴的交点 O 称为原点。

设空间一点 A 分别向 H、V、W 面进行投影得 a、a'、a''。a'' 称为点 A 的侧面投影(现规定空间点 A、B、C 等在侧面投影面上的投影以小写字母在右上角加两撇表示,如 a''、b''、c'' 等)。将 H、W 面分别按图 2-9(a)所示箭头方向旋转,使与 V 面重合,即得点的三面投影图,如图 2-9(b)所示。其中 Y 轴随 H 面旋转时,以 Y_H 表示;随 W 面旋转时,以 Y_W 表示。通常在投影图上只画出投影轴,不画出投影面的边界;因此图 2-9(c)就是点 A 在三面投影体系中的投影图。

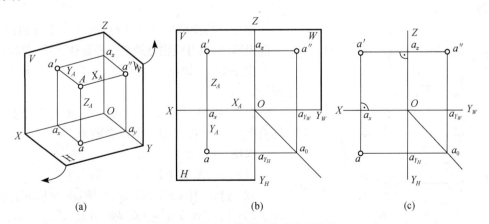

图 2-9 点在三投影面体系中的投影

2. 点的直角坐标与三面投影的关系

如把三投影面体系看作空间直角坐标体系,则 H、V、W 面即为坐标面,X、Y、Z 轴即为坐标轴,点 O 即为坐标原点。由图 2-9 可知,点 A 的 3 个直角坐标 X_A、Y_A、Z_A 即为点 A 到 3 个坐标面的距离,它们与点 A 的投影 a、a'、a'' 的关系如下:

$$Aa'' = aa_y = a'a_z = Oa_x = X_A$$
$$Aa' = aa_x = a''a_z = Oa_y = Y_A$$
$$Aa = a'a_x = a''a_y = Oa_z = Z_A$$

由此可见:a 由 Oa_x 和 Oa_y 确定,即由 A 点的 X_A、Y_A 两坐标确定;a' 由 Oa_x 和 Oa_z 确定,即由 A 点的 X_A、Z_A 两坐标确定;a'' 由 Oa_y 和 Oa_z 确定,即由点 A 的 Y_A、Z_A 两坐标确定。

所以空间点 $A(X_A,Y_A,Z_A)$ 在三投影面体系中有唯一的一组投影 $(a、a'、a'')$;反之,如已知 A 点的一组投影 $(a、a'、a'')$,即可确定该点在空间的坐标值。

3. 三投影面体系中点的投影规律

根据以上分析及两投影面体系中点的投影规律,可以得出三投影面体系中点的投影规律如下。

(1) 点的正面投影和水平投影的连线垂直于 X 轴。这两个投影都同时反映空间点的 X 坐标,即

$$a'a \perp X \text{ 轴}, \quad a'a_z = aa_{Y_H} = X_A$$

(2) 点的正面投影和侧面投影的连线垂直于 Z 轴。这两个投影都同时反映空间点的 Z 坐标,即

$$a'a'' \perp Z \text{ 轴}, \quad a'a_x = a''a_{Y_W} = Z_A$$

(3) 点的水平投影到 X 轴的距离等于侧面投影到 Z 轴的距离。这两个投影都同时反映空间点的 Y 坐标,即

$$aa_x = a''a_z = Y_A$$

如图 2-9(c)所示,由于 $Oa_{Y_H} = Oa_{Y_W}$,作图时可过点 O 作 $\angle Y_H O Y_W$ 的角平分线,从 a 引 X 轴的平行线与角平分线相交于 a_0,再从 a_0 引 Y_W 轴的垂线与从 a' 引 Z 轴的垂线相交,其交点即为 a''。

根据点的投影规律,可由点的 3 个坐标值画出其三面投影图,也可根据点的 2 个投影作出第三投影。

例 2-1 已知点 A 的坐标 $(15,10,20)$,作出其三面投影图。

分析:由 $A(15,10,20)$ 可知点 A 与 3 个投影面均有距离,3 个投影都不在投影轴上。

作图:如图 2-10 所示。

(1) 在 OX 轴上取 $Oa_x = 15$;

(2) 过 a_x 作 $aa' \perp OX$ 轴,并使 $aa_x = 10$,$a'a_x = 20$;

(3) 过 a' 作 $a'a'' \perp OZ$ 轴,并使 $a''a_z = aa_x$。a、a'、a'' 即为所求点 A 的三面投影。

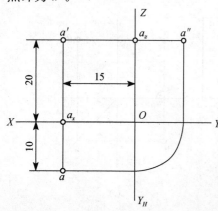

图 2-10 已知点的坐标求点的三面投影

例 2-2 在图 2-11 中,已知 B 点的 2 个投影 b'、b'',求出其第三投影 b。

分析:由于已知点 B 的正面投影 b' 和侧面投影 b'',则点 B 的空间位置可以确定,由此可以作出其水平投影 b。由点的投影规律,可有如下的作图步骤。

作图:(1) 自 b' 作 $b'b \perp OX$ 轴;

(2) 自 b'' 作 $b''1 \perp OY_W$ 轴,并延长与 45°作图线交于点 1;

(3) 过点 1 作 $1b \perp OY_H$ 轴,使与 $b'b$ 交于 b,b 即为所求。

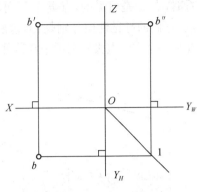

图 2-11 已知 b'、b'' 求 b

三、两点的相对位置

空间点的位置可以用绝对坐标(即空间点对原点 O 的坐标)来确定,也可以用相对于另一点的相对坐标来确定。两点的相对坐标即为两点的坐标差。如图 2-12 所示,已知空间点 $A(X_A,Y_A,Z_A)$ 和 $B(X_B,Y_B,Z_B)$,分析点 B 相对于点 A 的位置:在 X 方向的相对坐标为 (X_B-X_A),即这两点对 W 面的距离差;Y 方向的相对坐标为 (Y_B-Y_A),即这两点对 V 面的距离差;Z 方向的相对坐标为 (Z_B-Z_A),即这两点相对于 H 面的距离差。由于 $X_A>X_B$,则 (X_B-X_A) 为负值,即点 A 在左,点 B 在右;由于 $Y_B>Y_A$,则 (Y_B-Y_A) 为正值,即点 B 在前,点 A 在后;由于 $Z_B>Z_A$,则 (Z_B-Z_A) 为正值,即点 B 在上,点 A 在下。

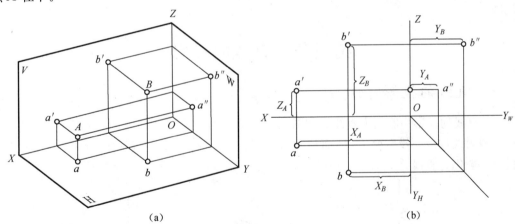

(a)　　　　　　　　　　　(b)

图 2-12 两点的相对位置的确定

四、重影点的投影

当空间两点的某两个坐标相同时,该两点将处于同一投射线上,因而对某一投影面具有重合的投影,则这两点称为对该投影面的重影点。如图 2-13(a)、(b)所示的两点 C、D,其中 $X_C=X_D$,$Z_C=Z_D$,因此它们的正面投影 c' 和 d' 重合为一点,由于 $Y_C>Y_D$,所以垂直于 V 面向后看时,点 C 是可见的,点 D 是不可见的。通常规定把不可见的点的投影打上括弧,如 (d')。又如两点 C、E,其中 $X_C=X_E$,$Y_C=Y_E$,因此它们的水平投影 $e(c)$ 重影为一点,由于 $Z_E>Z_C$,所以垂直于 H 面向下看时,点 E 是可见的,点 C 是不可见的。再如两点 C、F,其中 $Y_C=Y_F$,$Z_C=Z_F$,它们的侧面投影 $c''(f'')$ 重合为一点,由于 $X_C>X_F$,所以垂直于 W 面向右看时,点 C 是可见的,点 F 是不可见的。由此可见,对正投影面、水平投影面、侧投影面的重影点,它们的可见性应分别是:前遮后、上遮下、左遮右。此外,一个点在一个方向上看是可见的,在另一个方向上去看则不一定是可见的,必须根据该点和其他点的相对位置而定。

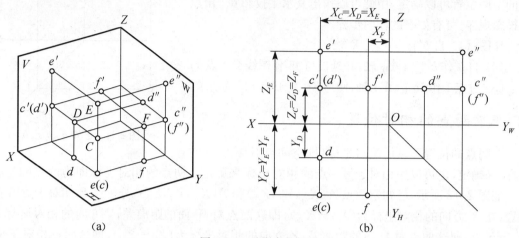

图 2-13 重影点的投影

在投影图上,如果两个点的投影重合时,则对重合投影所在投影面的距离(即对该投影面的坐标值)较大的那个点是可见的,而另一个点是不可见的。因此,可以利用重影点来判别可见性问题。

第三节 直线的投影

一、直线的投影特性

(1) 直线的投影一般仍为直线。如图 2-14(a)所示,过直线 AB 上的一系列点作投射线,则这些投射线构成一投射面 P,P 面与 H 面的交线 ab,即是 AB 在 H 面上的投影,因此直线的投影一般仍为直线。

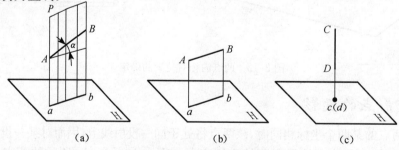

图 2-14 直线的投影特性

(2) 直线的投影一般小于它的实长,只有当直线平行于投影面时,投影才等于实长。如图 2-14(a)所示,如果 AB 对 H 面的倾角为 α,显然有等式 $ab=AB\cos\alpha$ 成立,所以直线的投影往往小于它的实长。当 $\alpha=0°$ 时,则 $ab=AB\cos\alpha=AB$,此时直线平行于投影面,投影等于实长,如图 2-14(b)所示。

(3) 直线垂直于投影面时，投影积聚为一点。如图 2-14(c)所示，当直线 CD 垂直于 H 面时，$\alpha=90°$，则 $cd=CD\cos\alpha=0$，投影长度为 0，即投影积聚成一点 $c(d)$。此时直线上任何一点的水平投影都与 $c(d)$ 重合，这种性质称为积聚性，点 C、点 D 又称为积聚点。规定离投影面远的点可见，近的点不可见，不可见的点用括号括起来。

二、直线投影图的画法

由于两点可决定一直线，直线的投影可由直线上任意两点的投影确定。如图 2-15，已知点 A、B 的三面投影，分别将点 A、B 的同面投影连接起来，即得直线 AB 的投影图。

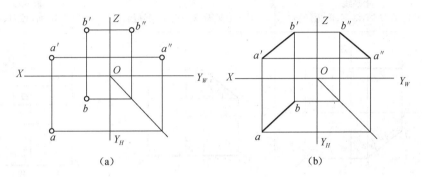

图 2-15　直线的投影图

三、各种位置直线的投影特性

直线在三投影面体系中，根据其相对于投影面的位置可分为一般位置直线和特殊位置直线。特殊位置直线又分为投影面平行线和投影面垂直线，它们的投影特性如下。

1. 一般位置直线的投影特性

与三个投影面都斜交的直线称为一般位置直线。直线与它们的投影面所成的锐角叫作直线对投影面的倾角。此类直线又称为投影面的倾斜线。

规定：用 α、β、γ 分别表示直线对 H、V、W 面的倾角，如图 2-16 所示，则有以下投影、实长与倾角的关系：$ab=AB\cos\alpha$，$a'b'=AB\cos\beta$，$a''b''=AB\cos\gamma$。由于一般位置直线对 3 个投影面的倾角都在 $0°\sim90°$，所以它的 3 个投影都小于空间线段的实长。

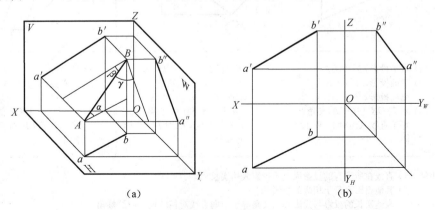

图 2-16　一般位置直线及直线对投影面的夹角

因此，一般位置直线段的投影特性是：
(1) 3个投影都不反映实长；
(2) 3个投影均倾斜于投影轴，且与投影轴的夹角不反映该直线与对应投影面的倾角。

2. 投影面平行线

投影面平行线是指平行于一个投影面而与另外两个投影面倾斜的直线。投影面平行线有3种：水平线、正平线和侧平线，它们的投影特性如表2-1所示。

表2-1 投影面平行线的投影特性

名称	水平线 （平行于H面，对V、W面倾斜）	正平线 （平行于V面，对H、W面倾斜）	侧平线 （平行于W面，对H、V面倾斜）
投影图			
轴测图			
实例			
投影特性	(1) 水平投影$ab=AB$ (2) 正面投影$a'b'//OX$ 　　侧面投影$a''b''//OY$ (3) ab与OX和OY的夹角β、γ等于直线AB对V、W面的倾角	(1) 正面投影$c'd'=CD$ (2) 水平投影$cd//OX$ 　　侧面投影$c''d''//OZ$ (3) $c'd'$与OX和OZ的夹角α、γ等于直线CD对H、W面的倾角	(1) 侧面投影$e''f''=EF$ (2) 水平投影$ef//OY$ 　　正面投影$e'f'//OZ$ (3) $e''f''$与OY和OZ的夹角α、β等于直线EF对H、V面的倾角
	小结：(1) 直线在所平行的投影面上的投影表达实长 　　　(2) 其他投影平行于相应的投影轴 　　　(3) 表达实长的投影与投影轴的夹角等于空间直线对相应投影面的倾角		

3. 投影面垂直线

投影面垂直线是指垂直于一个投影面，与另外两个投影面平行的直线。投影面垂直线有3种：铅垂线、正垂线和侧垂线，它们的投影特性如表2-2所示。

表 2-2　投影面垂直线的投影特性

名称	铅垂线 （垂直于 H 面，平行于 V、W 面）	正垂线 （垂直于 V 面，平行于 H、W 面）	侧垂线 （垂直于 W 面，平行于 H、V 面）
投影图	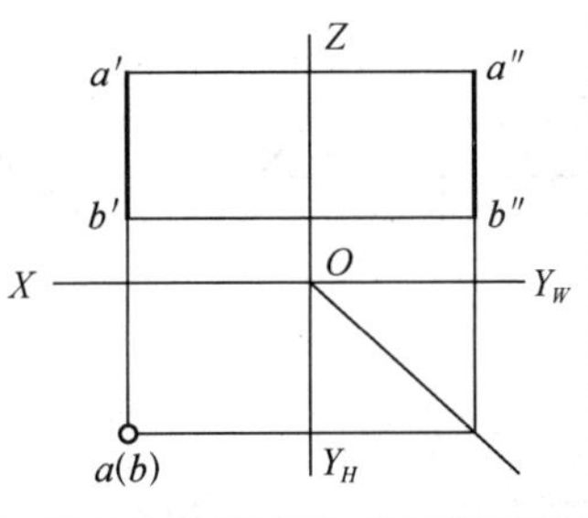	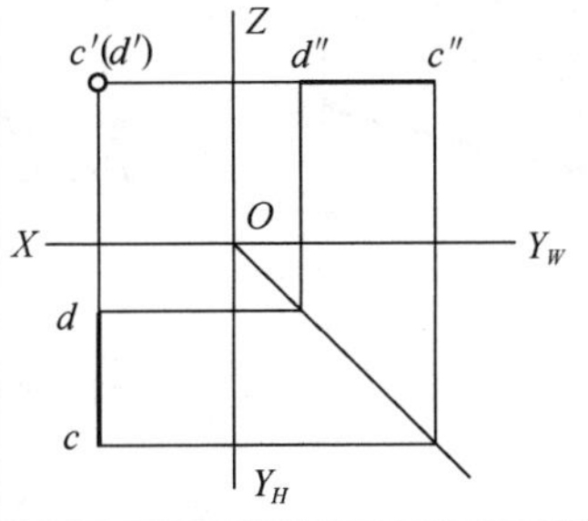	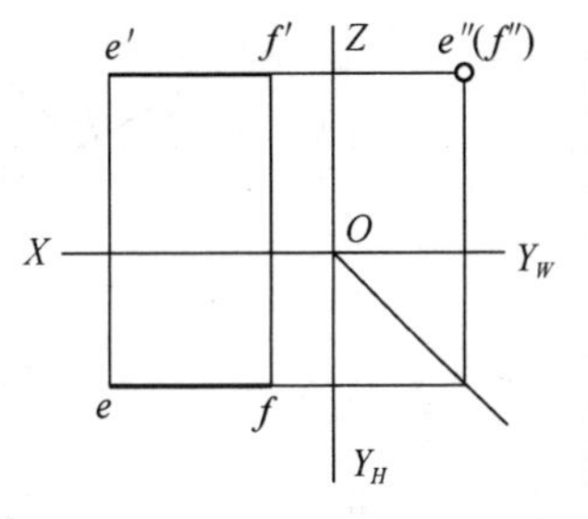
轴测图	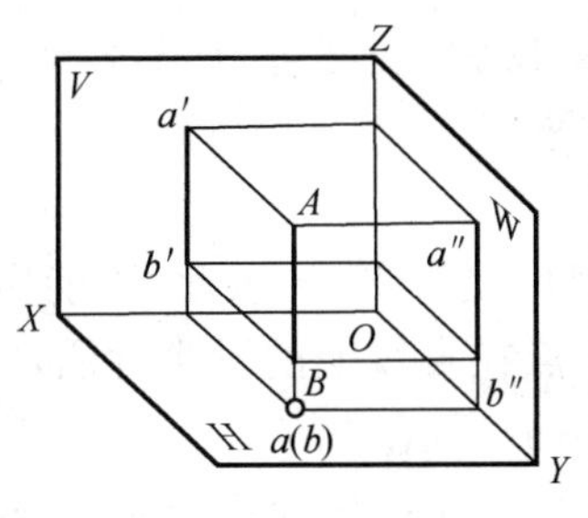	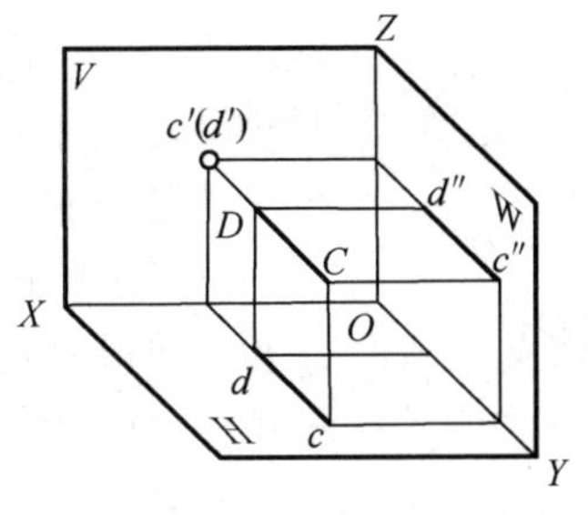	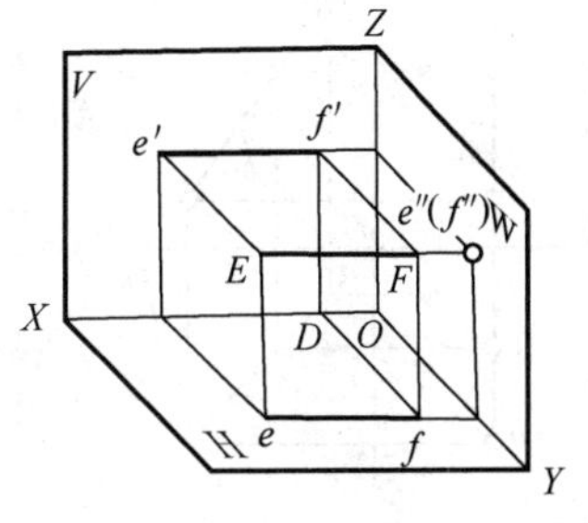
实例	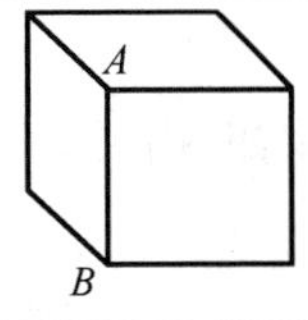	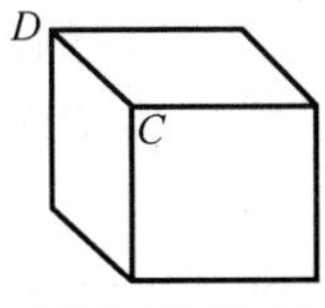	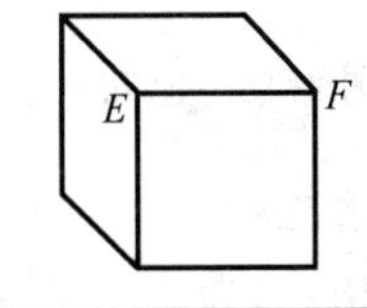
投影特性	(1) 水平投影成一点 $a(b)$，有积聚性 (2) $a'b'=a''b''=AB$ 　　$a'b'\perp OX$，$a''b''\perp OY_W$	(1) 正面投影成一点 $c'(d')$，有积聚性 (2) $cd=c''d''=CD$ 　　$cd\perp OX$，$c''d''\perp OZ$	(1) 侧面投影成一点 $e''(f'')$，有积聚性 (2) $ef=e'f'=EF$ 　　$ef\perp OY_H$，$e'f'\perp OZ$

小结：(1) 直线在所垂直的投影面上的投影成一点，有积聚性
　　　(2) 其他投影表达实长，且垂直于相应的投影轴

四、直线上的点

1. 直线上点的投影

点在直线上，则点的各个投影必定在该直线的同面投影上。反之，点的各个投影均在直线的同面投影上，则该点一定在直线上。如图 2-17(a)、(b) 所示，直线 AB 上有一点 C，则点 C 的三面投影 c、c'、c'' 必定分别在直线 AB 的同面投影 ab、$a'b'$、$a''b''$ 上。

2. 直线上点的投影的定比性

点分割线段成定比，则分割后线段的各个同面投影之比等于其线段之比。如 C 在线段

AB 上,它把线段 AB 分成 AC 和 CB 两段,则 $AC:CB=ac:cb=a'c':c'b'=a''c'':c''b''$,如图 2-17 所示。此特性称为直线上点的投影的定比性(也称为定比分割定理)。

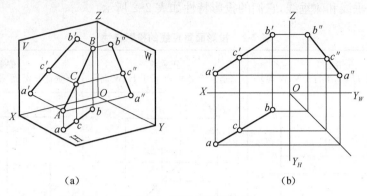

图 2-17 直线上点的投影

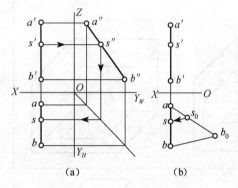

图 2-18 已知 s' 求水平投影

例 2-3 已知侧平线 AB 的两投影 ab、$a'b'$ 和直线上点 S 的正面投影 s',求水平投影 s,如图 2-18 所示。

方法一:

分析: 由于 AB 是侧平线,因此,不能由 s' 直接求出 s,但是根据点在直线上的投影性质,s'' 必定在 $a''b''$ 上,如图 2-18(a)所示。

作图:(1) 求出 AB 的侧面投影 $a''b''$,同时求出点 S 的侧面投影 s''。

(2) 根据点的投影规律,由 s''、s' 求出 s。

方法二:

分析: 因为点 S 在直线 AB 上,因此必定符合 $a's':s'b'=as:sb$ 的比例关系,如图 2-18(b)所示。

作图:

(1) 过 a 作任意辅助线,在辅助线上量取 $as_0=a's'$,$s_0b_0=s'b'$。

(2) 连接 b_0b,并由 s_0 作 $s_0s // b_0b$,交 ab 于点 s,即为所求的水平投影。

第四节　平面的投影

平面是物体表面的重要组成部分,也是主要的空间几何元素之一。

一、平面的表示法

根据三点确定一平面的性质可知,平面可有以下几种表示方法:

(1) 不在同一直线上的三点,如图 2-19(a)所示;

(2) 一直线和直线外一点,如图 2-19(b)所示;

(3) 相交两直线,如图 2-19(c)所示;

(4) 平行两直线,如图 2-19(d)所示;

(5) 任意一个平面图形(如三角形、四边形等),如图 2-19(e)所示。

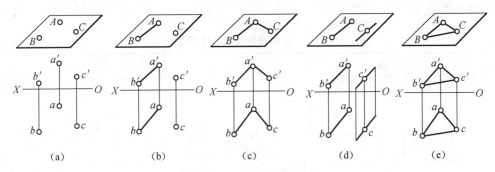

图 2-19 表示平面的方法

图 2-19 是用各组几何元素所表示的同一平面的空间图和投影图。显然,各组几何元素是可以互相转换的,如连接点 A 和 B 即可由图 2-19(a)转换成图 2-19(b);再连接点 A、C,又可转换成图 2-19(c);将 A、B、C 三点彼此连接又可转换成图 2-19(e)等。从图 2-19 可以看出,不在同一直线上的三点是决定平面位置的基本几何元素组。

二、各类平面的投影特性

根据平面在三投影面体系中的相对位置的不同,平面可分为一般位置平面和特殊位置平面两种。一般位置平面又称为投影面倾斜面,特殊位置平面又分为投影面垂直面和投影面平行面两种。

1. 投影面倾斜面

对三个投影面都处于倾斜位置的平面称为投影面倾斜面。如图 2-20 所示,△ABC 对三个投影面都倾斜,因此它的三个投影 △abc、△a'b'c'、△a″b″c″ 均为原空间平面图形的类似形,不反映实形,也不反映该平面与投影面的倾角。

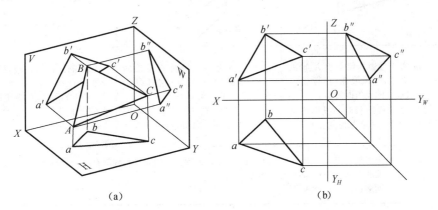

图 2-20 投影面倾斜面的投影特性

2. 投影面垂直面

垂直于一个投影面而对其他两个投影面倾斜的平面,称为投影面垂直面,按其垂直的投影面的不同可分为 3 种:垂直于 H 面的平面称为铅垂面,垂直于 V 面的平面称为正垂面,垂直

于 W 面的平面称为侧垂面。

平面垂直于投影面时,在该投影面上积聚成直线,此种特性称为积聚性。投影面垂直面的投影特性见表 2-3。

表 2-3 投影面垂直面的投影特性

名称	铅垂面 (垂直于 H 面,对 V、W 面倾斜)	正垂面 (垂直于 V 面,对 H、W 面倾斜)	侧垂面 (垂直于 W 面,对 H、V 面倾斜)
投影图			
轴测图			
实例			
投影特性	(1) 水平投影为倾斜于 X 轴的直线,有积聚性;它与 OX、OY_H 的夹角即为 β、γ (2) 正面投影和侧面投影均为原空间平面图形的类似形	(1) 正面投影为倾斜于 X 轴的直线,有积聚性;它与 OX、OZ 的夹角即为 α、γ (2) 水平投影和侧面投影均为原空间平面图形的类似形	(1) 侧面投影为倾斜于 Z 轴的直线,有积聚性;它与 OY_W、OZ 的夹角即为 α、β (2) 水平投影和正面投影均为原空间平面图形的类似形

小结:(1) 投影面垂直面在所垂直的投影面上的投影,为倾斜于相应投影轴的直线,有积聚性;该投影和相应投影轴的夹角,反映平面对相应投影面的倾角
(2) 平面多边形的其余两投影均为原空间平面图形的类似形

3. 投影面平行面

平行于一个投影面也即垂直于其他两个投影面的平面,称为投影面平行面,按其所平行的投影面的不同可分为三种:平行于 H 面的平面称为水平面,平行于 V 面的平面称为正平面,平行于 W 面的平面称为侧平面。它们的投影特性如表 2-4 所示。

表 2-4 投影面平行面的投影特性

名称	水平面 （平行于 H 面，垂直于 V、W 面）	正平面 （平行于 V 面，垂直于 H、W 面）	侧平面 （平行于 W 面，垂直于 H、V 面）
投影图	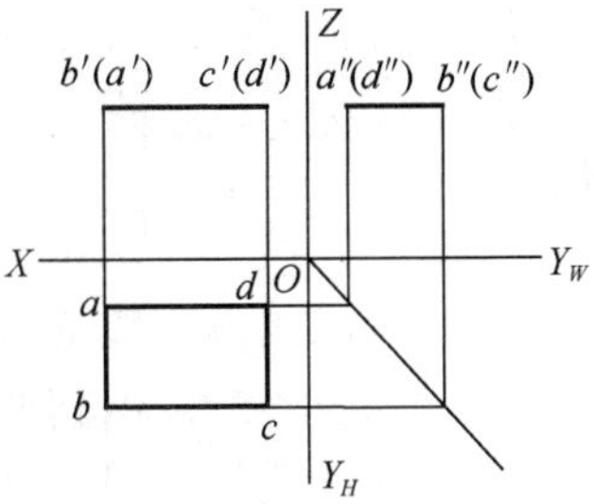	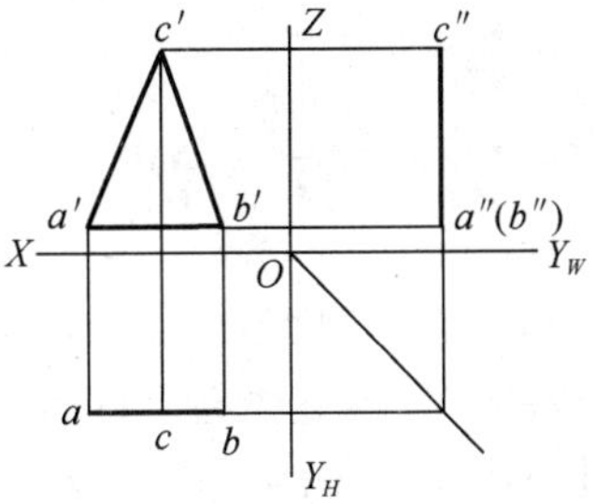	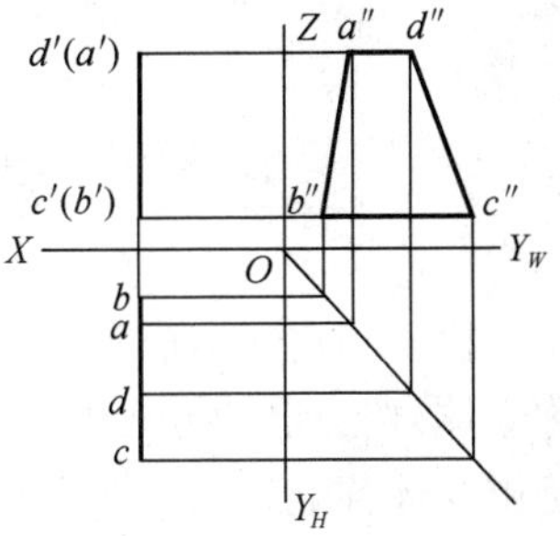
轴测图	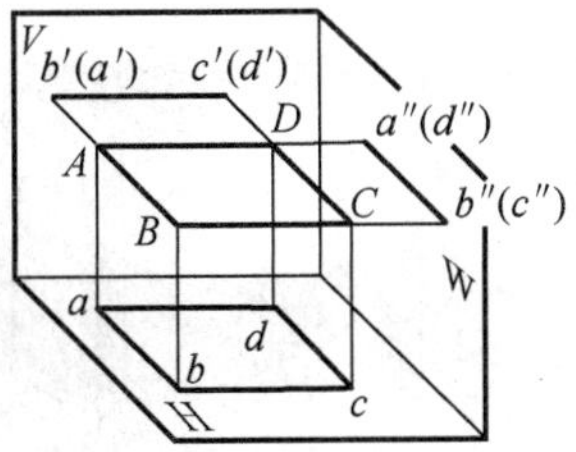	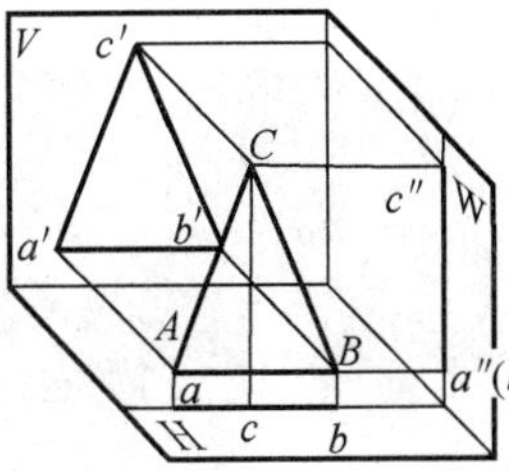	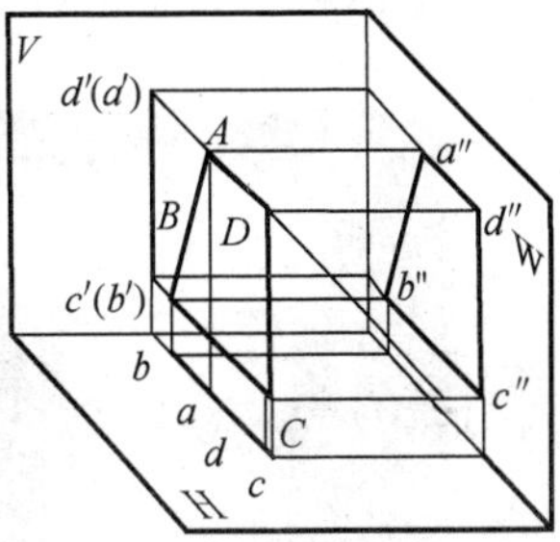
实例	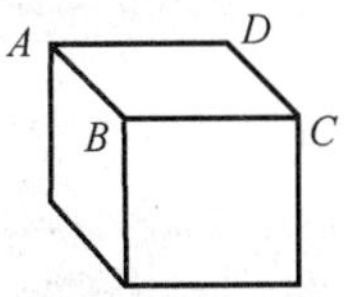	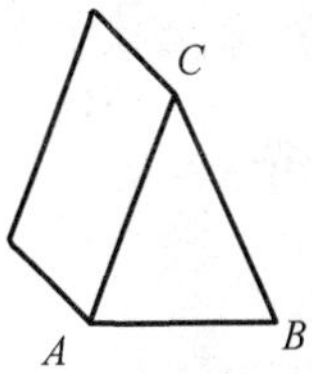	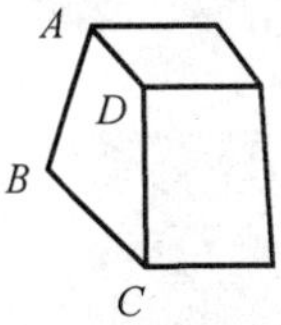
投影特性	(1) 水平投影表达实形 (2) 正面投影为直线，有积聚性，且平行于 OX 轴 (3) 侧面投影为直线，有积聚性，且平行于 OY_W 轴	(1) 正面投影表达实形 (2) 水平投影为直线，有积聚性，且平行于 OX 轴 (3) 侧面投影为直线，有积聚性，且平行于 OZ 轴	(1) 侧面投影表达实形 (2) 水平投影为直线，有积聚性，且平行于 OY_H 轴 (3) 正面投影为直线，有积聚性，且平行于 OZ 轴

小结：(1) 平面在所平行的投影面上的投影表达实形
   (2) 其余两投影均为直线，有积聚性，且平行于相应的投影轴

第三章 立体及立体表面的交线

第一节 立 体

机器和它的组成零件,不论其结构形状多么复杂,一般都可以看成是由一些基本立体(简称立体)按一定的方式组合而成的。任何立体在空间都具有一定的大小和形状,其形状、大小是由立体各个表面的性质及其范围所确定的。根据这些表面的几何性质的不同,立体又可分成平面立体和曲面立体两大类,如图 3-1 所示。

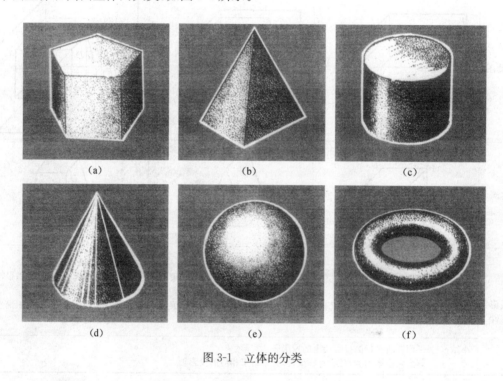

图 3-1 立体的分类

(1) 平面立体——表面均为平面的立体,如图 3-1(a)、(b)所示。
(2) 曲面立体——表面是曲面或由曲面和平面组成的立体,如图 3-1(c)、(d)、(e)、(f)所示。

一、平面立体的投影

平面立体主要有棱柱、棱锥等。由于平面立体的各个表面都是平面,因此绘制平面立体的投影图,就可归结为绘制各个表面的投影而组成的图形。平面立体投影后的图形由直线段组成,每条线段可由其两个端点确定。因此平面立体的投影,又可归结为绘制其各棱线及各顶点的投影;根据棱线投影的可见性,将棱线的可见投影用粗实线表示;棱线的不可见投影在图中用细虚线表示。

（一）棱柱

棱线相互平行的平面立体称为棱柱。根据棱线的多少，棱柱可分为三棱柱、四棱柱、……n 棱柱。

1. 棱柱的投影

图 3-2 所示是正六棱柱的投影情况，它的顶面及底面为水平面，水平投影反映实形且两面重合为正六边形，正面和侧面投影积聚为直线。棱柱有 6 个棱面，前后棱面为正平面，正面投影反映实形，水平投影和侧面投影积聚为直线；其他 4 个棱面均为铅垂面，其水平投影均积聚为直线，正面投影和侧面投影均为类似形。

各棱线均为铅垂线，水平投影积聚为一点，正面投影和侧面投影均反映实长。顶面和底面的前后两条边为侧垂线，侧面投影积聚为一点，正面投影和水平投影均反映实长；其他边均为水平线，水平投影反映实长。在画完上述平面与棱线的投影后，即得正六棱柱的投影图，如图 3-2(b)所示。作图时，可先画正六棱柱的水平投影正六边形，再根据投影规律作出其他两个投影。

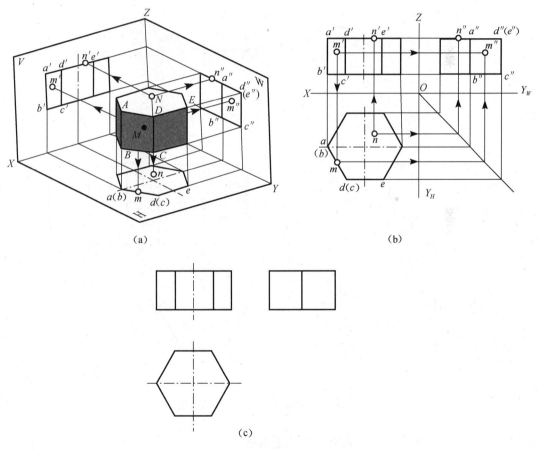

图 3-2 正六棱柱的投影及表面上取点

假想把图 3-2(a)中的六棱柱向上移动一段距离，那么，它的水平投影保持原位不动，而正面投影和侧面投影会向上移动一段相同的距离，投影的形状却并不因此而改变。同样，使物体下移，或前后、左右平移，也只改变各投影到投影轴的距离，而它们的形状丝毫未变。这种情况在三面投影图中反映为:正面投影和水平投影之间的距离及正面投影和侧面投影之间的距离有所改变,而各个投影的形状不变。

当仅表示空间形体而不考虑它到投影面的距离时,在投影图中各个投影之间的距离就可根据画图时的需要确定,不必画出投影轴和投影连线,也不必加注形体各顶点的字母标注,如图 3-2(c)所示。但是,应该注意各个投影之间仍应保持应有的投影关系,这种投影图称为无轴投影图。

正六棱柱投影图的作图步骤如图 3-3 所示。

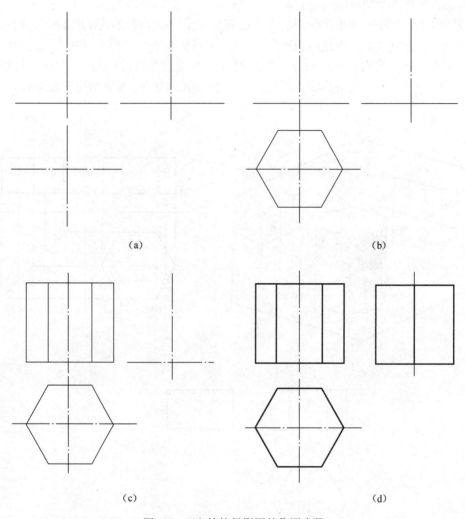

图 3-3　正六棱柱投影图的作图步骤

(1) 布置图面,画中心线、对称线等作图基准线,如图 3-3(a)所示;
(2) 画水平投影,即反映上、下端面实形的正六边形,如图 3-3(b)所示;
(3) 根据正六棱柱的高,按投影关系画正面投影,如图 3-3(c)所示;
(4) 根据正面投影和水平投影按投影关系画侧面投影,检查并描深图线,完成作图,如图 3-3(d)所示。

2. 棱柱表面上取点

在平面立体表面上取点,其原理和方法与平面上取点相同。如果已知立体表面上点的一个投影,便可求出其余的两个投影。在图 3-2 中,已知正六棱柱表面上点 M 的正面投影 m',求其余两投影的作图步骤如下:

(1) 由于点 M 在正面投影上可见,并且其所在的平面为铅垂面,故由 m' 向下作垂线交铅垂面的水平投影于点 m;

(2) 根据点的投影规律由 m 和 m' 求出 m''。

在图 3-2 中,已知正六棱柱表面上点 N 的水平投影 n,求其余两投影的步骤如下:

(1) 由于点 N 的水平投影 n 是可见的,并且其所在的平面为水平面,故由 n 向上作垂线交水平面的正面投影于点 n',棱柱的上顶面在正面投影上具有积聚性,n' 视为可见;

(2) 根据点的投影规律由 n 和 n' 求出 n''。

(二) 棱锥

棱线延长后汇交于一点的平面立体称为棱锥。根据棱线的数量,棱锥可分为三棱锥、四棱锥、……n 棱锥。

1. 棱锥的投影

图 3-4(a)表示三棱锥 S-ABC 的投影情况,画图时可先画底面 △ABC 和顶点 S 的投影,然后把 S 和点 A、B、C 的同面投影两两相连。在判断可见性后,把棱线的可见投影画成粗实线,把棱线的不可见投影画成细虚线,即得三棱锥的投影图,如图 3-4(b)所示。

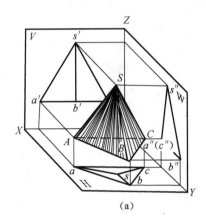
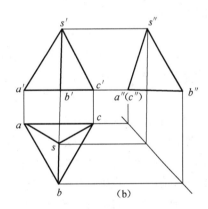

图 3-4 正三棱锥的投影

2. 棱锥表面上取点

由于棱锥的某些棱面没有积聚性,因此在棱锥表面上取点时,必须先作辅助线,再利用辅助线求出点的投影。作辅助线有如下两种方法。

(1) 过锥顶作辅助线。如图 3-5(a)所示,过锥顶作辅助线的作图步骤是:连接 $s'm'$ 并延长交 $a'b'$ 于 d';由 d' 向下作垂线交 ab 于 d,连接 sd;由 d'、d 按投影关系求出 d'',并连接 $s''d''$;由于点 M 位于 SD 上,由 m' 向下、向右引垂线分别交 sd、$s''d''$ 于 m、m'',m、m'' 即为所求。

(2) 过所求点作底边的平行线。如图 3-5(b)所示,过所求点作底边的平行线的作图步骤是:过 m' 作水平线分别交 $s'a'$、$s'b'$ 于 d'、e';自 d' 向下引垂线交 sa 于 d;过 d 作 ab 的平行线 de;由 m' 向下引垂线交 de 于 m;再由 m'、m 按投影关系求出 m''。

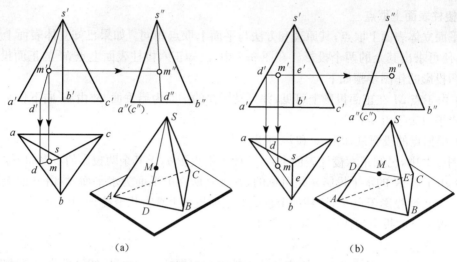

图 3-5 棱锥表面上取点

二、曲面立体的投影

工程中常见的曲面立体是回转体,如圆柱、圆锥、球、圆环等。在投影图上表示回转体就是把组成立体的回转面或平面和回转面表示出来,然后判别其可见性。

(一)圆柱

1. 圆柱的形成

圆柱面是由直母线 AB 绕与之平行的轴线 OO_1 回转一周而成的,圆柱表面由圆柱面和上下底圆组成,如图 3-6(a)所示。直母线 AB 在圆柱面上的任一位置称为素线。

2. 圆柱的投影

如图 3-6(b)所示,圆柱的轴线垂直于 H 面,其上下底圆为水平面;在水平投影上反映实形,其正面和侧面投影积聚为直线。圆柱面的水平投影也积聚为圆,在正面与侧面投影上分别画出决定投影范围的转向轮廓线(即圆柱面可见与不可见部分的分界线)的投影,如正面投影的分界线就是最左、最右两条素线 AA_1、BB_1,它们的投影为 $a'a_1'$、$b'b_1'$;在侧面投影上其转向轮廓线则是最前、最后两条素线 CC_1、DD_1,它们的投影为 $c''c_1''$、$d''d_1''$。

作图前,应该先画圆中心线和轴线。作图时可先画出水平投影的圆,再画出其他两个投影,此外需注意,左右两条素线的侧面投影 $a''a_1''$、$b''b_1''$ 与前后两条素线的正面投影 $c'c_1'$、$d'd_1'$,都分别重合于侧面和正面投影的中心线上,且均不画出,如图 3-6(c)所示。显然,相对于正面,分界线 AA_1 和 BB_1 之前的半圆柱面是可见的,其后的半圆柱面是不可见的;相对于侧面,分界线 CC_1 和 DD_1 之左的半圆柱面是可见的,其右的半圆柱面是不可见的。

3. 圆柱表面上取点

在圆柱表面上取点,可根据点在圆柱表面上的位置(在上、下底圆上或在圆柱面上)进行判断和作图。如图 3-6(c)所示,已知点 M 的正面投影 m',因为 m' 可见,所以点 M 在前半个圆柱面上,其水平投影 m 必定落在前半圆柱面具有积聚性的水平投影(圆)上。由 m、m' 可求出 m''。

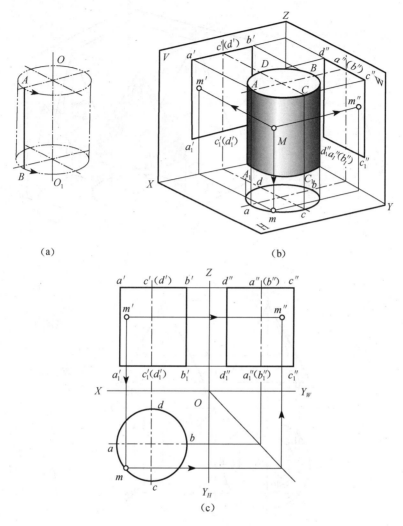

图 3-6 圆柱的投影及表面上取点

（二）圆锥

1. 圆锥的形成

圆锥面是由直母线 SA 绕与它相交的轴线 OO_1 回转一周而形成的，圆锥表面由圆锥面和底圆共同组成，如图 3-7(a)所示。圆锥面上直母线 SA 经过的任一位置称为素线。

2. 圆锥的投影

图 3-7(b)所示圆锥的轴线垂直于 H 面，底面为水平面；底面的水平投影反映实形（圆），其正面和侧面投影积聚为直线。对圆锥，在正面与侧面投影上要分别画出决定投影范围的分界线（即圆锥面可见与不可见部分的分界线）的投影，如正面投影的转向轮廓线就是最左、最右两条素线 SA、SB，它们的投影为 $s'a'$、$s'b'$；在侧面投影上其分界线则是最前、最后两条素线 SC、SD，它们的投影为 $s''c''$、$s''d''$。

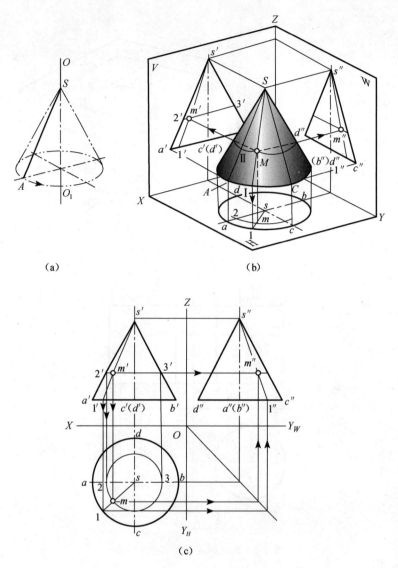

图 3-7 圆锥的投影及表面上取点

作图时,先画出回转轴线与圆中心线,然后画出底面的各个投影,再画出锥顶的投影,最后分别画出其转向轮廓线的投影,即完成圆锥的各个投影,如图 3-7(c)所示。此外需注意,左右两条素线的侧面投影 $s''a''$、$s''b''$ 与前后两条素线的正面投影 $s'c'$、$s'd'$,都分别重合于侧面和正面投影的中心线上,且均不画出。显然,相对于正面,分界线 SA 和 SB 之前的半圆锥面是可见的,其后的半圆锥面是不可见的;相对于侧面,分界线 SC 和 SD 之左的半圆锥面是可见的,其右的半圆锥面是不可见的。

3. 圆锥表面上取点

在圆锥表面上取点可根据圆锥面的形成特性来作图。如图 3-7(c)所示,已知圆锥面上点 M 的正面投影 m',可采用下列两种方法求出点 M 的水平投影 m 和侧面投影 m''。

方法一:辅助素线法

过锥顶 S 和点 M 作辅助素线 $S\mathrm{I}$,根据已知条件可以确定 $S\mathrm{I}$ 的正面投影 $s'1'$,然后求出

它的水平投影 $s1$ 和侧面投影 $s''1''$,根据点在直线上的投影性质由 m' 求出 m 和 m''。

方法二:辅助纬圆法

圆锥表面上垂直于圆锥轴线的圆称为纬圆。过点 M 作平行于圆锥底面的辅助纬圆,该圆的正面投影为过 m' 且垂直于圆锥轴线的直线段 $2'3'$,它的水平投影为一直径等于 $2'3'$ 的圆,m 必在此圆周上,由 m' 求出 m,再由 m'、m 求出 m''。

（三）球

1. 球的形成

球面是由曲母线(半圆)$\overset{\frown}{ABC}$ 绕过圆心且在同一平面上的轴线 OO_1 回转一周而成的表面,如图 3-8(a)所示。

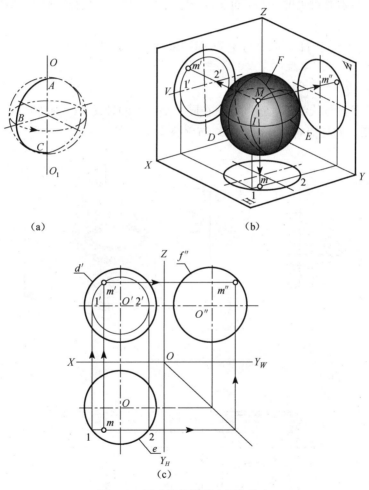

图 3-8　圆球的投影及表面上取点

2. 球的投影

图 3-8(b)所示为球及其三面投影。球的 3 个投影均为圆,且直径与球的直径相等,但 3 个投影面上的圆是不同的转向轮廓线的投影。正面投影上的圆是平行于 V 面的最大圆 D 的投影(区分球前、后表面的转向轮廓线的投影),其水平投影与球水平投影的水平中心线重合,侧面投影与球侧面投影的垂直中心线重合,但均不画出;水平投影上的圆是平行于 H 面的最

大圆 E 的投影(区分球上、下表面的转向轮廓线的投影),其正面投影与球正面投影的水平中心线重合,侧面投影与球侧面投影的水平中心线重合,但均不画出;侧面投影上的圆是平行于 W 面的最大圆 F 的投影(区别球左、右表面的转向轮廓线的投影),其正面投影与球正面投影的垂直中心线重合,水平投影与球水平投影的垂直中心线重合,但均不画出。作图时应先画出 3 个圆的中心线,然后确定球心的 3 个投影,再画出 3 个与球等直径的圆,如图 3-8(c)所示。

3. 球面上取点

如图 3-8(c)所示,已知球面上点 M 的水平投影 m,要求出 m' 和 m''。可过点 M 作一平行于 V 面的辅助圆,它的水平投影是线段 12,正面投影为直径等于线段 12 的长度的圆,m' 必定在该圆上,由 m 可求得 m',由 m 和 m' 可求出 m''。根据水平投影判断出点 M 在前半球面上,因此从前垂直向后看是可见的,即 m' 可见;同理,点 M 在左半球面上,从左垂直向右看也是可见的,即 m'' 可见。

当然,也可作平行于 H 面或平行于 W 面的辅助圆来求点,读者可以自行分析。

(四)圆环

1. 圆环的形成

圆环面是一条圆母线绕不通过圆心但在同一平面上的轴线 OO_1 回转一周而形成的表面,如图 3-9(a)所示。圆环面有内环面和外环面之分。

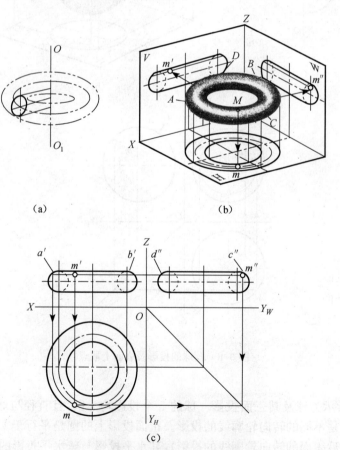

图 3-9 圆环的投影及表面上取点

2. 圆环的投影

如图 3-9(b)所示,圆环面轴线垂直于 H 面。圆环正面投影上的左、右两圆是圆环面上平行于 V 面的两圆 A、B 的投影(区分圆环外环和内环前、后表面的转向轮廓线的投影),细虚线部分表示内环面;侧面投影上两圆是圆环面上平行于 W 面的 C、D 两圆的投影(区分圆环外环和内环左、右表面的转向轮廓线的投影),细虚线部分同样表示内环面。圆环的水平投影为两个同心圆,小圆是区分圆环内环上、下表面的转向轮廓线的投影,大圆是区分圆环外环上、下表面的转向轮廓线的投影。同时还要画出一个细点画线圆,表示内环面和外环面的分界线。正面和侧面投影的上、下两直线是区分内环面和外环面的转向轮廓线的投影。

3. 圆环面上取点

如图 3-9(c)所示,已知环面上点 M 的正面投影 m',可过点 M 作平行于水平面的辅助纬圆,求出 m 和 m''。圆环面上取点时,要注意点所在的位置,以便其判断可见性。

第二节 平面与立体相交

平面与立体相交,可认为是立体被平面所截切。该平面通常称为截平面,截平面与立体表面的交线称为截交线。立体被截切后的断面称为截断面,如图 3-10 所示。研究平面与立体相交的目的是求截交线的投影和截断面的实形。

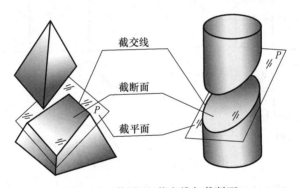

图 3-10 截平面、截交线与截断面

1. 截交线的一般性质

(1) 截交线既在截平面上,又在立体表面上,因此截交线是截平面与立体表面的共有线,截交线上的点是截平面与立体表面的共有点。

(2) 由于立体表面是封闭的,因此截交线必定是封闭的线条,截断面必定是封闭的平面图形。

(3) 截交线的形状取决于立体表面的形状和截平面与立体的相对位置。

2. 作图方法

根据截交线的性质,求截交线可归结为求截平面与立体表面的共有点(共有线)的问题。由于物体上绝大多数的截平面是特殊位置平面,因此可利用积聚性原理来作出其共有点(共有线)。如果截平面为一般位置平面,也可利用投影变换方法使截平面成为特殊位置平面,本章只讨论特殊位置平面的截平面。

一、平面与平面立体相交

平面与平面立体相交,其截交线为平面多边形。

(一) 平面与棱柱相交

图 3-11(a)所示为正五棱柱被正垂面 P 所截切,其作图步骤如下:

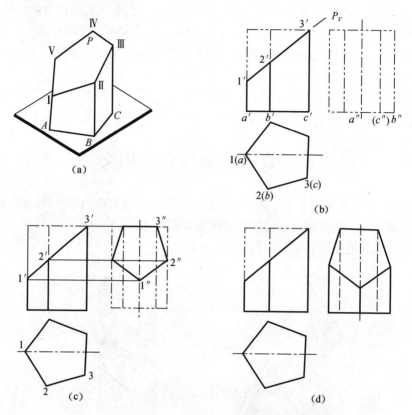

图 3-11 平面与正五棱柱相交

(1) 画出完整的正五棱柱的 3 个投影,在正面投影中,五棱柱被平面截去的部分用细双点画线表示,如图 3-11(b)所示。

(2) 因为截平面为正垂面,所以 P_V 具有积聚性。根据截交线的性质,P_V 与正五棱柱的所有棱线相交,交点为 Ⅰ、Ⅱ、Ⅲ、Ⅳ、Ⅴ,如图 3-11(a)所示。因此正面投影中的棱线交点 $1'$、$2'$、$3'$ 为截平面与各棱线的交点 Ⅰ、Ⅱ、Ⅲ 的正面投影。

(3) 根据正面投影 $1'$、$2'$、$3'$ 作出其水平投影 1、2、3 及侧面投影 $1''$、$2''$、$3''$,如图 3-11(c)所示。

(4) 作出对称的另一半,并连接各点的同面投影即得截交线的 3 个投影。

(5) 判断可见性,擦除不必要的图线,并描深全部的图形,如图 3-11(d)所示。

图 3-12 所示为正六棱柱被正垂面 P 所截切,截交线的正面投影积聚成直线且与截平面的正面投影重合;截交线的水平投影是正六边形且与棱柱的水平投影重合;截交线的侧面投影为与其类似的六边形。根据截交线的正面投影 a'、b'、c'、d'、(e')、(f') 及水平投影 a、b、c、d、e、f,即可求出其侧面投影 a''、b''、c''、d''、e''、f'',依次连接各点即得截交线的侧面投影。

因为棱柱的左上部被切去,所以,截交线的侧面投影可见。在侧面投影中,点 D 所在的侧棱投影不可见,故画成细虚线;而细虚线的下部分与可见点 A 所在的侧棱投影重合,所以画成粗实线,如图 3-12(b)所示。

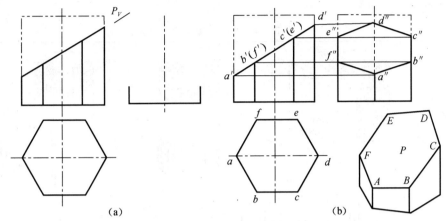

图 3-12 作正六棱柱的截交线

(二)平面与棱锥相交

如图 3-13(a)所示,正三棱锥 S-ABC 被正垂面 P 所截切,其作图步骤如下。

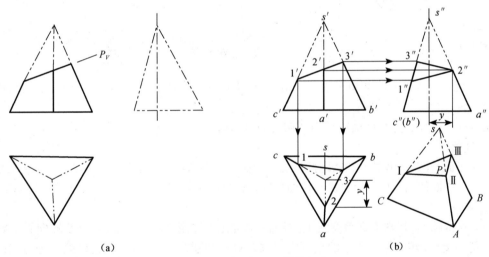

图 3-13 平面与正三棱锥相交

(1)因为截平面为正垂面,所以 P_V 具有积聚性。根据截交线的性质,P_V 截平面与各棱线的交点Ⅰ、Ⅱ、Ⅲ的正面投影为 $s'a'$、$s'b'$、$s'c'$ 上的投影点 $1'$、$2'$、$3'$。

(2)根据正面投影 $1'$、$2'$、$3'$ 作出其水平投影 1、2、3 及侧面投影 $1''$、$2''$、$3''$。

(3)连接各点的同面投影即得截交线的 3 个投影。

(4)判断截交线的可见性。因为被截立体为正三棱锥,所以截交线均可见,结果如图 3-13(b)所示。

二、平面与曲面立体相交

平面与曲面立体相交,其截交线一般为封闭的平面曲线,或者是由曲线和直线围成的平面图形,特殊情况为平面多边形(直线)。

（一）平面与圆柱相交

圆柱被平面截切后所产生的截交线，因截平面与圆柱轴线的相对位置不同有3种情况：矩形、圆和椭圆，见表3-1。

表 3-1 圆柱的截交线

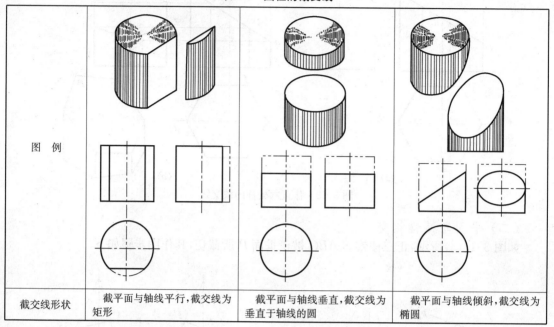

截交线形状	截平面与轴线平行，截交线为矩形	截平面与轴线垂直，截交线为垂直于轴线的圆	截平面与轴线倾斜，截交线为椭圆

因截交线为矩形和圆的情况为特殊情况，可直接作出。因此，本书着重讨论截交线为椭圆的情况。

图3-14(a)所示为圆柱被正垂面截切，其具体作图步骤如下。

1. 分析

由于平面与圆柱的轴线斜交，因此截交线为椭圆。截交线的正面投影积聚为直线，其水平投影则与圆柱底面的投影（圆）重合。其侧面投影可根据投影规律和在圆柱面上取点的方法求出。

2. 求点

(1) 求特殊点：特殊点即截交线上的最高、最低、最前、最后、最左、最右以及转向轮廓线上的点。特别指出，转向轮廓线上的点一定要求。对于椭圆首先要找出长、短轴的4个端点。长轴的端点Ⅰ、Ⅴ（空间点标出，下同）是椭圆的最低点和最高点，位于圆柱面的最左和最右素线上。短轴的端点Ⅲ、Ⅶ是椭圆的最前点和最后点，分别位于圆柱面的最前和最后素线上。这些点的水平投影是1、5、3、7，正面投影是1′、5′、3′、7′，根据投影规律作出侧面投影1″、5″、3″、7″，根据这些特殊点即可确定截交线的大致范围。

(2) 求一般点：可适当作出若干个一般点，如图3-14(a)中的Ⅱ、Ⅳ、Ⅵ、Ⅷ等点，可根据投影规律和圆柱面上取点的方法作出其各个投影。

3. 连线

将所求各点的同面投影依次光滑地连接起来，可见点之间用粗实线连接，不可见点之间用细虚线连接，就得到截交线的投影。

4. 整理圆柱外形轮廓线投影

如图3-14(a)所示，截平面对 H 面的倾角大于 $45°$，因此侧面投影上椭圆的长轴与圆柱轴线平行。截平面对 H 面的倾角小于 45°时,则侧面投影上椭圆的长轴与圆柱轴线垂直,如图 3-14(b)所示。如截平面对 H 面的倾角等于 45°,这时截交线的侧面投影为圆,其半径即为圆柱半径,如图 3-14(c)所示。

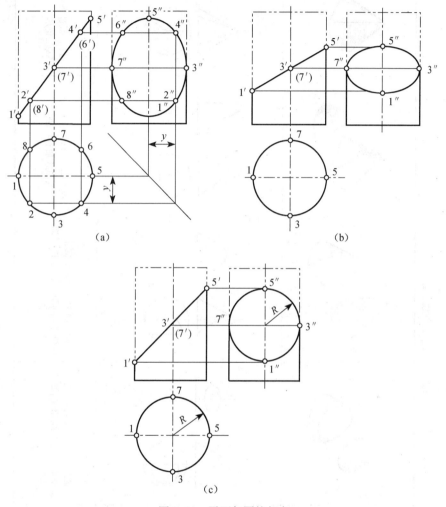

图 3-14 平面与圆柱相交

(二)平面与圆锥相交

圆锥被平面截切后所产生的截交线,因截平面与圆锥轴线的相对位置不同有下列几种情况,见表 3-2。

图 3-15 所示为一正圆锥被正垂面截切,其作图步骤如下。

1. 分析

截平面倾斜于圆锥轴线,截交线的正面投影积聚为直线,又因截平面与圆锥面所有素线都相交,所以截交线为椭圆,其水平投影和侧面投影通常亦为椭圆。由于圆锥前后对称,所以此椭圆也一定前后对称。水平投影椭圆的长轴方向在截平面与圆锥前后对称面的交线(正平线)上,其端点在最左、最右素线上,而短轴则是通过长轴中点垂直于长轴的正垂线。当截平面对 H 面的倾角小于 45°时,侧面投影椭圆长轴的方向则与圆锥轴线相垂直,短轴投影在圆锥轴线上。

表 3-2 圆锥的截交线

截交线形状	截平面与轴线相垂直，截交线为垂直于轴线的圆	截平面与轴线倾斜，并与圆锥面所有素线相交，截交线为椭圆	截平面平行于圆锥面上一条素线，截交线为抛物线加直线段	截平面与轴线平行，截交线为双曲线加直线段	截平面过锥顶，截交线为等腰三角形
图例	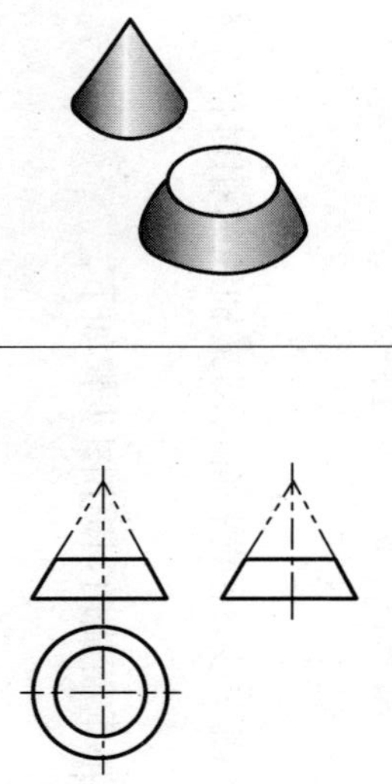	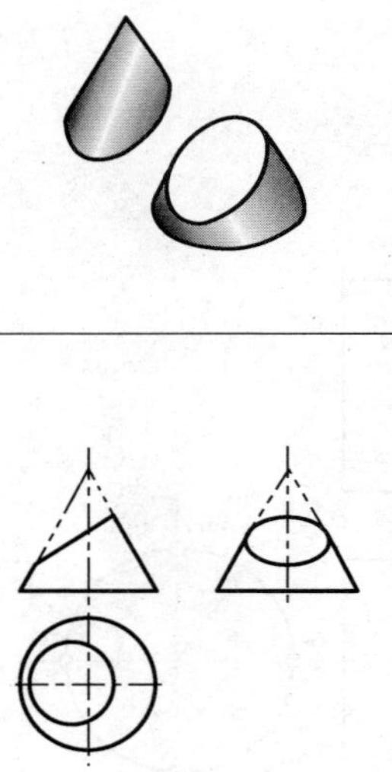	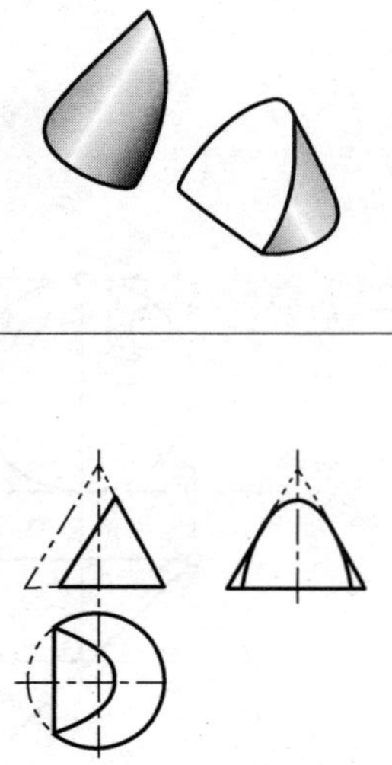	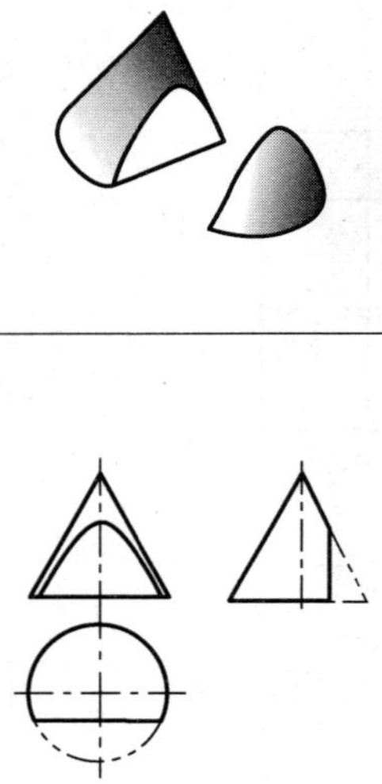	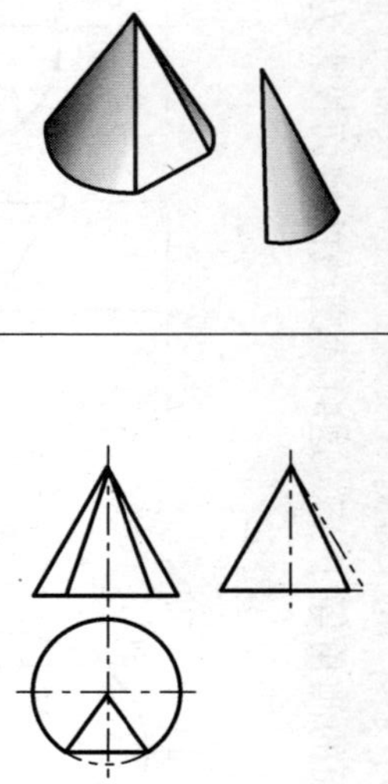

2. 求点

（1）求特殊点：由截交线和圆锥面最左、最右素线正面投影的交点 1′、2′可求出水平投影点 1、2 和侧面投影点 1″、2″；点 1′、2′、1、2、1″、2″就是椭圆长轴端点的三面投影。取 1′2′线段中点，即为正面投影中有积聚性的椭圆短轴端点 3′(4′)。在正面投影中，过点 3′(4′)按圆锥面上取点的方法作辅助圆，作出该圆的水平投影，根据投影关系求得点 3、4 及点 3″、4″。而点 3′、4′、3、4、3″、4″为椭圆短轴端点的三面投影。

（2）求一般点：为了准确地画出截交线，须适当找出若干个一般点，如水平投影 5、6、7、8 对应的 4 个点。特别注意，5、6 对应的点也是圆锥面上最前、最后素线上的点。

3. 连线

依次连接各点的同面投影，即得截交线的水平投影与侧面投影。

图 3-16 所示为一正圆锥被一侧平面所截切。其作图步骤如下。

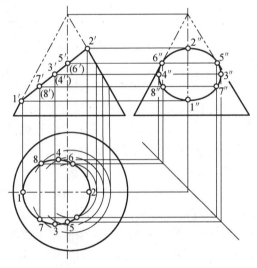

图 3-15 正垂面与圆锥相交

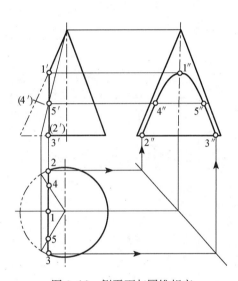

图 3-16 侧平面与圆锥相交

1. 分析

由于截平面平行于圆锥轴线，所以截交线在圆锥面上为双曲线。它的水平投影与正面投影均积聚为一直线，要求作的是截交线的侧面投影。

2. 求点

（1）求特殊点：截平面与正面轮廓线的交点Ⅰ（投影 1、1′、1″对应的点，下同）是双曲线的最高点，截平面与圆锥底圆的交点Ⅱ、Ⅲ是最低点，这些点的投影都可直接作出。

（2）求一般点：一般点可先在截交线的已知投影上选取其投影，然后过点在圆锥面上作辅助线（素线或纬圆）求出其他投影。图 3-16 中用素线法求出两个一般点Ⅳ、Ⅴ的三面投影。同理，可作出其他一般点。

3. 连线

依次光滑地连接各点的侧面投影，即得截交线的侧面投影。

（三）平面与球相交

从表 3-3 中可知，平面与球相交，其截交线都是圆。但由于截平面与球体相交的位置不同,其截交线的投影也不同。

表 3-3 球的截交线

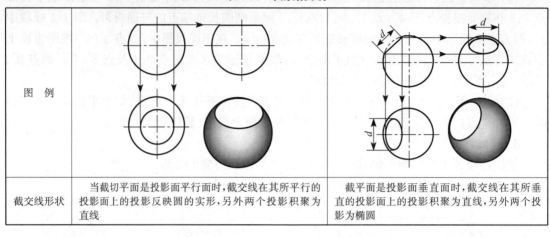

图例	当截切平面是投影面平行面时,截交线在其所平行的投影面上的投影反映圆的实形,另外两个投影积聚为直线	截平面是投影面垂直面时,截交线在其所垂直的投影面上的投影积聚为直线,另外两个投影为椭圆
截交线形状		

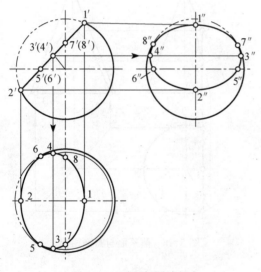

图 3-17 平面与圆球相交

图 3-17 所示为一球被正垂面截切,作图步骤如下。

1. 分析

因为球被正垂面截切,所以截交线的正面投影积聚为直线,且其长度等于截交线圆的直径,水平投影和侧面投影均为椭圆。

2. 求点

先作水平投影,确定椭圆长、短轴的端点。圆的水平直径Ⅲ Ⅳ平行于水平投影面,其水平投影线段 34 为椭圆的长轴,与Ⅲ Ⅳ垂直的直径Ⅰ Ⅱ对水平面的倾角最大,其水平投影线段 12 为椭圆的短轴。再求出球水平投影转向轮廓线上的点Ⅴ、Ⅵ和球侧面投影转向轮廓线上的点Ⅶ、Ⅷ。

3. 连线

将上述各点的水平投影依次平滑连接起来,即为截交线的水平投影。

同理可作出截交线的侧面投影。

(四)平面与环面相交

如图 3-18(a)所示为正平面 P 与圆弧回转面(部分内环面)相交,作图步骤如下。

1. 分析

由于截平面与环面轴线平行,所以截交线在环面上为四次曲线,它的正面投影亦为四次曲线,其水平投影积聚为直线。因此,根据截交线的性质,要求作的截交线在它的正面投影上。

2. 求点

(1) 求特殊点:根据在回转面上取点的方法,圆弧回转面上的纬圆与截平面的切点Ⅰ是截交线的最高点。作图时,先作出这个纬圆的水平投影,使它与截平面 P 的水平投影相切于点1,然后作出该纬圆的正面投影和最高点的正面投影 1′;截平面与圆环回转面底面的交点Ⅱ、

Ⅲ是截交线的最低点,可由2、3直接作出2′、3′。

(2) 求一般点:如在最高点和最低点之间利用辅助纬圆法适当作一些一般点,如点Ⅳ、Ⅴ。

3. 连线

将所求各点的正面投影依次光滑连线,即得截交线的正面投影,如图3-18(b)所示。

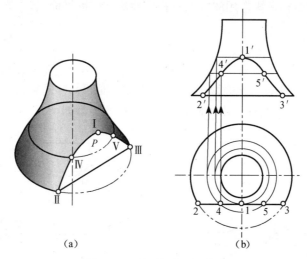

图 3-18 平面与内环面相交

第三节　两曲面立体相交

两立体相交,按其立体表面的性质可分为两平面立体相交[图3-19(a)]、平面立体与曲面立体相交[图3-19(b)]和两曲面立体相交[图3-19(c)]3种情况。两立体表面的交线称为相贯线。

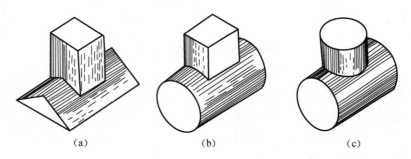

图 3-19 两立体相交的种类

两平面立体相交本质上是两平面相交的问题;平面立体与曲面立体相交本质上是平面与曲面立体相交的问题,故不再讨论。本节将讨论两曲面立体相交时相贯线的性质和作图方法。

1. 一般性质

(1) 相贯线是两相交曲面立体表面的共有线,相贯线上的点是两相交曲面立体表面的共有点。相贯线也是两相交曲面立体的分界线。

(2) 由于立体的表面是封闭的,因此相贯线在一般情况下是封闭的空间四次曲线,在特殊情况下可能不封闭,也可以由平面曲线或直线组成。当两立体的相交表面处在同一平面上时,相贯线是不封闭的。

（3）相贯线的形状取决于相交的两曲面立体本身的形状、大小及两曲面立体之间的相对位置。

2. 作图方法

求作两曲面立体的相贯线常用的方法有积聚性法和辅助平面法。

一、积聚性法

两曲面立体相交，其中至少有一个为圆柱体，且其轴线垂直于某投影面时，则两曲面立体相交的相贯线在该投影面上的投影积聚为一个圆。相贯线其他投影可根据表面上取点的方法作出。

如图 3-20 所示为直立圆柱与水平圆柱相交，其作图步骤如下。

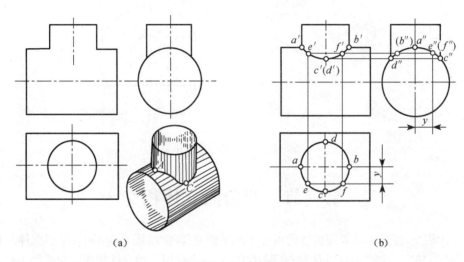

图 3-20　两圆柱相交

1. 分析

由图 3-20(a)中不难看出，两圆柱轴线垂直相交，这样相贯线在空间具有两个对称面，即前后对称和左右对称。同时直立圆柱的轴线垂直于水平面，水平圆柱的轴线垂直于侧面，可知相贯线的水平投影积聚在直立圆柱的水平投影（圆）上，侧面投影积聚在水平圆柱的侧面投影（圆）上，故不需要作图，要求作的是相贯线的正面投影。因已知相贯线的两个投影即可求出其正面投影，又因直立圆柱的直径比水平圆柱的直径小（即小圆柱穿入大圆柱），因此相贯线的正面投影向大圆柱回转轴线弯曲。

2. 求点

（1）求特殊点。为了作图正确和简洁，首先必须求出相贯线上的特殊点。点 C 是直立圆柱面最前面素线与水平圆柱面的交点，它是最前点也是最低点。因此，可直接求得水平投影点 c 和侧面投影点 c''，可根据点 c、c'' 求得正面投影点 c'；点 A、B 为直立圆柱面最左素线和最右素线与水平圆柱面最高素线的交点，它们是相贯线上的最左、右点和最高点，点 a、b、a'、b' 可直接在图上作出；点 D 是直立圆柱面最后面素线与水平圆柱面的交点，它是最后点也是最低点。

（2）求一般点。一般点可适当求作，如在直立圆柱面的水平投影（圆）上取两点 e、f，再作出它们的侧面投影 $e''(f'')$，其正面投影 e'、f' 可根据投影规律求出。

3. 光滑连线

顺次光滑地连接 a'、e'、$c'(d')$、f' 和 b' 点，即得相贯线的正面投影。应当指出，因相贯线前后对称，后半部分不可见的投影与前半部分可见的投影重合，所以只画可见部分（粗实线）。两圆柱相交成为了一个整体，因而水平圆柱正面投影 a'、b' 两点之间的转向轮廓线已不存在了，不应再画粗实线。

图 3-21 是两圆柱内、外表面相交的 3 种形式。

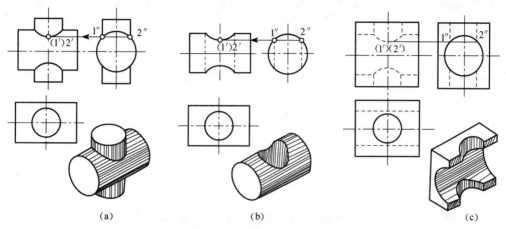

图 3-21　两圆柱内、外表面相交的形式

图 3-21(a)为两圆柱外表面相交，其相贯线在圆柱的外表面上，称为外相贯线。由于相贯线上下对称，故下面一条相贯线的正面投影的作图方法与上述相同。

图 3-21(b)为在水平圆柱上钻一个圆柱孔，其相贯线的形成原理和作图方法与上述相同，只是应在正面投影和侧面投影上以细虚线画出圆柱孔的投影轮廓线。

图 3-21(c)是两圆柱孔相交，其相贯线在内圆柱面上，称为内相贯线，因为不可见，所以画成细虚线。相贯线的形成原理和作图方法与上述相同。

两圆柱相交时，相贯线的形状和位置取决于它们直径的大小和两轴线的相对位置。表 3-4 表示两圆柱面的直径大小相对变化时对相贯线的影响，表 3-5 表示两圆柱面轴线的位置相对变化时对相贯线的影响。这里要特别指出的是：当轴线垂直相交的两圆柱面直径相等时，相贯线是椭圆，且椭圆所在的平面垂直于两条轴线所平行的平面。

表 3-4　两圆柱直径大小相对变化时对相贯线的影响

两圆柱直径的关系	水平圆柱直径较大	两圆柱直径相等	水平圆柱直径较小
相贯线的特点	上、下两条空间曲线	两个互相垂直的椭圆	左、右两条空间曲线
投影图			

表 3-5 相交两圆柱轴线相对位置变化时对相贯线的影响

两轴线垂直相交	两轴线垂直交叉		两轴线平行
	全贯	互贯	

二、辅助平面法

当相贯线不能用积聚性法直接求出时,可以利用辅助平面法来求。

辅助平面法主要是根据"三面共点"的原理。如图3-22(a)所示,当圆柱与圆锥相贯时,为求得共有点,可假想用一个平面P(称为辅助平面)截切圆柱和圆锥。平面P与圆柱面的交线为两条直线,与圆锥的截交线为圆弧。两直线与圆的交点是平面P、圆柱面和圆锥面3个面的共有点,因此是相贯线上的点。利用若干个辅助平面,就可以得到若干个点,依次光滑连接各点即可求得相贯线的投影。

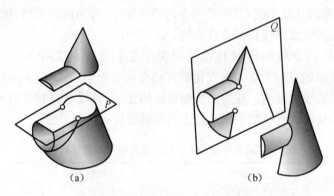

图3-22 辅助平面法的原理

当用辅助平面法求作相贯线时,一般应根据两相交曲面立体的形状和它们的相对位置来选择辅助平面,以作图简便为出发点。选择的原则是:辅助平面与两曲面立体的交线的投影都是最简单的线条(直线或圆)。如图3-22(a)所示的截平面是水平面P,如图3-22(b)所示的截平面是过锥顶且平行于圆柱轴线的平面Q。所选的辅助平面应位于两曲面立体的共有区域内,否则得不到共有点。

图3-23所示为利用辅助平面法求圆柱与圆锥相交的相贯线,其作图步骤如下。

(1) 选择辅助平面。这里选择水平面,如图3-23(a)所示。

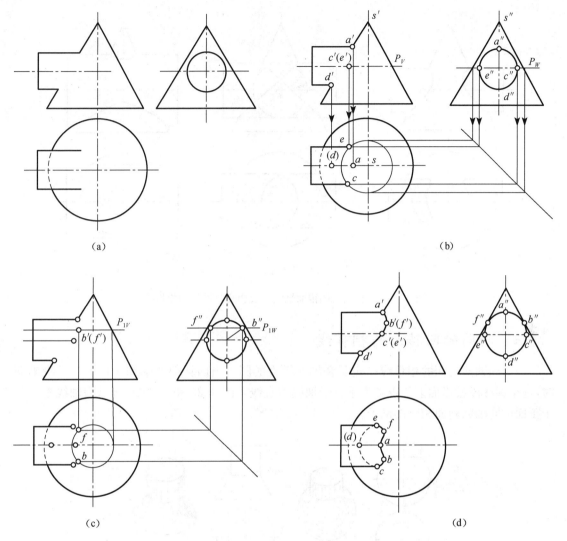

图 3-23　圆柱与圆锥相交

(2) 求特殊点。如图 3-23(b)所示,点 A、D 为相贯线上的最高点、最低点,它们的 3 个投影可直接求得。点 C、E 为最前、最后点,由过圆柱轴线的水平面 P 求得。P 与圆柱的截交线为最前、最后两素线(平面两直线);P 与圆锥的截交线为圆,素线与圆相交得 c、e,它们是相贯线的水平投影的可见与不可见部分的分界点,正面投影 c'、(e') 可由水平投影 c、e 求得。

(3) 求一般点。如图 3-23(c)所示,根据作图的需要,在适当位置再作一些水平面为辅助面(如 P_1 面),可求出相贯线上的一般点。

(4) 判断可见性后依次光滑连接各点。如图 3-23(d)所示,点 D 在下半圆柱上,故 $c(d)e$ 连线为细虚线,其他为粗实线。

(5) 整理水平投影中圆柱的轮廓线投影。

图 3-24 所示为圆柱与圆锥的轴线垂直相交时,圆柱直径的变化对相贯线的影响。图 3-24(a)为圆柱贯穿圆锥的相贯线,图 3-24(b)为两者公切于球,图 3-24(c)为圆锥贯穿圆柱的相贯线。由于这些相贯线投影的作图比较简单,这里不再详述。

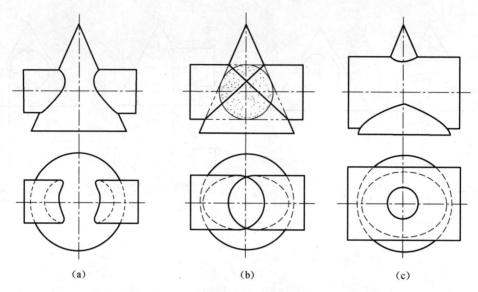

图 3-24　圆柱面与圆锥面轴线垂直相交时的 3 种相贯线

三、两同轴回转面的相贯线

两个同轴回转面的相贯线一定是和轴线垂直的圆。当回转面的轴线平行于某一投影面时，这个圆在该投影面上的投影为垂直于轴线的直线。图 3-25 和图 3-26 所示为轴线都平行于正面的同轴回转面相交的例子。

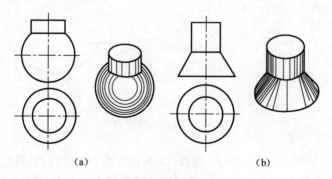

图 3-25　相贯线为圆

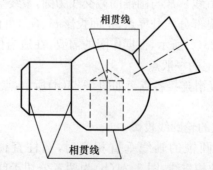

图 3-26　同轴回转面的相贯线（圆）的投影

第四章 组合体视图

任何一个零件,一般情况下都可以看作是由若干个基本立体以叠加、切割等方式组合而成的组合体。

本章在制图基本知识和正投影基本理论的基础上,进一步研究组合体三视图的投影规律、组合体画图和看图的基本方法,以及组合体的尺寸标注等问题。通过本章的学习,学生应能够熟练地掌握三视图的基本规律,并自觉地运用形体分析法和线面分析法来解决组合体的画图、看图以及尺寸标注等问题。

第一节 三视图的形成及投影规律

一、三视图的形成

在绘制机械图样时,将物体放置于三投影面体系中,按正投影的方法分别向 V、H、W 三个投影面进行投影,所得的图形称为视图。其正面投影称为主视图、水平投影称为俯视图、侧面投影称为左视图,如图 4-1(a)所示。

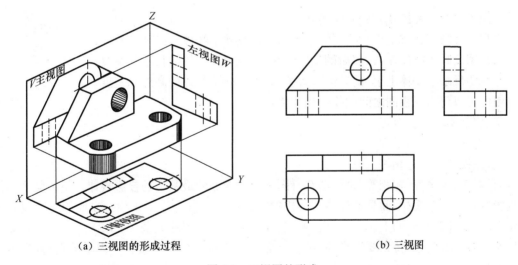

(a) 三视图的形成过程　　　　　(b) 三视图

图 4-1 三视图的形成

在工程图中,视图主要用来表达物体的形状,而没有必要表达物体与投影面间的距离,因此在绘制视图时不必画出投影轴;为了使图形清晰,也不必画出投影间的连线,如图 4-1(b)所示。视图间的距离通常可根据图纸幅面、尺寸标注等因素来确定。

二、三视图的位置关系和投影规律

虽然在画三视图时取消了投影轴和投影间的连线,但是三视图间仍应保持画法几何中所述的各投影之间的位置关系和投影规律,如图 4-2 所示。三视图的位置关系为:俯视图在主视图的下方、左视图在主视图的右方。按照这种位置配置视图时,国家标准规定:一律不标注视图的名称。

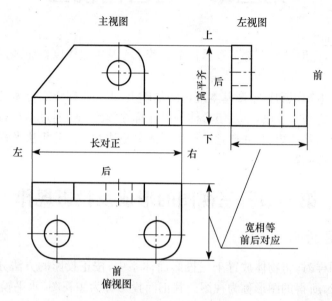

图 4-2 三视图的位置关系和投影规律

对照图 4-1(a)和图 4-2,还可以看出:
主视图反映了物体上下、左右的位置关系,即反映了物体的高度和长度;
俯视图反映了物体左右、前后的位置关系,即反映了物体的长度和宽度;
左视图反映了物体上下、前后的位置关系,即反映了物体的高度和宽度。
由此可以得出三视图之间的投影规律为:
主、俯视图——长对正;
主、左视图——高平齐;
俯、左视图——宽相等。

"长对正、高平齐、宽相等"是画图和看图都必须遵循的最基本的投影规律。不但整个物体的投影要符合这个规律,而且物体局部结构的投影也必须符合这个规律。在应用这个投影规律作图时,要注意物体的上、下、左、右、前、后 6 个部位与视图的关系(图 4-2)。上、下、左、右 4 个部位一般没有问题,特别要注意前、后 2 个部位。如俯视图的下面和左视图的右边(远离主视图的位置)都反映物体的前面,俯视图的上面和左视图的左边(靠近主视图的位置)都反映物体的后面。因此在俯、左视图上量取宽度时,不但要注意量取的起点,还要注意量取的方向。

第二节 组合体的形体分析

一、形体分析的基本概念

由若干个基本立体(棱柱、棱锥、圆柱、圆锥、球、圆环等)组合而成的物体称为组合体。组合体形成的方式,可分为叠加和切割(包括穿孔)或者两者相混合的形式。叠加根据相邻表面的关系有结合、相切和相交等情况。如图4-3(a)所示,轴承座是由几个简单立体(底板、竖板、带孔的圆柱体)经过叠加而形成的,这些简单立体则是由基本立体经叠加或切割而成的。如图4-3(b)所示,底座是由一个基本立体(长方体)经过切割而形成的。

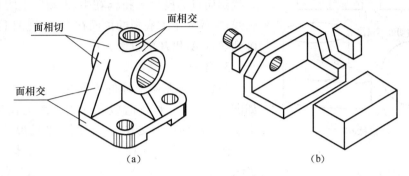

图4-3 组合体的组合方式
(a)轴承座;(b)底座

由上述的2个例子可以看出:将组合体分解为若干个基本立体进行叠加与切割,并分析这些基本立体的相对位置,从而可以得出整个组合体的形状与结构。这种方法称为形体分析法。画图时,运用形体分析法,可以将复杂的形体简化为比较简单的基本立体来完成;看图时,运用形体分析法,能够从基本立体着手,看懂复杂的形体。

二、组合体的形成方式

（一）叠加

1. 结合

当两个基本形体的表面互相重合时,两个基本立体在重合表面周围的结合处可能是同一表面(即共面),也可能不是同一表面。如图4-4所示的支架[(a)为支架轴测图,(b)为三视图],由于底板与竖板的前、后两个表面处于同一平面上,所以在主视图上两个形体结合处不画线;而竖板上凸台的宽度比竖板的宽度小,圆柱面与竖板右壁面不是同一表面,所以应有分界线。

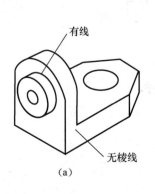 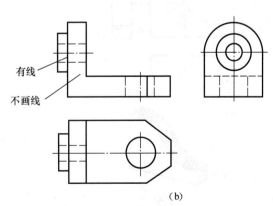

图4-4 结合

2. 相切

当相邻两基本形体的表面光滑过渡时，在相切处就不存在棱线，如图 4-5 所示。在作图时，应先在俯视图上找到切点的投影 a 和 b，在主、左视图上的相切处不要画线，物体左下方底板的顶面在主、左视图上的投影，应画到切点 A 和 B 的投影为止。

3. 相交

当相邻两基本形体的表面相交时，必然产生交线，如图 4-6 所示。作图时应先在俯视图上找到交点的投影 a(b)，从而作出交线在主视图上的投影 a'b'。

图 4-7 所示的阀杆是一个组合回转体，它上部的圆柱面和环面相切，环面又与圆锥顶部平面相切，因此在视图上的相切处均不能画线。

图 4-8 为压铁，它的左侧面由两圆柱面相切而成，因此在主视图上积聚成两相切的圆弧。

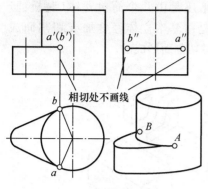

图 4-5　两形体相切图

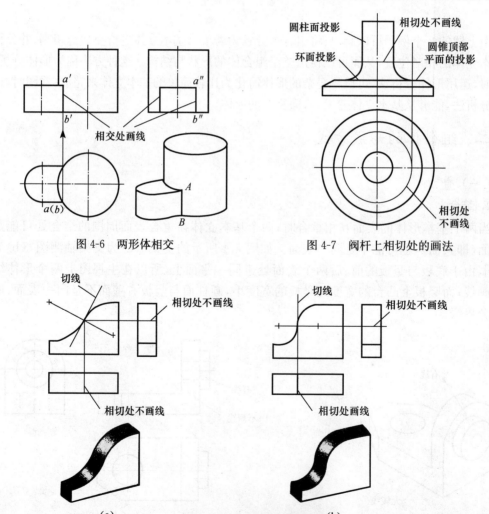

图 4-6　两形体相交　　　　图 4-7　阀杆上相切处的画法

图 4-8　压铁上相切处的画法

可以通过该两圆弧的切点作切线,则该切线即表示两圆柱面公切平面的投影。若该公切平面平行或倾斜于投影面,则相切处在该投影面上的投影就没有线条,如图 4-8(a)所示;若公切平面垂直于投影面,在俯视图上就应该画线,如图 4-8(b)所示。

图 4-9 为压盖的形体分析图。图 4-9(a)表示了该零件中间为空心圆柱,压盖左、右两端的底板和空心圆柱相切;图 4-9(b)中仅表示了其左端的底板;图 4-9(c)表示了两种形体结合成压盖的三视图,及其底板与圆柱相切的作图过程。

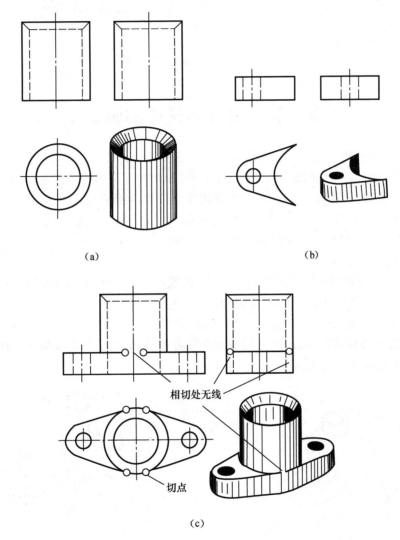

图 4-9 压盖的形体分析图

(二) 切割(含穿孔)

当基本立体被穿孔或者被平面或曲面切割时,会产生各种不同形状的截交线或相贯线。如图 4-10(a)所示的接头,是圆柱被切挖掉 4 部分而形成的,作图的关键是求出圆柱被平面截切后所产生的截交线和圆柱与小孔所产生的相贯线的投影,如图 4-10(b)所示。

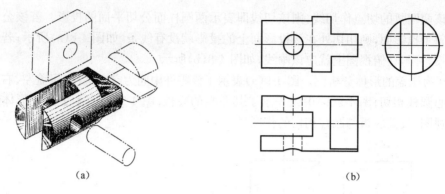

图 4-10 接头

第三节 组合体视图的画法

在绘制组合体三视图时,首先要运用形体分析法把组合体分解为若干个基本形体,确定它们的组合形式,判断形体间邻接表面是否处于共面、相切和相交的特殊位置;并对组合体中的垂直面、一般位置面、邻接表面处于共面、相切或相交位置的面、线进行投影分析;最后检查描深,完成组合体的三视图。下面通过几个例子来说明画组合体三视图的方法与步骤。

例 4-1 如图 4-11 所示的轴承座,试画出其三视图。

1. 形体分析

对组合体进行形体分析时,应弄清楚该组合体是由哪些基本立体组成的,它们的组合方式、相对位置和连接关系是怎样的,对该组合体的结构有一个整体的概念。如图 4-12 所示,轴承座可以看作是由凸台 1(直立空心小圆柱)、轴承套 2(水平空心圆柱)、支承板 3(棱柱)、肋板 4(棱柱)和底板 5(棱柱)组成的。凸台与轴承套垂直相交,轴承套与支承板两侧相切,肋板与轴承套相交,底板与肋板、支承板叠加。

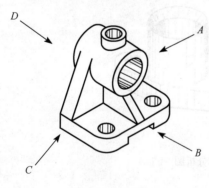

图 4-11 轴承座

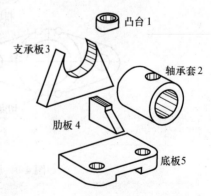

图 4-12 轴承座的形体分析

2. 选择主视图

在三视图中,主视图是最主要的一个视图,因此主观图的选择极为重要。选择主视图时,通常将物体放正,即使物体的主要平面(或轴线)平行或垂直于投影面。一般选取最能反映物体结构形状特征的视图作为主视图,同时其他视图的可见轮廓线越多越好。图 4-13 为图 4-11 所示轴承座 A、B、C、D 四个方向的投影。如果将 D 作为主视图投射方向,虚线较多,显然没有 B 清楚;C 与 A 的视图投射都比较清楚,但是,当选 C 作为主视图方向时,它的左视图(D)的虚线较多,因此,选 A 比选 C 好。虽然 A 和 B 都能反映形体的形状特征,但 B 向更能反映轴承座各部分的轮廓特征,所以确定 B 向作为主视图的投射方向。主视图一经选定,其他视图也就相应确定了。

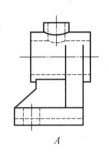
A
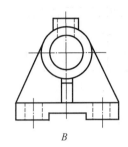
B
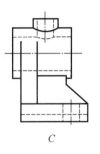
C
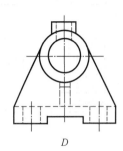
D

图 4-13 轴承座主视图的选择

3. 画图步骤

画图前,先根据实物的大小和组成形体的复杂程度,选定画图的比例和图幅的大小。尽可能将比例选成 1∶1。然后就是布图,即根据组合体的总长、总宽、总高确定各视图在图框内的具体位置,使三视图分布均匀。画图时应首先画出各视图的基准线来布图。基准线是画图和测量尺寸的起点,每一个视图需要确定两个方向的基准线。常用的基准线是视图的对称线、大圆柱体的轴线以及大的端面。开始画视图的底稿时,应按形体分析法,从主要的形体(如直立空心圆柱)着手,按各基本形体之间的相对位置,逐个画出它们的视图。为了提高绘图速度和保证视图间的投影关系,对于各个基本形体,应该尽可能做到三个视图同时画。完成底稿后,必须经过仔细检查,修改错误或不妥之处,然后按规定的图线加深。具体作图步骤如图 4-14 所示。

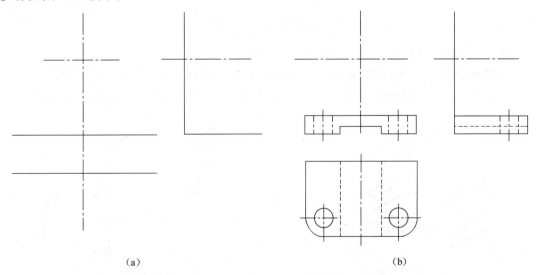

(a)   (b)

图 4-14 画轴承座的三视图的步骤

工程制图及AutoCAD

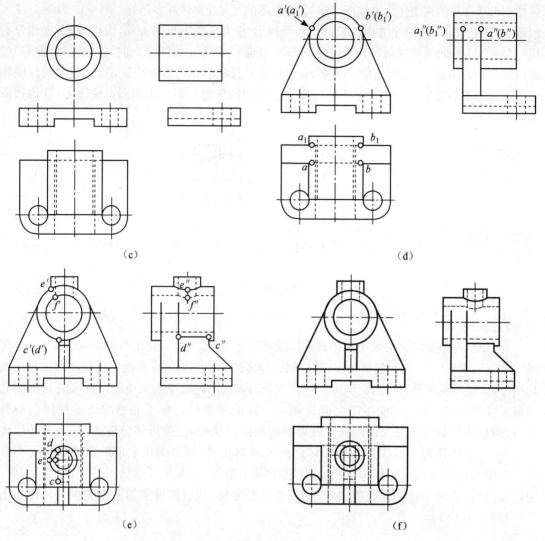

(c)　　　　　　　　　　　　　　(d)

(e)　　　　　　　　　　　　　　(f)

图 4-14　画轴承座的三视图的步骤（续）

例 4-2　如图 4-15 所示，试画出底座的三视图。

分析： 如图 4-16 所示，由形体分析可知，底座可以看成是一个长方体经过切割、穿孔而形成的组合体。如图 4-15 所示，按工作位置选 A 作为主视图投射方向。具体的作图过程如下：

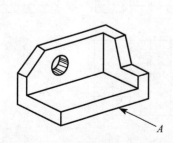

图 4-15　底座的立体图

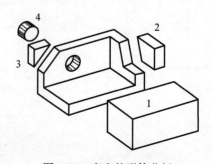

图 4-16　底座的形体分析

(1) 画基准线、定位线,如图 4-17(a)所示;
(2) 画出长方体的三视图,如图 4-17(b)所示;
(3) 画出长方体被截去形体 1 后的三视图,如图 4-17(c)所示;
(4) 画出截去形体 2 后的三视图,如图 4-17(d)所示;
(5) 画出截去形体 3、4 后的三视图,如图 4-17(e)所示;
(6) 检查、修改并描深,如图 4-17(f)所示。

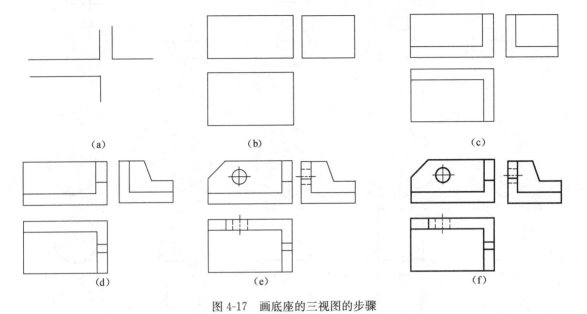

图 4-17 画底座的三视图的步骤

第四节 读组合体视图

画组合体的视图是运用形体分析法把空间的三维实物,按照投影规律画成二维的平面图形的过程,是三维形体到二维图形的过程。这一节要讲的是根据已给出的二维投影图,在投影分析的基础上,运用形体分析法和线面分析法想象出空间物体的实际形状,是由二维图形建立三维形体的过程。画图和读图是不可分割的两个过程。

一、读图的基本要领

(一) 要几个视图联系起来看

机件的形状是由几个视图表达的,每个视图只能表达机件一个方向的形状。因此读图时要几个视图联系起来看。如图 4-18 所示,各物体的主视图都相同,但因俯视图不同,因此它们的形状就不一样;如图 4-19 所示,各物体的俯视图都相同,但因主视图不同,因此它们的形状也不一样;如图 4-20 和图 4-21 所示,各物体的主视图和俯视图都相同,但因左视图不同,因此它们的形状也不一样。

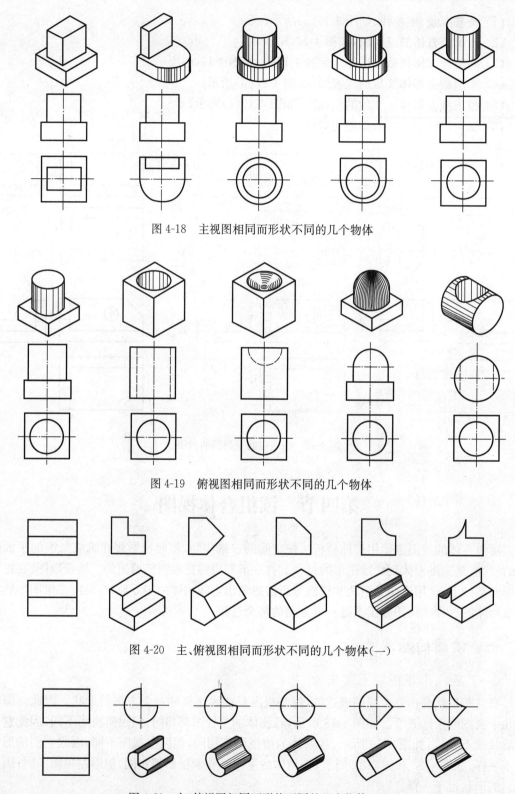

图 4-18 主视图相同而形状不同的几个物体

图 4-19 俯视图相同而形状不同的几个物体

图 4-20 主、俯视图相同而形状不同的几个物体(一)

图 4-21 主、俯视图相同而形状不同的几个物体(二)

(二) 要明确视图中的线框和图线的含义

(1) 视图中每个封闭线框,一般都代表物体上一个表面的投影,或者一个通孔的投影,所表示的面可能是平面或曲面,也可能是平面与曲面相切所组成的面。如图4-22(a)所示,主视图中的封闭线框 a'、b'、c'、d'、h' 表示平面,封闭线框 e' 表示曲面(圆孔),而封闭线框 f' 为平面与圆柱面相切的组合面。

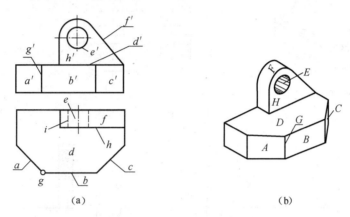

图 4-22 分析视图中线框和图线的含义

(2) 视图中的每一条图线,可能是下面情况中的一种。

① 平面或曲面的积聚性投影:图4-22(a)俯视图中的线段 a、b、c、h 表示平面的水平投影;主视图中的线段 e' 表示曲面(孔)的正面投影。

② 两个面交线的投影:图4-22(a)主视图中的线段 g',表示两平面交线的正面投影。

③ 转向线的投影:图4-22(a)俯视图中的线段 i,表示圆柱孔在水平投影方向上的转向线的投影。

(3) 视图中的任何相邻的封闭线框,可能是相交的两个面的投影,或是两个不相交的两个面的投影。图4-22(a)主视图中的线框 a' 与 b' 相邻,它们是相交的两个平面的投影;线框 h' 与 b' 相邻,它们是不相交的两个平面的投影,且 B 在 H 之前。

(三) 要善于在视图中捕捉反映物体形状特征的图形

主视图最能反映物体的形状特征。因此,一般情况下,应该从主视图入手,再对照其他视图,最终得出物体的正确形状。由于物体的所有结构的特征图形不一定全都在主视图上,因此看图时要善于在视图中捕捉反映物体形状特征的图形。如图4-23(a)为轴测图、图4-23(b)为三视图,基本体Ⅰ在俯视图中反映其形状特征,基本体Ⅱ、Ⅲ在主视图中反映其形状特征。

二、读图的基本方法

1. 形体分析法

形体分析法是读图的最基本方法。通常从最能反映物体的形状特征的主视图着手,分析该物体是由哪些基本形体所组成以及它们的组成形式;然后运用投影规律,逐个找出每个形体在其他视图上的投影;从而想象出各个基本形体的形状以及各形体之间的相对位置关系,最后想象出物体的形状。下面以图4-24所示的组合体三视图为例说明读图的方法与步骤。

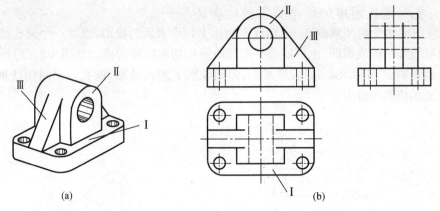

图 4-23　物体的轴测图与三视图

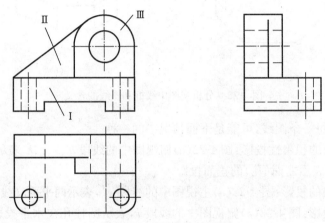

图 4-24　看组合体的视图

(1) 分线框。将主视图分为三个封闭的线框Ⅰ、Ⅱ和Ⅲ，如图 4-24 所示。

(2) 想形状。对照三视图，分别想象出各个线框所代表的形状，如图 4-25(a)、(b)、(c) 所示。

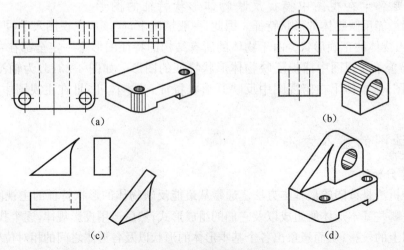

图 4-25　读组合体视图的过程

(3) 综合想象。由形体分析可知，整体形状由形体Ⅱ、Ⅲ和形体Ⅰ叠加，并且Ⅰ、Ⅱ和Ⅲ后端面共面，Ⅰ和Ⅲ在右边共面，形体Ⅱ与Ⅲ相切。结果如图 4-25(d)所示。

2. 线面分析法

看比较复杂的物体的视图时，通常在运用形体分析法的基础上，对不易看懂的局部，还要结合线、面的投影分析，如分析物体的表面形状、分析物体的表面交线、分析物体上面与面之间的相对位置，来帮助看懂和想象这些局部的形状，这种方法称为线面分析法。

在学习看图时，常给出两个视图，在想象出物体形状的基础上，补画出第三个视图。这就是通常说的组合体的"二求三"，这是提高看图能力的一种重要学习手段。

例 4-3 图 4-26 所示为支座的主、俯视图，补画出其左视图。

分析： 图 4-27 表示其看图与补图的分析过程。结合主、俯视图大致可看出它由 3 个部分组成，图 4-27(a)表示该支座的下部为一长方板，根据其高度和宽度可先补画出长方板的左视图。图 4-27(b)表示在长方板的上、后方的另一个长方块的投影，并画出它的左视图。图 4-27(c)表示在上部长方块前方的一个顶部为半圆形的凸块的投影及其左视图。图 4-27(d)为以上 3 个形体组合，并在后部开槽，凸块中间穿孔，得到该支座完整的三视图。

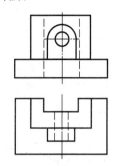

图 4-26 支座的主、俯视图

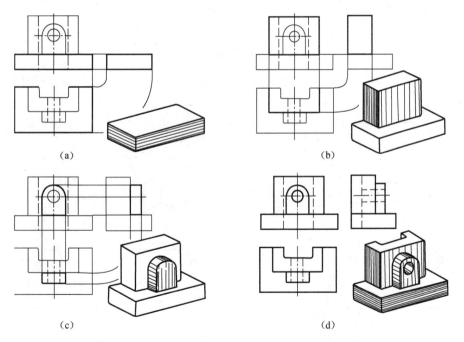

图 4-27 支座的看图及补图分析过程

例 4-4 如图 4-28 所示，已知角块的主视图和俯视图，求作左视图。

分析： 由主视图和俯视图可知，角块的主体由长方块切割而成。左端上部被正垂面 P 斜切了一个角，前面被铅垂面 Q 斜切了一个角，后部则切去了一梯形块。右部中间打了一个台阶孔。

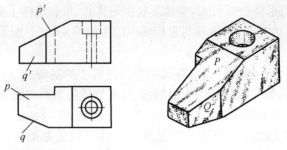

图 4-28 角块

补画左视图时,如图 4-29(a)所示,可先画出矩形块的轮廓及台阶孔的侧投影,再逐步切割,画出后部切去的梯形块投影;画出 Q 平面的侧投影;P 平面是正垂面,其正面投影和水平投影已知,据此可画出侧投影,为一七边形,与俯视图上的封闭线框具有类似性,见图 4-29(b)所示。

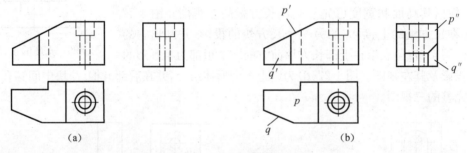

图 4-29 画出角块的左视图

例 4-5 如图 4-30(a)所示,已知组合体的主视图和左视图,求该组合体的俯视图。

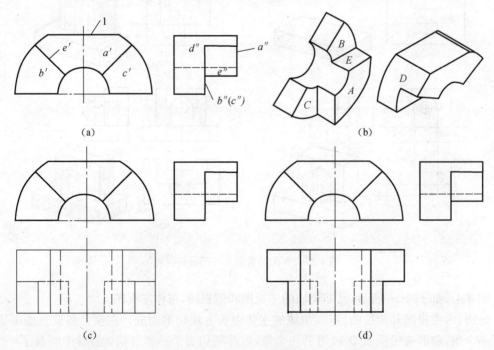

图 4-30 补画俯视图

分析：

（1）首先用形体分析法分析它的原形。如图 4-30(a)所示，此组合体主视图的主要轮廓线为两个半圆；根据"高平齐"的规则，左视图上与之对应的是两条互相平行的直线，所以其原形是半个圆柱筒。

（2）物体经过切割后，各表面的形状比较复杂，应该运用线面分析法分析每个表面的形状和位置，这样能有效地帮助读图。

主视图的上部被切掉，那主视图中的 1 线一定是一水平面的投影，其在左视图中的投影必定为一直线。主视图上有 a'、b'、c' 这 3 个线框。a' 线框的左视图在"高平齐"的投影范围内，没有类似形对应，只能对应左视图中的最前的直线，所以 a' 线框是物体上一正平面的投影，并反映该面的真实形状；同样 b'、c' 两线框为物体两正平面的投影，反映平面的真实形状。从左视图可知，A 面在前，B、C 两面在后。

在左视图上的 d''、e'' 两粗实线线框，d'' 线框的左视图在"高平齐"的投影范围内，没有类似形，只能对应大圆弧，所以 d'' 线框为圆柱面的投影；e'' 线框的左视图在"高平齐"的投影范围内，也没有类似形与之对应，只能对应一斜线，所以 e'' 线框为一正垂面的投影，其空间形状为该线框的类似形。

左视图上的细虚线对应主视图的小圆弧，为圆柱孔最高素线的投影。

从 b'、c'、e' 这 3 个线框的空间位置可知，该半圆柱筒的左右两边各切掉一扇形块，深度从左视图上确定。

（3）通过形体和线面分析后，综合想象出物体的整体形状，如图 4-30(b)所示。

（4）根据物体的空间形状，补画其俯视图，如图 4-30(c)、(d)所示。

例 4-6 如图 4-31 所示，已知组合体的主视图和俯视图，求作左视图。

分析： 将正面投影可见轮廓线分成两个线框 $1'$ 和 $2'$，找出这两个线框在水平投影上对应的投影，根据这些投影可构思出该立体的基本形状如图 4-32(a)所示。然后再根据水平投影上的线框 3 在正面投影上无类似形，所以其对应的正面投影必为水平的细虚线 $3'$，结合 4、$4'$ 即可想象出这是在上述基本形状上挖去了一块，同样在右侧也挖去了形状相同的一块，如图 4-32(b)所示。具体作图过程如图 4-32(c)所示。

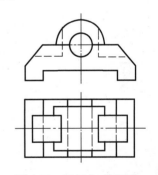

图 4-31 已知主、俯视图，补画左视图

例 4-7 如图 4-33 所示，已知支架体的主、俯视图，补画出左视图。

分析： 如图 4-34(a)所示，主视图中有 3 个封闭的线框 a'、b'、c'，它们都代表一个面的投影。对照俯视图，由于没有一个类似形与上述的封闭线框相对应，因此 A、B、C 所代表的 3 个面一定是与水平面垂直，它们在俯视图中的对应投影可能是 a、b、c 这 3 条正平线中的一条。又由于有一通孔从后面穿到 B 面，所以 B 面在中间。因为俯视图中有 3 个可见的封闭线框 d、e、f，其中在主视图中与 e 对应的投影为 e'，它是一个圆柱面；另外的 2 个对应投影一个在 e' 之上，一个在 e' 之下。由于俯视图中 3 个面的投影都可见，因此必是位于最后的面在上，最前的面在下，即 F 面最高，它是一个圆柱面；D 面在 E 面之下，它是一个水平面。因此可得：A 面在前，C 面在后。支架体的整体形状如图 4-34(b)所示。

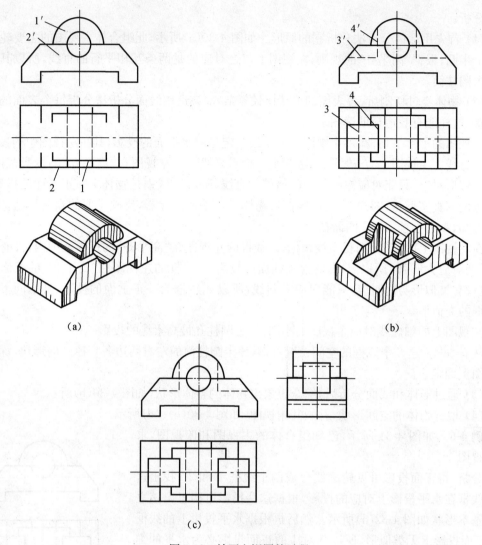

图 4-32 补画左视图的过程

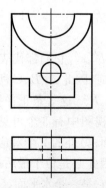

图 4-33 支架体的主、俯视图

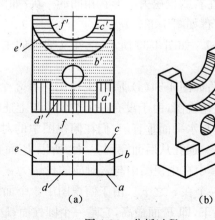

图 4-34 分析过程

根据主、俯视图的对应投影关系,逐步补画出每个面的左视图,最后检查、描深。具体作图过程如图 4-35 所示:

(1) 画左视图轮廓线,如图 4-35(a)所示;
(2) 画前层切割方形槽后的左视图,如图 4-35(b)所示;
(3) 画中层切割半圆柱槽后的左视图,如图 4-35(c)所示;
(4) 画后层切割半圆柱槽后的左视图,如图 4-35(d)所示;
(5) 画中层、后层穿圆柱通孔后的左视图,如图 4-35(e)所示;
(6) 最后结果,如图 4-35(f)所示。

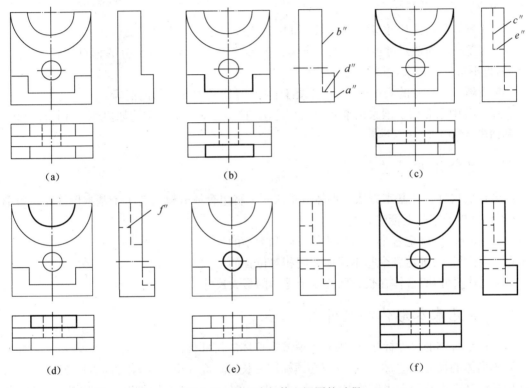

图 4-35　补画支架体左视图的过程

三、读图步骤小结

归纳以上的读图例子,可总结出读图的步骤如下。

(1) 初步了解。根据物体的视图和尺寸,初步了解它的形状和大小,并按形体分析法分析它由哪几个主要部分组成。一般可从较多地反映零件形状特征的主视图着手。

(2) 逐个分析。采用上述读图的各种分析方法,对物体各组成部分的形状和线面逐个进行分析。

(3) 综合想象。通过形体分析和线面分析了解各组成部分的形状后,确定其各组成部分的相对位置以及相互间的关系,从而想象出整个物体的形状。

在整个读图过程中,一般以形体分析法为主,结合线面分析,边分析、边想象、边作图。仅有这些读图的知识和方法是不够的,学生还要不断地实践,多看、多练,有意识地培养自己的空间想象力和构形能力,才能逐步提高读图能力。

第五节　组合体的尺寸标注

一、尺寸标注的基本要求

物体的形状、结构是由视图来表达的,而物体的大小则是由图上所标注的尺寸来确定的,加工时也是按照图上的尺寸来制造的。物体尺寸与绘图的比例和作图误差无关。尺寸标注的基本要求有:

(1) 正确——所注尺寸应符合国家标准中有关尺寸标注方法的规定;

(2) 完整——所注尺寸能唯一地确定物体的形状大小和各组成部分的相对位置,尺寸既无遗漏,也不重复或多余,且每一个尺寸在图中只标注一次;

(3) 清晰——尺寸的安排应恰当,以便于看图、寻找尺寸和使图面清晰。

在第一章中已介绍了国家标准有关尺寸注法的规定,本节主要叙述如何使尺寸标注合理、完整和清晰。

二、组合体的尺寸标注方法

组合体的尺寸标注基本方法为形体分析法——将组合体分解为若干个基本形体和简单形体,在形体分析的基础上标注3类尺寸。

(1) 定形尺寸:确定各个基本形体的形状和大小的尺寸。

(2) 定位尺寸:确定各个基本形体之间相对位置的尺寸。

(3) 总体尺寸:组合体在长、宽、高3个方向的最大尺寸。

三、常见基本形体的尺寸标注

要掌握组合体的尺寸标注,必须先了解基本形体的尺寸标注方法。图4-36表示3个常见平面基本形体的尺寸标注,例如长方块必须标注其长、宽、高3个尺寸,如图4-36(a)所示;正六棱柱应标注其高度及正六边形的对边距离,如图4-36(b)所示;四棱锥台应标注其上、下底面的长、宽及高度尺寸,如4-36(c)所示。

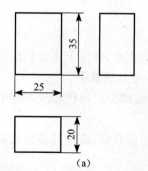
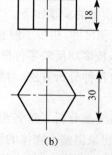
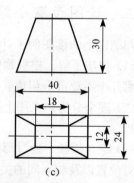

图4-36　平面基本形体的尺寸标注

图 4-37 表示 4 个常见回转面基本形体的尺寸标注,例如圆柱体应标注其直径及轴向长度,如图 4-37(a)所示;圆台应标注两底圆直径及轴向长度,如图 4-37(b)所示;球体只需标注一个直径,如图 4-37(c)所示;圆环只需标注两个尺寸,即母线圆及中心圆的直径,如图 4-37(d)所示。

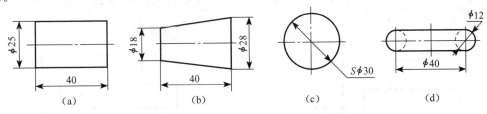

图 4-37　回转面基本形体的尺寸标注

四、一些常见形体的定位尺寸标注

要标注定位尺寸,必须先选择好定位尺寸的尺寸基准。所谓尺寸基准是指标注和度量尺寸的起点。物体有长、宽、高 3 个方向的尺寸,每个方向至少要有 1 个尺寸基准。通常以物体的底面、端(侧)面、对称平面和回转体轴线等作为尺寸基准。

图 4-38 是一些常见形体的定位尺寸标注示例。从图 4-38 中可以看出,标注回转体的定位尺寸时,一般都是标注在它的轴线位置。

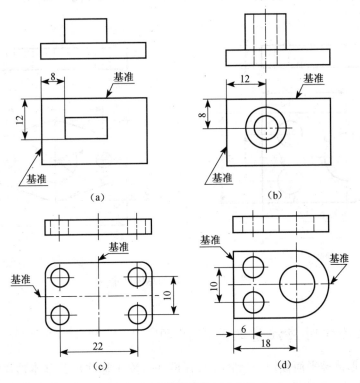

图 4-38　一些常见形体的定位尺寸
(a) 棱柱的定位尺寸;(b) 圆柱的定位尺寸;(c) 一组孔的定位尺寸;(d) 孔的定位尺寸

五、组合体的总体尺寸标注

组合体的总体尺寸有时就是某形体的定形尺寸或定位尺寸,这时不再标出该定形尺寸或定位尺寸。当标注出总体尺寸后,出现多余尺寸时,需要进行调整,避免出现封闭的尺寸链,如图 4-39 所示。

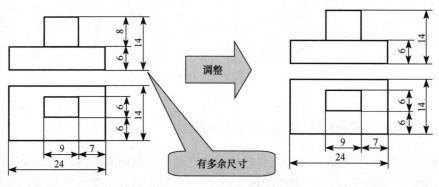

图 4-39 组合体的总体尺寸

当组合体的某一方向具有回转面结构时,由于注出了定形、定位尺寸,一般不以回转体的轮廓线为起点标注总体尺寸,即该方向的总体尺寸不再注出,如图 4-40 所示。

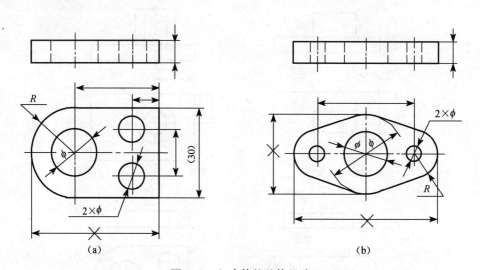

图 4-40 组合体的总体尺寸

六、标注尺寸时应注意的几个问题

(1) 当基本形体被平面截切(遇到切割、开槽)时,除了标注出其基本形体的定形尺寸外,还应标注出截平面位置的尺寸,而不是标注截交线的大小尺寸,即不能在截交线上直接标注尺寸,如图 4-41 所示。

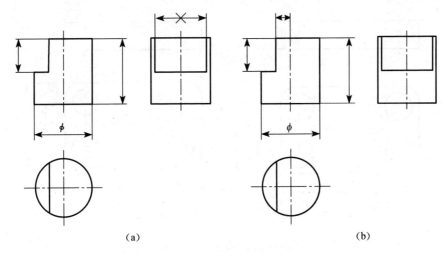

图 4-41 表面具有截交线时的尺寸标注
(a) 错误；(b) 正确

(2) 当组合体的表面有相贯线时，除了标注出其各个基本形体的定形尺寸外，还应标注出产生相贯线的各基本形体之间的相对位置的定位尺寸，而不能在相贯线上直接标注尺寸，如图 4-42 所示。

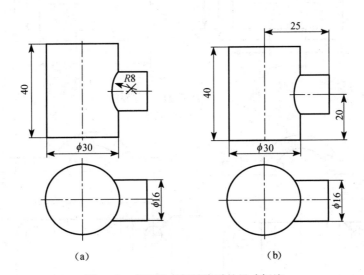

图 4-42 表面具有相贯线时的尺寸标注
(a) 错误；(b) 正确

(3) 对称结构的尺寸不能只标注一半，如图 4-43 所示。

(4) 相互平行的尺寸，应从小到大、从内到外依次排列，尺寸线间距不得小于 6mm，如图 4-44 所示。

(5) 尺寸应尽量标注在视图的外部，以免尺寸线、尺寸数字与视图中的轮廓线相交，应保持图形的清晰，如图 4-45 所示。

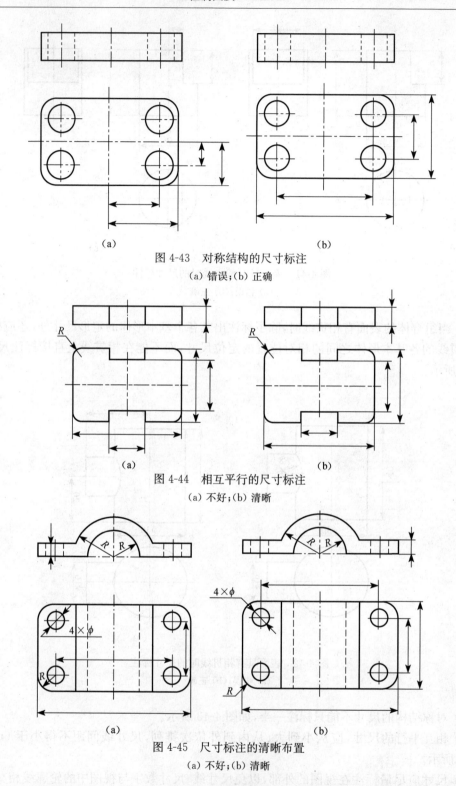

图 4-43 对称结构的尺寸标注
(a) 错误;(b) 正确

图 4-44 相互平行的尺寸标注
(a) 不好;(b) 清晰

图 4-45 尺寸标注的清晰布置
(a) 不好;(b) 清晰

(6) 半径不能标注个数,也不能标注在非圆弧视图上,只能标注在圆弧的视图上。对于结构相同按一定规律均匀分布的孔,必须集中标注,即有 x 个就标为 $x\times\phi$,如图 4-45 所示。

(7) 同轴圆柱的直径尺寸,最好标注在非圆的视图上,如图 4-46 所示。

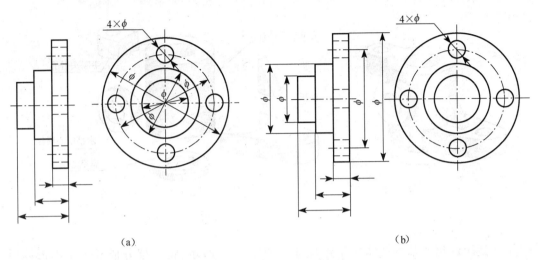

图 4-46　同轴圆柱的尺寸标注
(a) 不好;(b) 清晰

(8) 标注尺寸时,还要考虑便于加工和测量,如图 4-47 所示。

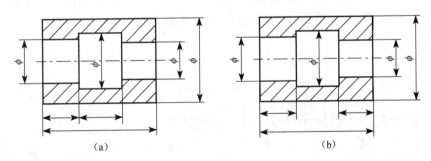

图 4-47　便于加工的尺寸标注
(a) 不好;(b) 清晰

(9) 当图线穿过尺寸数字时,图线应该断开,以保证尺寸数字的清晰。

在标注尺寸时,有时会出现不能兼顾以上各点的情况,这时必须在保证尺寸正确、完整、清晰的前提下,根据具体情况统筹安排、合理布置。

七、组合体尺寸标注的方法和步骤

组合体的尺寸标注要完整。要达到尺寸完整的要求,应首先按形体分析法将组合体分解为若干基本形体,再注出表示各个基本形体大小的尺寸(定形尺寸)以及确定这些基本形体间相对位置的尺寸(定位尺寸)。按照这样的分析方法去标注尺寸,就比较容易做到既不遗漏尺寸,也不会无目的地重复标注尺寸。

下面以图 4-48(a) 所示的支架为例,来说明组合体尺寸标注的方法和步骤。

(1) 对组合体进行形体分析。如图 4-48(b) 所示,该组合体可以分成 6 个部分:直立空心圆柱、肋、底板、扁空心圆柱、水平空心圆柱、半圆头搭子。

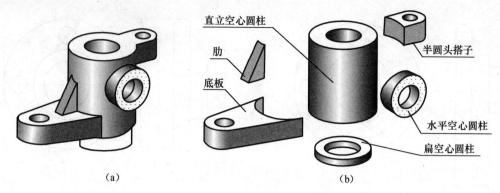

图 4-48　支架及其形体分析

(2) 逐个注出各基本形体的定形尺寸。如图 4-49 所示，将支架分成 6 个基本形体后，分别注出其定形尺寸。由于每个基本形体的尺寸一般只有少数几个，因而比较容易考虑，如直立空心圆柱的定形尺寸 $\phi72$、$\phi40$、80，底板的定形尺寸 $R22$、$\phi22$、20。至于这些尺寸标注在哪个视图上，则要根据具体情况而定，如直立空心圆柱的尺寸 $\phi40$ 和 80 注在主视图上，但 $\phi72$ 在主视图上标注比较困难，故将其标注在左视图上。底板的尺寸 $R22$、$\phi22$ 标注在俯视图上最为适宜，而厚度尺寸 20 只能注在主视图上。其余各形体的定形尺寸，读者可以自行分析。

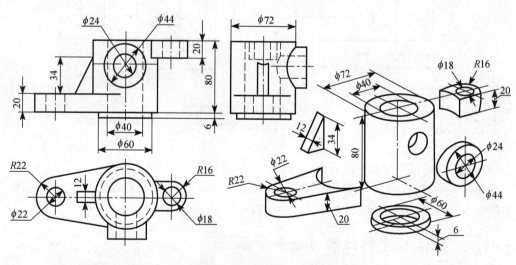

图 4-49　支架的定形尺寸分析

(3) 标注出确定各基本形体之间相对位置的定位尺寸。图 4-49 中虽然标注了各基本形体的定形尺寸，但对整个支架来说，还必须再加上定位尺寸，这样尺寸才完整。如图 4-50 所示，表示了这些基本形体之间的 5 个定位尺寸，如直立空心圆柱与底板孔、肋、搭子孔之间在左右方向的定位尺寸 80、56、52，水平空心圆柱与直立空心圆柱在上下方向的定位尺寸 28 以及前后方向的定位尺寸 48。一般来说,两形体之间在左右、上下、前后方向均应考虑是否有定位尺寸。但当形体之间为简单结合(如肋与底板的上下结合)或具有公共对称面(如直立空心圆柱与水平空心圆柱在左右方向对称)的情况下,在这些方向就不再需要定位尺寸。

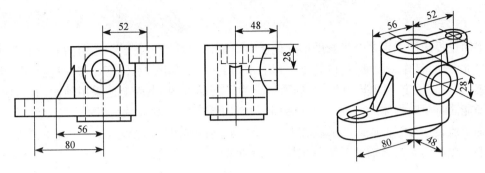

图 4-50 支架的定位尺寸分析

将图 4-49 与图 4-50 的分析结合起来,则支架上所必需的全部尺寸都标注完整了。

(4)为了表示组合体外形的总长、总宽和总高,一般应标注出相应的总体尺寸。按上述分析,尺寸虽然已经标注完整,但考虑总体尺寸后,为了避免重复,还应适当调整。如图 4-51 所示,尺寸 86 为总体尺寸,注上这个尺寸后就与直立空心圆柱的高度尺寸 80、扁空心圆柱的高度尺寸 6 重复,因此应将尺寸 6 省略。有时当物体的端部为同轴线的圆柱和圆孔,则有了定位尺寸后,一般就不再注其总体尺寸。如图 4-51 中注了 80 和 52,以及圆弧半径 $R22$ 和 $R16$ 后,就不要注总长尺寸。

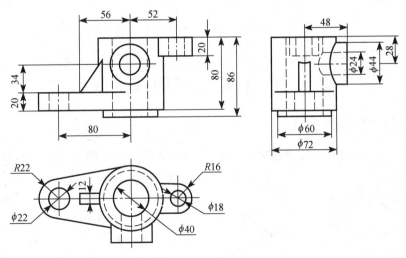

图 4-51 经过调整后的支架尺寸标注

第五章 轴 测 图

多面正投影图能用多个投影图准确地反映出物体的长、宽、高3个方向的表面真实形状，标注尺寸方便，且作图简便，所以它是工程上常用的图样，如图5-1(a)所示。但这种图样缺乏立体感，必须有一定读图能力的人才能看懂。为了帮助看图，工程上还采用轴测图，它用单面投影即能同时反映物体的三维方向的表面形状，因此很富有立体感，如图5-1(b)所示。但它不能确切地表达出零件原来的形状和大小，而且轴测投影图作图较为复杂，因而轴测投影图在工程上一般仅用来作为辅助图样，如图5-1(c)所示。

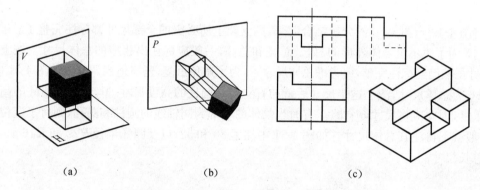

图 5-1 多面正投影图与轴测图的形成和比较

第一节 轴测投影的基本概念

一、轴测投影的形成

轴测投影是一种具有立体感的单面投影图。如图5-2所示，用平行投影法将物体连同确定其空间位置的直角坐标系，按不平行于坐标面的方向一起投射到一个平面 P 上所得到的投影称为轴测投影，又称轴测图。平面 P 称为轴测投影面。

在形成轴测图时，应注意避免直角坐标系3根坐标轴中的任意一根垂直于所选定的轴测投影面。因为当投射方向与坐标轴平行时，轴测投影将失去立体感，变成前面所描述的三视图中的一个视图，如图5-3所示。

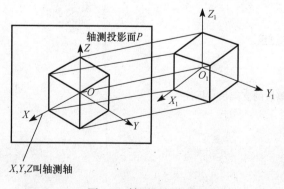

图 5-2 轴测图的形成

二、轴间角及轴向伸缩系数

假想将图 5-2 中的物体抽掉,如图 5-4 所示。空间直角坐标轴 O_1X_1、O_1Y_1、O_1Z_1 在轴测投影面 P 上的投影 OX、OY、OZ 称为轴测投影轴,简称轴测轴;轴测轴之间的夹角 $\angle XOY$、$\angle XOZ$、$\angle YOZ$ 称为轴间角。

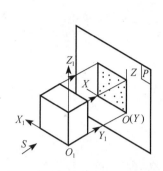

图 5-3 投射方向与坐标轴平行

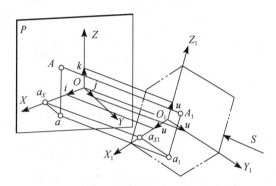

图 5-4 轴间角和轴向伸缩系数

设在空间 3 个直角坐标轴上各取相等的单位长度 u,投影到轴测投影面上,得到相应的轴测轴上的单位长度分别为 i、j、k,它们与原来坐标轴上的单位长度 u 的比值称为轴向伸缩系数。

设 $p_1=i/u$、$q_1=j/u$、$r_1=k/u$,则 p_1、q_1、r_1 分别称为 O_1X_1、O_1Y_1、O_1Z_1 轴的轴向伸缩系数。

由于轴测投影采用的是平行投影,因此两平行直线的轴测投影仍平行,且投影长度与原来的线段长度成定比。凡是平行于 O_1X_1、O_1Y_1、O_1Z_1 轴的线段,其轴测投影必然相应地平行于 OX、OY、OZ 轴,且具有和 O_1X_1、O_1Y_1、O_1Z_1 轴相同的轴向伸缩系数。由此可见,凡是平行于原坐标轴的线段长度乘以相应的轴向伸缩系数,就等于该线段的轴测投影长度;换言之,在轴测图中只有沿轴测轴方向测量的长度才与原坐标轴方向的长度有一定的对应关系,轴测投影也是由此而得名。在图 5-4 中空间点 A_1 的轴测投影为 A,其中 $Oa_X = p_1 \cdot O_1a_{X1}$、$a_Xa = q_1 \cdot a_{X1}a_1$(由于 $a_{X1}a_1 // O_1Y_1$,所以 $a_Xa // OY$)、$aA = r_1 \cdot a_1A_1$(由于 $a_1A_1 // O_1Z_1$,所以 $aA // OZ$)。

应当指出:一旦轴间角和轴向伸缩系数确定后,就可以沿相应的轴向测量物体各边的尺寸或确定点的位置。

三、轴测投影的分类

轴测图根据投射方向和轴测投影面的相对位置关系可分为两类:投射方向与轴测投影面垂直的,称正轴测投影;投射方向与轴测投影面倾斜的,称斜轴测投影。

在这两类轴测投影中按 3 轴的轴向伸缩系数的关系又分为 3 种:

(1) $p_1=q_1=r_1$——称正(或斜)等轴测投影,简称正(或斜)等测;

(2) $p_1=q_1 \neq r_1$——称正(或斜)二测轴测投影,简称正(或斜)二测;

(3) $p_1 \neq q_1 \neq r_1$——称正(或斜)三测轴测投影,简称正(或斜)三测。

为了作图简便,又能保证轴测图有较强的立体感,一般常采用正等测图或斜二测图的画法,如图 5-5 所示。

正等测图　　　　　正二测图　　　　　斜二测图

图 5-5　轴测图立体感的比较

第二节　正等轴测图

一、正等测的轴间角和轴向伸缩系数

根据理论分析,正等测的轴间角 $\angle XOY = \angle XOZ = \angle ZOX = 120°$。作图时,一般使 OZ 轴处于垂直位置,则 OX 和 OY 轴与水平线成 $30°$,可利用 $30°$ 三角板方便地作出,如图 5-6 所示。正等测的轴向伸缩系数 $p_1 = q_1 = r_1 \approx 0.82$。如图 5-7(a)所示,长方块的长、宽和高分别为 a、b 和 h,按上述轴间角和轴向伸缩系数作出的正等测如图 5-7(b)所示。但在实际作图时,按上述轴向伸缩系数计算尺寸却是相当麻烦。由于绘制轴测图的主要目的是表达物体的直观形状,因此为了作图方便起见,常采用一组简化轴向伸缩系数,即在正等测中取 $p_1 = q_1 = r_1 = 1$。这样就可以将视图上的尺寸 a、b 和 h 直接度量到相应的 X、Y 和 Z 轴上,这样作出的长方块的正等测如图 5-7(c)所示。它与图 5-7(b)相比较,其形状不变,仅是图形按一定比例放大,图形放大的倍数为 $1/0.82 \approx 1.22$ 倍。

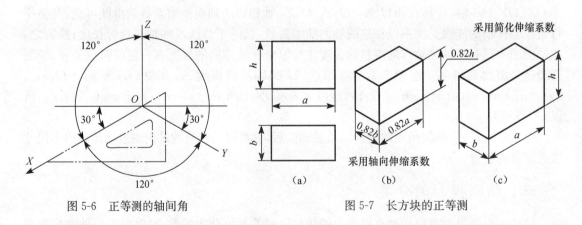

图 5-6　正等测的轴间角　　　　　图 5-7　长方块的正等测

二、平面立体的正等测画法

画轴测图的基本方法是坐标法。但在实际作图时,还应根据物体的形状特点不同而灵活采用各种不同的作图步骤。下面举例说明平面立体轴测图的几种具体作法。

例 5-1　作出如图 5-8 所示的正六棱柱的正等测。

分析：由于作物体的轴测图时，习惯上是不画出其虚线的，如图 5-7 所示。因此作正六棱柱的轴测图时，为了减少不必要的作图线，先从顶面开始作图比较方便。

作图：如图 5-8 所示，取坐标轴原点 O 作为六棱柱顶面的中心，按坐标尺寸 a 和 b 求得轴测图上的点 1、4 和 7、8，如图 5-9(a) 所示；过点 7、8 分别作 X 轴的平行线，按 x 坐标尺寸求得 2、3、5、6 点，作出六棱柱顶面的轴测投影，如图 5-9(b) 所示；再向下画出各垂直棱线，量取高度 h，连接各点，作出六棱柱的底面，如图 5-9(c) 所示；最后擦去多余的作图线并描深，即完成正六棱柱的正等测，如图 5-9(d) 所示。

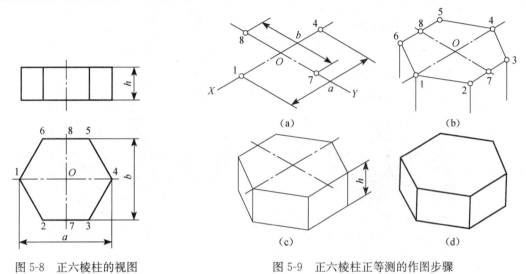

图 5-8　正六棱柱的视图　　　　图 5-9　正六棱柱正等测的作图步骤

例 5-2　作出如图 5-10 所示垫块的正等测。

分析：垫块是一简单的组合体，它是由一个基本形体（长方体）通过切割和结合而形成的。画轴测图时，可先画出基本形体，然后再切割和结合。

作图：如图 5-10 所示，先按垫块的长、宽、高画出其外形长方体的轴测图，并将长方体切割成 L 形，如图 5-11(a)、(b) 所示；再在左上方斜切掉一个角，如图 5-11(b)、(c) 所示；在右端再加上一个三角形的肋，如图 5-11(c) 所示；最后擦去多余的作图线并描深，即完成垫块的正等测，如图 5-11(d) 所示。

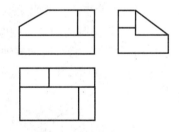

图 5-10　垫块的视图

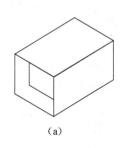 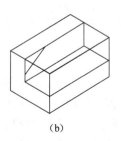 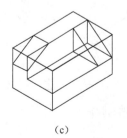 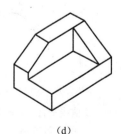

(a)　　　　　　(b)　　　　　　(c)　　　　　　(d)

图 5-11　垫块正等测的作图步骤

三、圆的正等测画法

1. 性质

从正等测的形成过程可知,各坐标面相对于轴测投影面都是倾斜的,因此平行于坐标面的圆的正等轴测投影是椭圆。如图5-12(a)是按轴向伸缩系数为0.82作的圆正等测,图5-12(b)是按轴向伸缩系数为1作的圆正等测。当以正方体上3个不可见平面为坐标面时,其余3个平面内切圆的正等测投影。从图5-12中可以看出:

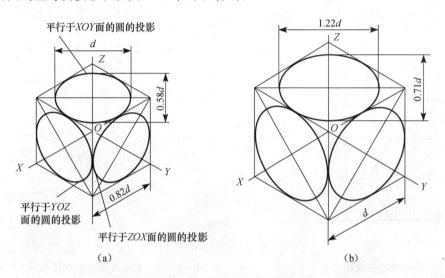

图5-12 平行于坐标面的圆的正等轴测图

(1) 3个椭圆的形状和大小是一样的,但方向各不相同。

(2) 各椭圆的短轴与相应菱形(圆的外切正方形的轴测投影)的短对角线重合,其方向与相应的轴测轴一致,该轴测轴就是垂直于圆所在平面的坐标轴。由此可以得出:在圆柱体和圆锥体的正等测中,其上、下底面椭圆的短轴与轴线在一条线上,如图5-13所示。

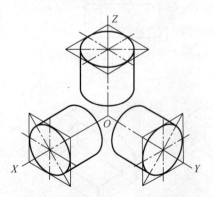

图5-13 轴线平行于坐标轴的圆柱的正等轴测图

(3) 在正等测中,如采用0.82的轴向伸缩系数,则椭圆的长轴为圆的直径d;短轴为$0.58d$,如图5-12(a)所示。如按简化轴向伸缩系数为1来作图,其长、短轴长度均放大1.22倍,即长轴长度等于$1.22d$;短轴长度等于$1.22×0.58d≈0.7d$,如图5-12(b)所示。为了作图方便,一般都采用后一种轴向伸缩系数。

2. 画法

为了简化作图,轴测投影中的椭圆通常采用近似画法。如图5-14表示直径为d的圆在正等测图中XOY面上的作图过程,具体作图步骤如下:

(1) 首先通过椭圆中心O作X、Y轴,并按直径d在轴上量取点A、B、C、D,如图5-14(a)所示。

(2) 过点A、B与C、D分别作Y轴与X轴的平行线,所形成的菱形即为已知圆的外切正方形的轴测投影,而所作的椭圆则必然内切于该菱形。该菱形的对角线即为椭圆长、短轴的位置,如图 5-14(b)所示。

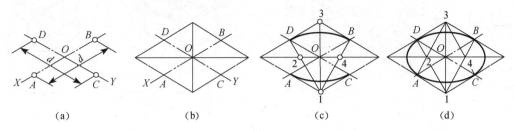

图 5-14 正等测椭圆的近似画法

(3) 分别以点 1、3 为圆心,以线段 $1B$ 或 $3A$ 为半径作出两个大圆弧 $\overparen{BD}$ 和 $\overparen{AC}$,连接线段 $1D$、$1B$ 与长轴相交于两点 2、4,2、4 即为两个小圆弧的中心,如图 5-14(c)所示。

(4) 以点 2、4 为圆心,以线段 $2D$ 或 $4B$ 为半径作两个小圆弧与大圆弧相接,即完成该椭圆,如图 5-14(d)所示。显然,点 A、B、C、D 正好是大、小圆弧的切点。

XOZ 和 YOZ 面上的椭圆,仅长、短轴的方向不同。两者的画法与 XOY 面上的椭圆画法完全相同。

四、曲面立体的正等测画法

掌握了圆的正等测画法后,就不难画出圆柱体的正等测。图 5-15 所示为轴线垂直于水平面的圆柱体正等测的作图步骤。

(1) 选定坐标原点 O 和坐标轴 OX、OY、OZ,如图 5-15(a)所示。
(2) 作上、下底圆的正等测投影,其中心距等于高度 h,如图 5-15(b)所示。
(3) 作两个椭圆的外公切线,如图 5-15(c)所示。
(4) 擦去多余的线条并加深,完成圆柱体正等轴测图,如图 5-15(d)所示。

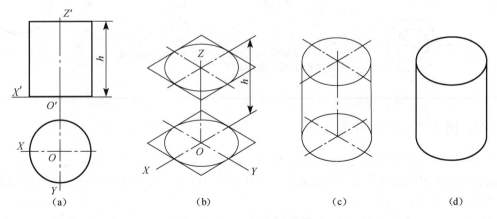

图 5-15 圆柱体的正等测的画法

图 5-16 所示为从圆柱体上部切去两块后形成的立体,其正等测的作图步骤如图 5-16(a)~(d)所示。

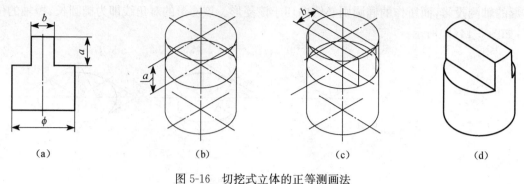

图 5-16 切挖式立体的正等测画法

圆台和球体的正等测画法与圆柱体正等测画法相同,如表 5-1 所示。

表 5-1 圆台和球体的正等测画法

圆台		(1) 作上、下两底平面的轴测轴及椭圆外切菱形	(2) 两椭圆	(3) 作两椭圆公切线并加深
球体		(1) 作球体和截平面的轴测轴及椭圆的外切菱形	(2) 画椭圆及球	(3) 加深

五、圆角的正等测画法

分析: 从图 5-14 的椭圆近似画法中可以看出:菱形钝角与大圆弧相对,锐角与小圆弧相对;菱形相邻两条边的中垂线交点就是圆心。由此可以得出平板上圆角的正等轴测图近似画法,如图 5-17 所示。

作图:(1) 由角顶在两条夹边上量取圆角半径得到切点Ⅰ、Ⅱ、Ⅲ、Ⅳ,过切点Ⅰ、Ⅱ、Ⅲ、Ⅳ作相应边的垂线,得交点 O_1、O_2 即为上底面的两圆心。用移心法从 O_1、O_2 向下量取板厚的高度尺寸 h,即得到下底面的对应圆心 O_3、O_4。

(2) 以 O_1、O_2、O_3、O_4 为圆心,由圆心到切点的距离为半径画圆弧,作两个小圆弧的外公切线,即得两圆角的正等轴测图。

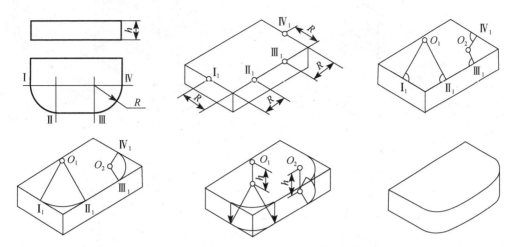

图 5-17　平行于坐标面的圆角的正等轴测图画法

下面举例说明曲面立体正等测的具体作法。

例 5-3　作出如图 5-18 所示支座的正等测。

分析: 支座是由下部带圆角的矩形底板和后上方的一块上部为半圆形的竖板所组成。

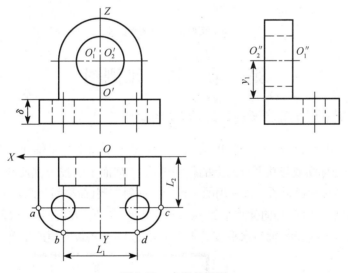

图 5-18　支座的视图

作图:(1) 对组合体进行形体分析并在正投影图上选定直角坐标轴,如图 5-18 所示。

(2) 作出底板和竖板的方形轮廓,如图 5-19(a)所示。

(3) 用菱形法画出竖板的回转面部分和底板上的圆角,如图 5-19(b)所示。

(4) 用菱形法画出底板和竖板上的圆孔,如图 5-19(c)所示。

(5) 检查后擦去多余的线条并加深,如图 5-19(d)所示。

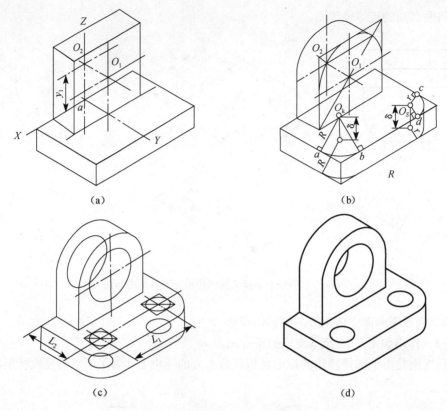

图 5-19 支座的正等测作图步骤

第三节 斜二轴测图

一、斜二测的轴间角和轴向伸缩系数

在斜轴测投影中通常将物体放正,即使 $X_1O_1Z_1$ 坐标平面平行于轴测投影面 P,如图 5-20 所示。因而 XOZ 坐标面或与其平行面上的任何图形在 P 面上的投影都反映实形,这样得到的投影图,称为正面斜轴测投影图。最常用的一种为正面斜二测(简称斜二测),其轴间角 $\angle XOZ=90°$,$\angle XOY=\angle YOZ=135°$,轴向伸缩系数 $p_1=r_1=1, q_1=0.5$。作图时,一般使 OZ 轴处于垂直位置,则 OX 轴为水平线,OY 轴与水平线成 $45°$,可利用 $45°$ 三角板方便地作出,如图 5-21 所示。

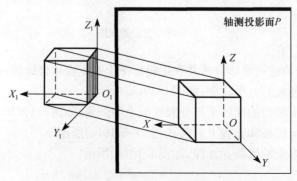

图 5-20 斜二测的形成示意图

作平面立体的斜二测时,只要采用上述轴间角和轴向伸缩系数,其作图步骤和正等测图作图步骤完全相同。图 5-7(a)所示长方块,其斜二测为图 5-22 所示。

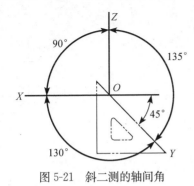

图 5-21 斜二测的轴间角

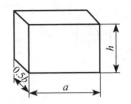

图 5-22 长方块的斜二测

二、曲面立体的斜二测画法

在斜二测中,由于平行于 XOZ 坐标面的轴测投影仍反映实形,因此平行于 XOZ 坐标面的圆轴测投影仍为圆,而平行于 XOY、YOZ 两个坐标面的圆的斜二测投影则为椭圆,这些椭圆的短轴不与相应轴测轴平行,且作图较烦琐。因此,斜二测一般用来表达只在互相平行的一组平面内有圆或圆弧的立体,这时总是把这些平面选为平行于 XOZ 的坐标面。

例 5-4 作出如图 5-23 所示的轴座斜二测。

分析:轴座的正面(即 XOZ 面)有 3 个不同直径的圆或圆弧,在斜二测中都能反映实形。

作图:如图 5-24 所示,先作出轴座下部平面立体部分的斜二测,并在竖板的前表面上确定圆心 O 的位置,然后画出竖板上的半圆及凸台的外圆。过点 O 作 Y 轴,取 $OO_1=0.5h_1$,O_1 即为竖板背面的圆心;再自点 O 向前取 $OO_2=0.5h_2$,O_2 即为凸台前表面的圆心,如图 5-24(a)所示。以 O_2 为圆心作出凸台前表面的外圆及圆孔,作 Y 轴方向的公切线即完成凸台的斜二测。以 O_1 为圆心,作出竖板后表面的半圆及圆孔,再作出两个半圆的公切线即完成竖板的斜二测,如图 5-24(b)所示。最后擦去多余的作图线并描深,即完成轴座的斜二测,如图 5-24(c)所示(作图时,特别需要注意:$q_1=0.5$)。

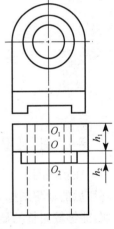

图 5-23 轴座的视图

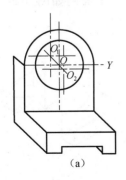
(a)

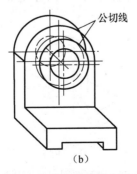
(b)

(c)

图 5-24 轴座斜二测的作图步骤

如图 5-25 所示,是一个轮盘的斜二测画法,这类零件的轴测图通常是采用斜二测来表达的。作图时,应注意分层定出各圆所在平面的位置,具体步骤如图 5-25(a)~(e)所示。

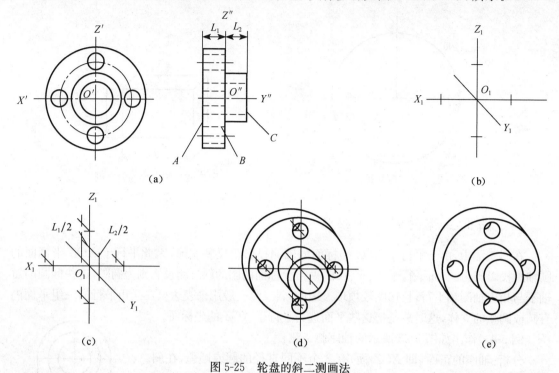

图 5-25 轮盘的斜二测画法

第四节 轴测剖视图

一、轴测图的剖切方法

在轴测图上为了表达零件内部的结构形状,可假想用剖切平面将零件的一部分剖去,这种部切后的轴测图称为轴测剖视图。一般用两个互相垂直的轴测坐标面(或其平行面)进行剖切,能够较完整的显示该零件的内、外形状,如图 5-26(a)所示。尽量避免用一个剖切平面剖切整个零件和选择不正确的剖切位置,如图 5-26(b)和图 5-26(c)所示。

轴测剖视图中的剖面线方向,应按图 5-27 所示方向画出,正等测如图 5-27(a)所示,图 5-27(b)则为斜二测。

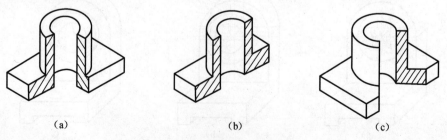

图 5-26 轴测图剖切的正误方法

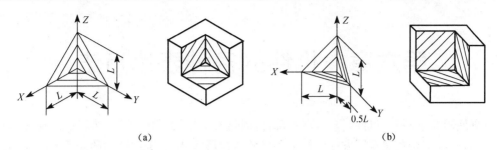

(a) (b)

图 5-27 轴测剖视图中的剖面线方向

二、轴测剖视图的画法

轴测剖视图一般有两种画法。

(1) 先把物体完整的轴测外形图画出,然后沿轴测轴方向用剖切平面将它剖开。如图 5-28(a)所示底座,要求画出它的正等轴测剖视图。先画出它的外形轮廓,如图 5-28(b)所示,然后沿 X、Y 轴向分别画出其剖面形状,并画上剖面线,最后擦去多余的作图线并描深,即完成该底座的轴测剖视图,如图 5-28(c)所示。

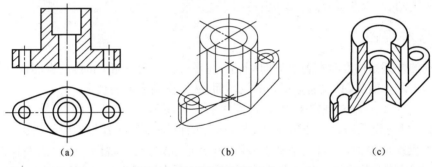

(a) (b) (c)

图 5-28 轴测剖视图的画法(一)

(2) 先画出剖面的轴测投影,然后再画出剖面外部看得见的轮廓,这样可减少很多不必要的作图线,使作图更为迅速。如图 5-29(a)所示的端盖,要求画出它的斜二轴测剖视图。由于该端盖的轴线处在正垂线位置,故采用通过该轴线的水平面及侧平面将其左上方剖切掉四分之一。如图 5-29(b)所示,先分别画出水平剖切平面及侧平剖切平面剖切所得剖面的斜二轴测图,用点画线确定前后各表面上各个圆的圆心位置。然后再过各圆心作出各表面上未被剖切的四分之三部分的圆弧,并画上剖面线,最后擦去多余的作图线并描深,即完成该端盖的轴测剖视图,如图 5-29(c)所示。

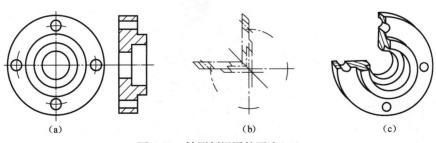

(a) (b) (c)

图 5-29 轴测剖视图的画法(二)

第六章 机件的各种表达方法

根据使用要求不同,机件(包括零件、部件和机器)的结构形状是多种多样的。在表达它们的形状时,应该首先考虑看图方便。根据机件的结构形状特点,采用适当的表达方法,在完整、清晰地表达机件结构形状的前提下,力求作图简便。要达到这些要求,仅用三视图是不够的。为此,国家标准《技术制图》和《机械制图》中,规定了机件的各种表达方法。本章将介绍视图、剖视图、断面图和一些简化画法。学习时,学生要切实掌握好机件的各种表达方法、画法、图形的配置和标注方法,以便灵活地运用它们。

第一节 视　　图

视图(GB/T 17451—1998、GB/T 4458.1—2002)主要用来表达机件的外部结构形状。视图分为基本视图、向视图、局部视图和斜视图。

一、基本视图

当机件的外部结构形状在各个方向(上下、左右、前后)都不相同时,三视图往往不能清晰地把它表达出来。因此,必须加上更多的投影面,从而得到更多的视图。

《GB/T 17451—1998》规定采用"正六面体的六个面"为基本投影面,机件放在其中,如图6-1(a)所示。并规定采用第一分角画法(被画机件的位置在观察者与相应的投影面之间),机件向各基本投影面投射,得到 6 个基本视图,其名称规定为:主视图、俯视图、左视图、右视图(由右向左投射)、仰视图(由下向上投射)和后视图(由后向前投射)。它们的展形方法是正立投

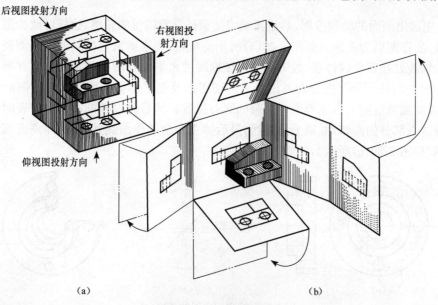

图 6-1　6 个基本视图

影面不动,其余投影面按图 6-1(b)箭头所指方向旋转,使其与正立投影面共面,如图 6-1(c)所示。

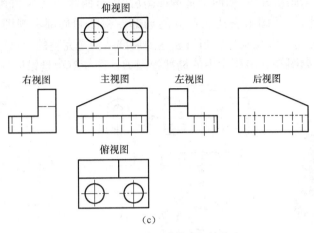

(c)

图 6-1　6 个基本视图(续)

各视图若画在同一张图纸上并按图 6-1(c)配置时,一律不标注视图的名称。

实际画图时,应根据机件的外部结构形状的复杂程度,选用必要的基本视图。图 6-2 所示机件采用了 4 个基本视图。

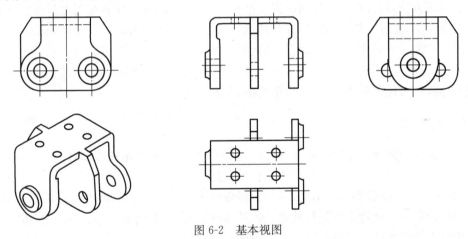

图 6-2　基本视图

二、向视图

向视图是可以自由配置的基本视图。在向视图上方标注视图的名称"×"("×"为大写拉丁字母),并在相应视图的附近用箭头指明投射方向,并标注相同的字母,如图 6-3 所示。

三、局部视图

当采用一定数量的基本视图后,该机件上仍有部分结构形状尚未表达清楚,而没有必要再画出完整的基本视图时,可单独将这

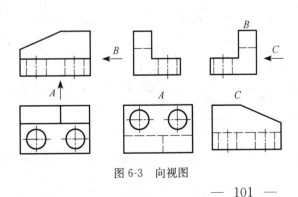

图 6-3　向视图

一部分的结构形状向基本投影面投影,所得的视图是一个不完整的基本视图,称为局部视图。图 6-4(a)所示机件,当画出其主、俯两个基本视图后,仍有两侧的凸台和其中一侧的肋板厚度没有表达清楚。因此,需要画出表达该部分的局部左视图和局部右视图,如图 6-4(b)所示。局部视图的断裂边界用波浪线画出。当所表达的局部结构是完整的,且外轮廓线又呈封闭时,波浪线可省略不画,如图 6-4(b)所示中的局部视图 B。图 6-3(c)是错误的画法。

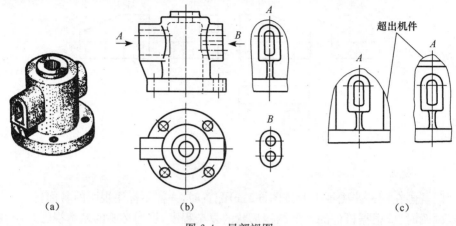

图 6-4 局部视图

为了看图方便,局部视图应尽量配置在箭头所指的方向,并与原有视图保持投影关系。有时为了合理布图,也可把局部视图放在其他适当位置。画局部视图时,一般在局部视图的上方标出视图的名称,在相应的视图附近用箭头指明投射方向,并注上同样的字母,如图 6-4(b)所示。当局部视图按投影关系配置,中间又没有其他图形隔开时,可省略标注。在实际画图时,用局部视图表达机件可使图形重点突出,清晰明确。

四、斜视图

当机件上某一部分的结构形状是倾斜的,且不平行于任何基本投影面时,无法在基本投影面上表达该部分的实形和标注真实尺寸。这时,可设置新投影面,选择一个与机件倾斜部分平行,且垂直于一个基本投影面的辅助投影面,将该部分的结构形状向辅助投影面投射,然后将此投影面按投射方向旋转重合到与其垂直的基本投影面上,如图 6-5(a)、6-5(b)所示。机件向不平行于基本投影面的平面投影所得的视图称为斜视图。

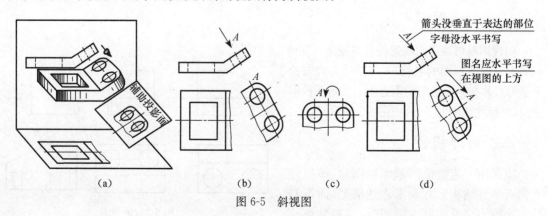

图 6-5 斜视图

斜视图的配置和标注方法以及断裂边界的画法与局部视图基本相同。不同点是：有时为了合理地利用图纸或画图方便，可将图形旋转，如图 6-5(c)所示；画箭头时，一定要垂直于被表达的倾斜部分表面，在斜视图上方中间位置用字母注出图的名称，在箭头附近写上相同字母，字母要水平书写。若将图形转正时，须画出旋转符号(半径为字高的半圆弧，线宽为字高的 1/10 或 1/14)，箭头指向旋转方向，字母写在箭头端，也可将转角写在字母之后，如图 6-5(c) 所示。

第二节　剖　视　图

剖视图(GB/T 17452—1998、GB/T 4458.6—2002)主要用来表达机件的内部结构形状。

一、剖视图的概念及画剖视图的方法与步骤

1. 剖视图的概念

机件上不可见的结构形状，规定用细虚线表示，如图 6-6(a)所示。不可见的结构形状越复杂，细虚线就越多，这样对读图和标注尺寸来说都不方便。为此，对机件不可见的内部结构形状常采用剖视图来表达。

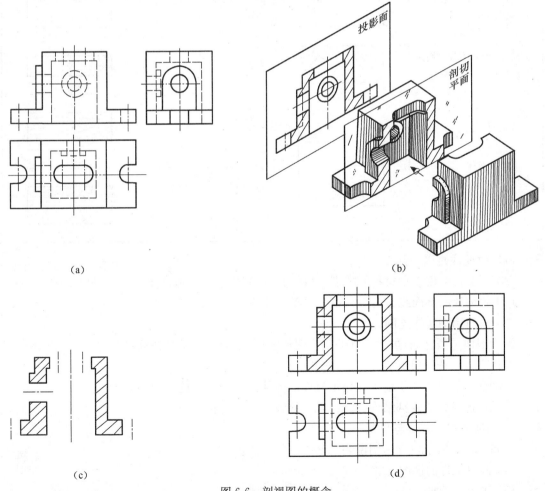

图 6-6　剖视图的概念

所谓剖视就是用一个或几个剖切面假想把机件切开,移去观察者和剖切面之间的部分,将余下部分向投影面投射,所画的图形称为剖视图,如图 6-6(b)所示。

剖切平面将机件切断的部分,称为剖面。国标中规定,在剖面区域内要画出剖面符号。不同的材料采用不同的剖面符号。各种材料的剖面符号见表 6-1。其中规定金属材料的剖面符号用与水平方向成 45°且间隔均匀的细实线画出,左右倾斜均可,如图 6-6(c)所示。同一机件的所有剖面线的倾斜方向和间隔必须一致。

表 6-1 剖面符号

材料名称	剖面符号	材料名称	剖面符号
金属材料(已有规定符号者除外)	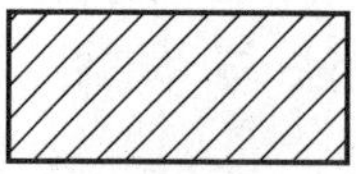	型砂、填砂、粉末冶金、砂轮、陶瓷刀片、硬质合金刀片等	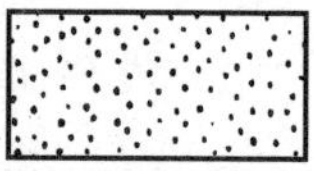
线圈绕组元件	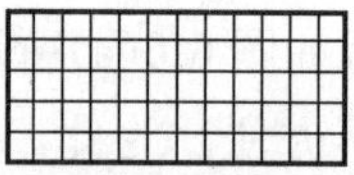	格网(筛网、过滤网等)	
转子、电枢、变压器和电抗品等的叠钢片	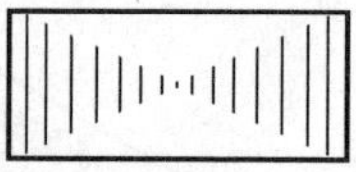	玻璃及供观察用的其他透明材料	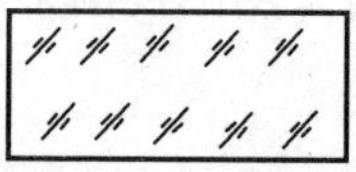
非金属材料(已有规定剖面符号者除外)	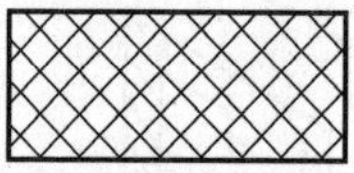	木质胶合板	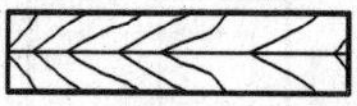
液体	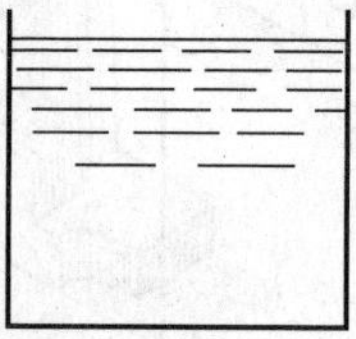	木材 纵断面	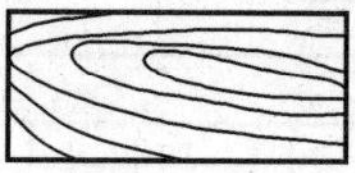
		木材 横断面	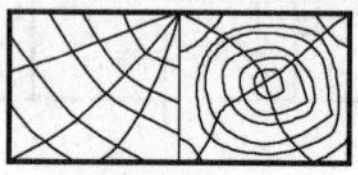

画图时要注意以下几点:
(1) 剖面符号仅表示材料的类别,材料的名称和代号必须另行注明;
(2) 叠钢片的剖面线方向应与束装中叠钢片的方向一致;
(3) 液面用细实线绘制。

因为剖切是假想的,虽然机件的某个图形画成了剖视图,但机件仍是完整的,所以其他图形的表达方案应按完整的机件考虑,如图 6-6(d)所示。

画剖视图的目的在于清楚地表示机件的内部结构形状。因此,应该使剖切面平行于投影面且尽量通过较多的内部结构(孔或沟槽)的轴或对称中心线。

2. 画剖视图的方法与步骤

以图 6-7(a)所示机件为例说明画剖视图的方法步骤。
(1) 画出机件的视图,如图 6-7(b)所示。
(2) 确定剖切平面的位置,画出剖面图形。剖切平面通过两个孔的轴线,画出剖切平面与机件的截交线,得到剖面图形,并画出剖面符号,如图 6-7(c)所示。

(3) 画出剖面后的所有可见部分。图 6-7(d)中台阶面的投影线和键槽的轮廓,容易漏画,应该引起注意。对于剖面后边的不可见部分,如果在其他视图上已表达清楚,细虚线应该省略;对于没有表达清楚的部位,细虚线必须画出,如图 6-7(e)所示。

(4) 标注出剖切面的位置和剖视图的名称。俯视图上的剖切符号用宽度 1~1.5b、长 5~10mm 的粗短线表示剖切平面的位置,在粗短线外端则用细实线画出与剖切符号相垂直的箭头表示投射方向,两侧写上同一字母,如图 6-7(e)的俯视图;在所画的剖视图的上方中间位置用相同的字母标注出剖视图的名称"×—×",如图 6-7(e)的主视图。

以上画图步骤是初学者常采用的,熟练后可直接从第二步画起。

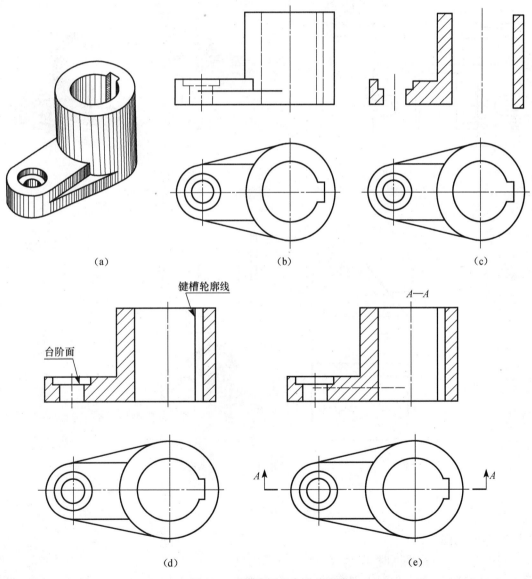

图 6-7 画剖视图的方法和步骤

二、三种剖视图（GB/T 17452—1998）

1. 全剖视图

用剖切平面把机件完全剖开后所得的剖视图，称为全剖视图。

外部结构简单但内形复杂的不对称机件或外形简单的回转体机件，常采用一个或多个平行于投影面的剖切平面得到全剖视图，如图 6-8、图 6-9 所示。

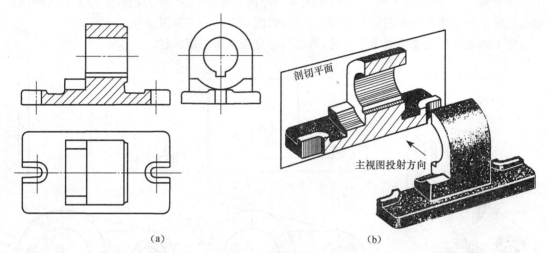

图 6-8　全剖视图（一）

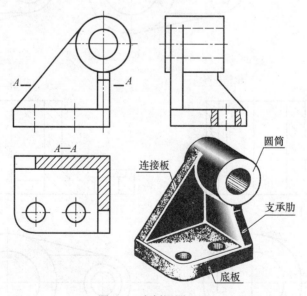

图 6-9　全剖视图（二）

2. 半剖视图

当机件具有对称平面时，向垂直于对称平面的投影面上投射所得的图形，以对称中心线为界，一半画成视图，另一半画成剖视图，称为半剖视图。如图 6-10 所示，该投影面上的图形以对称中心线（细点画线）为界，一半画成视图，用于表达机件外部结构形状；另一半画成剖视图用于表达内部结构形状，这就是半剖视图。

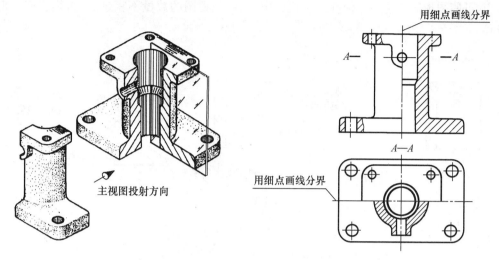

图 6-10　半剖视图(一)

若机件的结构形状接近于对称，且不对称的部分已在其他视图中表达清楚，也可采用半剖视图，如图 6-11 所示。

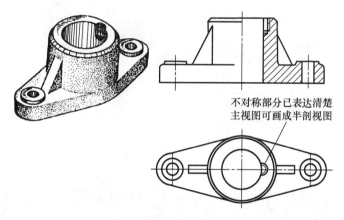

图 6-11　半剖视图(二)

3. 局部剖视图

用剖切面局部地剖开机件所得的剖视图称为局部剖视图。

如图 6-12 所示，局部剖切后，机件断裂处用波浪线表示。为了不引起读图的误解，波浪线不应与图形中其他的图线重合，也不要画在其他图线的延长线上。图 6-13 是错误的画法。

局部剖切范围的大小视机件的具体结构形状而定。

图 6-14 所示机件，其主视图剖切了机件的大半部分，而俯视图就只剖切了一小部分。图 6-15 所示各机件虽然对

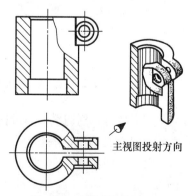

图 6-12　局部剖视图(一)

称,但不宜采用半剖视(因为分界处是粗实线),因而采用了局部剖视。局部剖视比较灵活,运用恰当,可使图形简明清晰。但在一个视图中,局部剖视图的数量不宜过多,否则会使图形过于破碎。

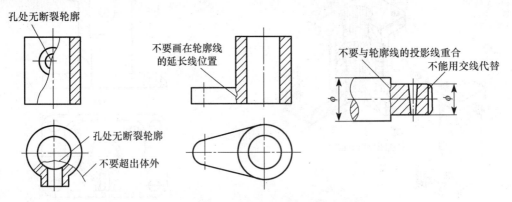

图 6-13　局部剖视图中波浪线的错误画法

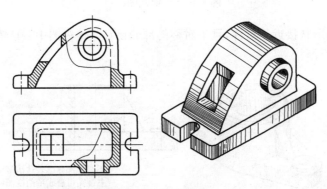

图 6-14　局部剖视图(二)

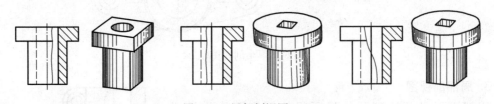

图 6-15　局部剖视图(三)

三、剖视图标注的省略

(1) 当单一剖切平面通过机件的对称平面或基本对称的平面,且剖视图按投影关系配置,中间又没有其他图形隔开时,可省略标注,如图 6-8 所示。

(2) 当剖视图按投影关系配置,中间又没有其他图形隔开时,可省略箭头,如图 6-10 所示。

(3) 当单一剖切平面剖切位置明显时,局部剖视图的标注可省略,如图 6-15 所示。

四、剖切面

1. 单一剖切面

单一剖切面可以是平行于某一基本投影面的平面,也可以是不平行于任何基本投影面的平面(斜剖切面),如图 6-16 所示。

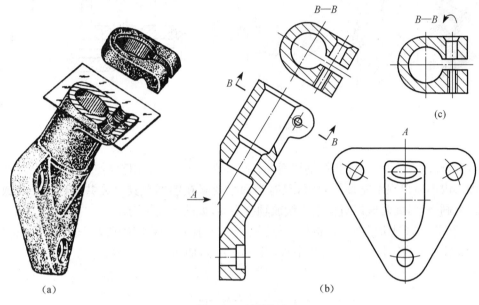

图 6-16　斜剖(一)

当机件上倾斜部分的内部结构形状需要表达时,与斜视图一样,可以先选择一个与该倾斜部分平行的辅助投影面,然后用一个平行于该投影面的平面剖切机件,这种方法称为斜剖,如图 6-16 所示。

斜剖的标注特点是,剖切符号是倾斜的,但标注的字母必须水平书写。在不引起误解的情况下,允许将图形旋转放正,但必须加注"×—×⌒"或"⌒×—×",如图 6-16(c)所示。

当某一剖视图的主要轮廓线与水平线成 45°时,其剖面线应画成与水平线成 30°或 60°,其余图形中的剖面线仍与水平线成 45°,但二者的倾斜方向应相同,如图 6-17 所示。

2. 几个平行的剖切面

用几个平行的剖切面剖开机件的方法称为阶梯剖。图 6-18 所示机件用了两个平行的剖切面剖切。采用阶梯剖画剖视图时,各剖切平面剖切后所得的剖视图假想是一个展开图形,不应在剖视图中画出各剖切平面的界线,如图 6-18(c)所示;在图形内也不应该出现不完整的结构要素,如图 6-18(d)所示。

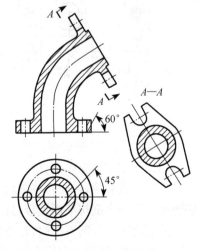

图 6-17　斜剖(二)

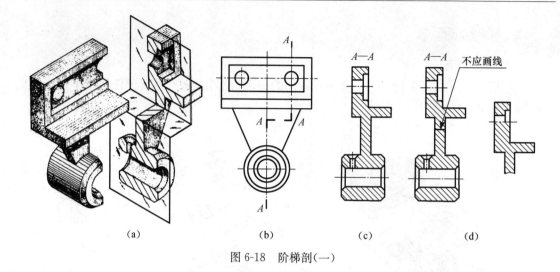

图 6-18 阶梯剖(一)

采用阶梯剖方法画剖视图时,剖切面的转折处必须为直角,并且要使表达的图形不相互遮挡,在图形内不应出现不完整的要素,只有当两个要素在图形上具有公共对称中心线或轴线时,可以各画一半,此时应以对称中心线或轴线为界,如图 6-19 所示。

在相互平行的剖切平面的转折处的位置不应与视图中的粗实线(或细虚线)重合或相交,如图 6-18 所示。当转折处的地方很小时,可省略字母,如图 6-19 所示。

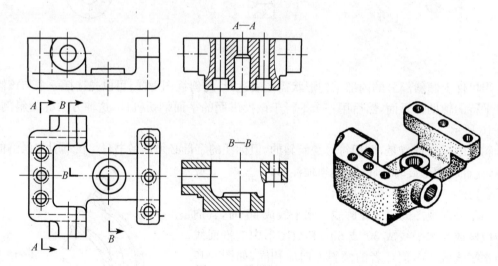

图 6-19 阶梯剖(二)

3. 几个相交的剖切面(交线垂直于某个投影面)

用两个相交且交线垂直于某一基本投影面的剖切面剖切机件的方法称为旋转剖。

当机件具有回转轴时,可将两个相交的剖切面的交线与回转轴重合,然后旋转其中一个剖切平面与另一个剖切平面重合,且与其中一个基本投影面平行得到剖视图,如图 6-20 所示。

采用旋转剖画剖视图时,首先把由倾斜平面剖开的结构连同有关部分旋转到与选定的基本投影面平行,然后再进行投射,使剖视图既反映实形又便于画图,如图 6-20(b)中的全剖视图(图中细双点画线是说明投影关系的,不必画出)。在剖切平面后的其他结构一般仍按原来位置投影,如图 6-20(b)所示中小油孔的两个投影。当剖切后产生不完整要素时,应将该部分按不剖画出,如图 6-20 所示。

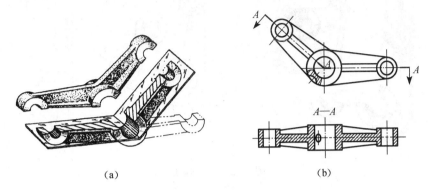

图 6-20 旋转剖(一)

旋转剖必须标注。标注时,在剖切平面的起、迄、转折处画上剖切符号,标上同一字母,并在起、迄处画出箭头表示投射方向。在所画的剖视图上方中间位置用同一字母写出其名称"×—×",如图 6-20(b)、图 6-21(b)所示。

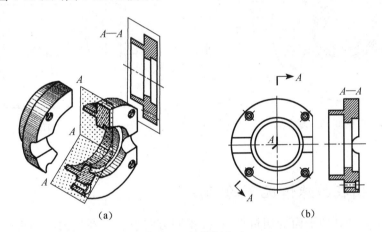

图 6-21 旋转剖(二)

4. 复合的剖切平面

相交的剖切平面与其他剖切平面组合,这种剖切方法称为复合剖,如图 6-23 所示。

当机件的内部结构形状较多,用旋转剖或阶梯剖仍不能表达完全时,可以采用以上几种剖切方法剖切。当采用连续几个旋转剖的复合剖时,一般用展开画法,如图 6-22 所示。

复合剖的标注与上述标注相同,只有采用展开画法时,才在剖视图上方中间位置标注"×—×展开"。

有些机件经过剖切后,仍有内部结构未表达完全,而又不宜采用其他方法时,允许在剖视图中再作一次局部剖,习惯称为"剖中剖"。采用这种画法时,两者的剖面线应同方向、同间隔;但要相互错开,如图 6-24 所示。

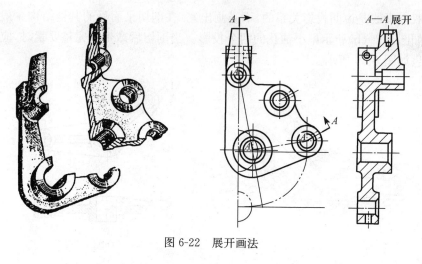

图 6-22 展开画法

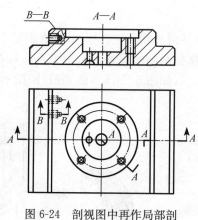

图 6-23 复合剖　　　　　图 6-24 剖视图中再作局部剖

五、剖视图在特殊情况下的标注

（1）用一个公共剖切平面剖切机件时，按不同方向投射得到的两个剖视图，应按图 6-25 的形式标注。

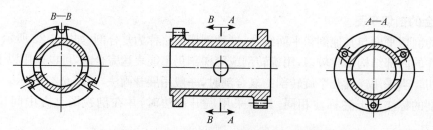

图 6-25 一个公共剖切平面按不同方向投射

（2）用几个剖切平面分别剖切机件，得到的剖视图为相同的图形时，可按图 6-26 的形式标注。

（3）可将投射方向一致的几个对称图形各取一半（或四分之一）合并成一个图形，并按图 6-27 的形式标注。

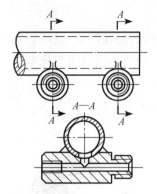
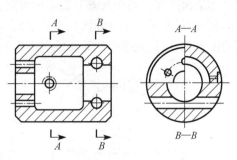

图 6-26　几个剖平面剖切机体，得到的剖视图相同　　图 6-27　取投射方向一致的几个对称图形各一半合并

第三节　断　面　图

断面图（GB/T 17452—1998、GB/T 4458.6—2002）主要用来表达机件某一局部的断面形状。

一、断面的概念

假想用剖切平面把机件的某处切断，仅画出剖切面与机件接触部分的图形，此图形称为断面图（简称断面），如图 6-28 所示。

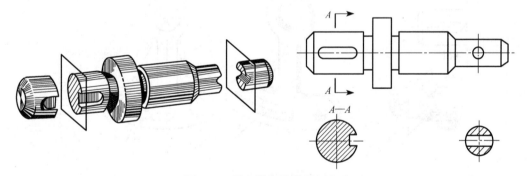

图 6-28　轴上槽与孔的断面表示

二、断面的种类

断面分为移出断面和重合断面，如图 6-29 所示。

1. 移出断面

画在图形外的断面称为移出断面，如图 6-30 所示。移出断面的轮廓线用粗实线画出。布置图形时，尽量将移出断面配置在剖切符号的延长线上，如图 6-30(a)所示。必要时，还可将移出断面配置在其他适当的地方，并可以旋转，如图 6-30(b)所示。

断面图是仅画出被切断部分的图形，但当剖切平面通过回转面形成的孔或凹坑的轴线时，这些结构按剖视图画出，如图 6-31 所示。当剖切平面通过非圆孔，导致出现完全分离的两个断面时，这个结构也应按剖视图画出，如图 6-32 所示。

2. 重合断面

将断面图重合画在视图上的图称为重合断面。只有当断面形状简单,且不影响图形清晰度的情况下,才采用重合断面。重合断面的轮廓线用细实线画出。当视图中轮廓线与重合断面的图形重叠时,视图中的轮廓线仍需连续画出,不可间断,如图 6-34 所示。

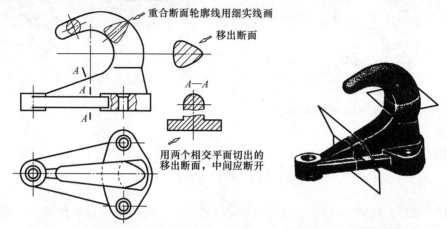

图 6-29　挂钩的移出断面与重合断面

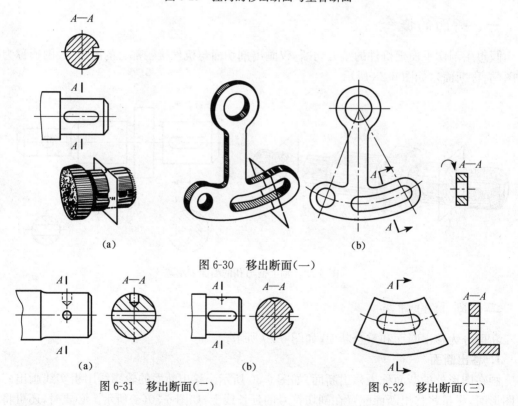

(a)　　　　　　　　　　　　　　　　　　(b)

图 6-30　移出断面(一)

(a)　　　　　　　(b)

图 6-31　移出断面(二)　　　　　　图 6-32　移出断面(三)

三、剖切位置与断面的标注

(1) 移出断面一般应用剖切符号表示剖切位置,用箭头表示投射方向并注上字母,在断面图的上方中间位置用同样的字母标出相应的名称"×—×",如图 6-32 所示。

（2）配置在剖切符号或其延长线上的不对称的移出断面及不对称的重合断面，可以省略字母，如图 6-33、图 6-34 所示。

（3）不对称的移出断面按投影关系配置，以及对称的移出断面没有配置在剖切符号的延长线上时，可省略箭头，如图 6-35 所示。

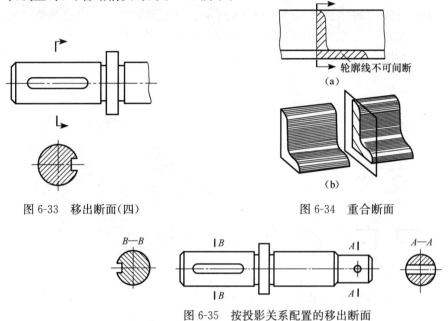

图 6-33　移出断面（四）　　　　　　　图 6-34　重合断面

图 6-35　按投影关系配置的移出断面

（4）对称的重合断面可配置在剖切平面的迹线延长线上，对称的移出断面可以配置在视图中断处，都可不标注。

第四节　局部放大图和简化画法

一、局部放大图

把机件上的部分较小结构用大于原图形所采用的比例画出的图形，称为局部放大图。局部放大图可以画成视图、剖视图和断面图，它与被放大部分的表达方法无关。

局部放大图应尽量配置在被放大部位的附近，如图 6-36 所示。必要时，还可以采用几个视图来表达同一个被放大部分的结构，如图 6-37 所示。

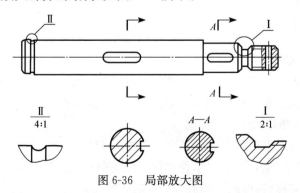

图 6-36　局部放大图

画局部放大图时,应用细实线圈出被放大部分,并用罗马数字按顺序标出。在局部放大图的上方中间标出相应的罗马数字和采用的比例(局部放大图与实际机件的线性尺寸比,与原图形的比例无关),如图 6-36 所示。字体大小和本章前三节中在视图、剖视图、断面图中所用字体大小相同。罗马数字与比例之间的横线用细实线画出。当机件上仅有一个需要放大的部位时,在局部放大图上只标注采用的比例即可,如图 6-38 所示。放大图的投射方向应和被放大部分的投射方向一致,与整体联系的部分用波浪线画出,若为剖视和断面时,其断面符号的方向和距离应与被放大部分相同,如图 6-38 所示。

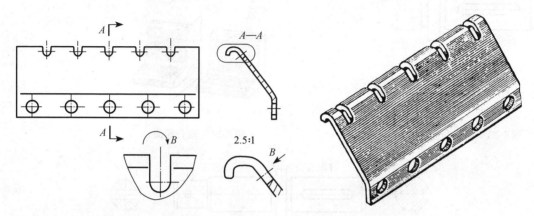

图 6-37 用几个视图来表达同一个被放大的结构

同一机件上不同部位的局部放大图相同或对称时,只需画出一个放大图,如图 6-39 所示。

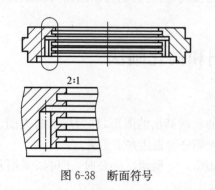

图 6-38 断面符号

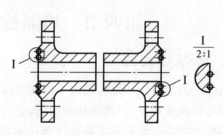

图 6-39 不同部位的放大图相同或对称

二、简化画法

1. 对相同结构的简化

(1) 当机件具有若干相同结构(如齿、槽等),并按一定规律分布时,只需画出几个完整的结构,其余用细实线连接,但在图中必须注明该结构的总数,如图 6-40 所示。在剖视图中,类似牙嵌式离合器齿等相同的结构,可按图 6-41 画出。

(2) 当机件具有若干直径相同且成规律分布的孔(圆孔、螺孔、沉孔、管道等),可以仅画出一个或两个,其余只需表明其中心位置,但在图上应注明孔的总数,如图 6-42(a)所示。

(3) 当某一图形对称时,可画出略大于一半的图形,如图 6-42(a)的俯视图;也可只画出一半或四分之一的图形,此时必须在对称中心线的端部画出两条与其垂直的两平行细实线,以示对称,如图 6-42(b)所示。

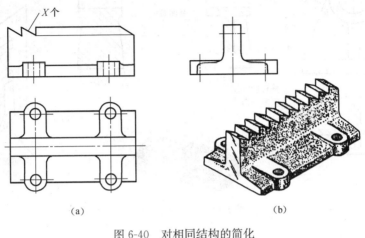

图 6-40　对相同结构的简化

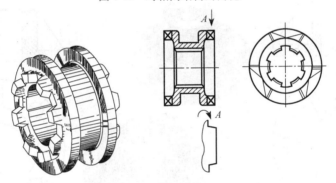

图 6-41　剖视图中类似牙嵌式离合器齿的结构的画法

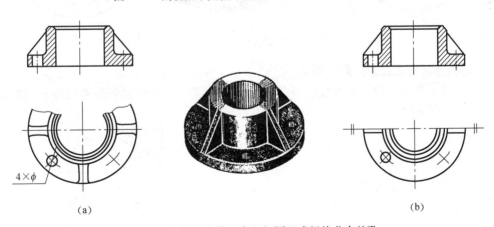

图 6-42　机件具有若干直径相同且成规律分布的孔

（4）对于机件的肋、边辐薄壁等结构,如剖切平面按纵向剖切,这些结构都不画剖面符号,而用粗实线将它与其连接部分分开。图 6-43 表示十字肋和单一肋的画法。当需要表达机件回转体结构上均匀分布的肋、边辐、孔等,且这些结构又不处于剖切平面上时,可将这些结构旋转到剖切平面上画出,无须加任何标注,如图 6-44 所示。

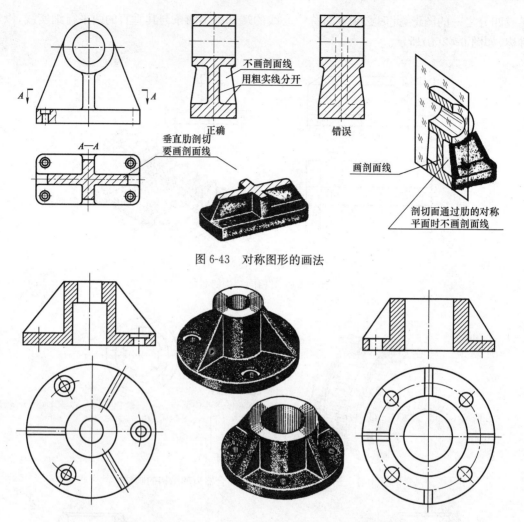

图 6-43　对称图形的画法

图 6-44　回转体结构上均匀分布的肋、边辐、孔等的画法

2. 对机件某些交线和投影的简化

（1）机件上的过渡线与相贯线在不会引起误解时，允许用圆弧或直线来代替非圆曲线，如图 6-45、图 6-46 所示。

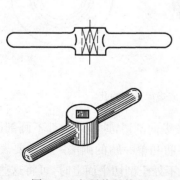

图 6-45　相贯线的简化

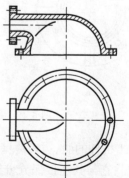

图 6-46　过渡线的简化

（2）与投影面之间的倾斜角度≤30°的圆或圆弧，其投影可以用圆或圆弧来代替真实投影的椭圆，如图 6-47 所示。

（3）当平面在图形中不能充分表达时，可用平面符号（相交的两条细实线）表示，如图 6-48 所示。

（4）采用移出断面表达机件时，在不会引起误解的情况下允许省略剖面符号，但剖切位置和断面图的标注必须按前述的规定，如图 6-49 所示。

3. 对小结构的简化

（1）对机件上一些较小的结构，如在一个图形中已表示清楚，则在其他图形中可以简化或省略，如图 6-50 所示。

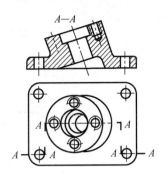

图 6-47 与投影面倾斜角度 ≤30°的圆或圆弧的简化

(a)   (b)

图 6-48 用平面符号表示

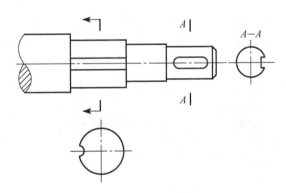

图 6-49 省略剖面符号

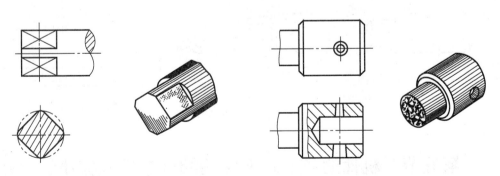

图 6-50 简化画法

（2）对机件上倾斜程度不大的结构，如在一个图形中已表示清楚，其他图形可以只按小端画出，如图 6-51 所示。

— 119 —

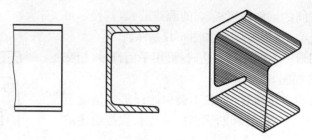

图 6-51 倾斜程度不大的结构的特殊画法

(3) 在不致引起误解时,机件上的小圆角、锐边的小倒圆或 45°小倒角允许省略不画,但必须注明尺寸或在技术要求中加以注明,如图 6-52 所示。

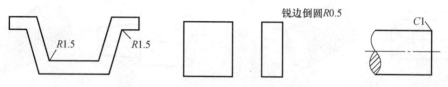

图 6-52 圆角、倒角和倒圆省略的情况

4. 对长机件的简化

较长的机件沿长度方向的形状一致或按一定规律变化时,例如,轴、杆、型材、边杆等,可以断开后缩短表示,但要标注实际尺寸。画图时,可用图 6-53 中所示方法表示。

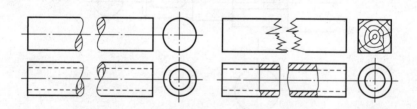

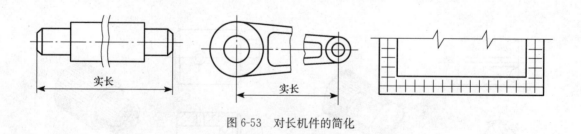

图 6-53 对长机件的简化

第五节 机件的各表达方法的综合举例及其小结

一、综合举例

例 6-1 图 6-54(b)用 4 个图形表达了图 6-54(a)所示的机件。为了表达机件的外部结构

形状、水平圆柱孔和斜板上的 4 个小孔，主视图采用了局部剖视，它既表达了肋、圆柱和斜板的外部结构形状，又表达了孔的内部结构形状；为了表达水平圆柱与十字肋的连接关系，采用了一个局部视图；为了表达十字肋的形状，采用了一个移出断面图；为了表达斜板的实形，采用了一个斜视图。

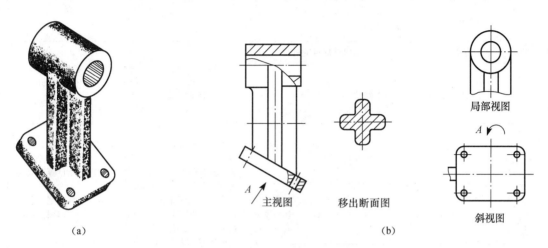

图 6-54　机件表达方法综合实例（一）

例 6-2　图 6-55（b）用 3 个基本视图、4 个局部视图共 7 个图形表达了图 6-55（a）所示的机件。请读者分析：为什么要采用这 7 个图形？

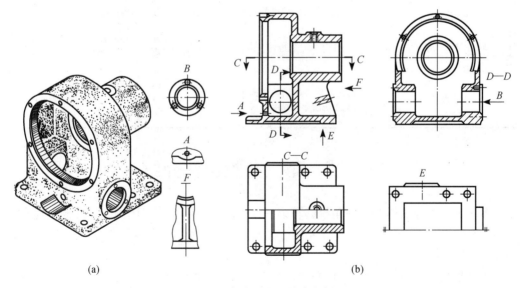

图 6-55　机件表达方法综合实例（二）

二、小结

机件的表达方法种类很多，常用的表达方法归纳如表 6-2。

表 6-2 机件的常用表达方法

分类		适用情况	注意事项
视图	基本视图	用于表达机件的外形	按规定位置配置各视图时，不加任何标注，否则要标注
	向视图	在 6 个基本视图布图基础上的灵活应用	
	局部视图	用于表达机件局部的外形	用字母和箭头表示要表达的部位和投射方向，在所画的局部视图或斜视图的上方中间用相同的字母写上名称"×向"
	斜视图	用于表达机件倾斜部分的外形	
剖视图	全剖视图	用于表达机件的整个内形（剖切面完全切开机件）	用平行于基本投影面的单一平面剖切、用几个剖切平面剖切（旋转剖、阶梯剖、复合剖）、用不平行于基本投影面的单一剖切平面剖切（斜剖）等剖切方法，都可用这 3 种剖视图表达
	半剖视图	用于表达具有对称或接近对称的外形与内形的机件（以中心线分界）	除单一剖切平面通过机件的对称面或剖切位置明显时，且中间又无其他图形隔开，可省略标注外，其余剖切方法都必须标注
	局部剖视图	用于表达机件的局部内形和保留机件的局部外形（局部剖切）	标注方式为在剖切平面的起、迄、转折处画出剖切符号，并注上同一个字母，在起、迄处的剖切符号外则画出箭头表示投射方向。在所画剖视图的上方中间位置用相同的字母标注出其名称
断面图	移出断面图	用于表达机件局部结构的断面形状	如果画在剖切位置的延长线上： 　剖面为对称——不标注 　剖面不对称——画剖切符号、箭头。 如果画在其他地方： 　剖面为对称——画剖切符号、注字母； 　剖面不对称——画剖切符号、箭头、注字母
	重合断面图	用于表达机件局部结构的断面形状，且不影响图形清晰度时	同画在剖切位置的延长线上的移出断面图

第六节　第三角投影法介绍

世界各国的工程图样有第一角投影和第三角投影两种体系。我国国家标准规定优先采用第一角投影体系，而美、日等国家则采用第三角投影体系，为了便于国际交流，现将第三角投影法作如下介绍。

两个互相垂直的投影面 V 面和 H 面把空间分成 4 个部分，每个部分称为一个分角，如图 6-56 所示。

把物体放在第一分角，并按观察者—物体—投影面的相互位置关系进行投影，称为第一角投影法，如图 6-57 所示。

把物体放在第三分角，并按观察者—投影面—物体的相互位置关系进行投影，称为第三角投影法，此时应将投影面视为透明面，如图 6-58 所示。

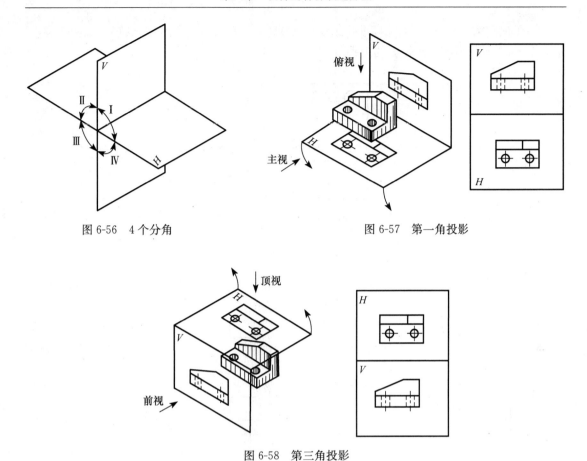

图 6-56　4 个分角　　　　　　　　　图 6-57　第一角投影

图 6-58　第三角投影

第三角投影法与第一角投影法的不同之处在于：
(1) 视图名称和配置不同；
(2) 各视图所反映的上、下、左、右、前、后方位关系不同，除后视图外，其他几个视图靠近前视图的一面表示物体的前面，而远离前视图的一面表示物体的后面，这一点恰恰与第一角投影法相反，如图 6-59 和图 6-60 所示。

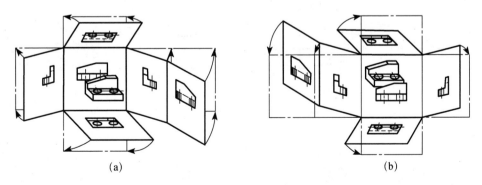

图 6-59　投影的展开
(a)第一角投影；(b)第三角投影

为了识别第三角投影,国际标准化组织(ISO)规定了第三角投影的识别符号,如图 6-61 所示。图 6-62 所示为第一角投影的识别符号。

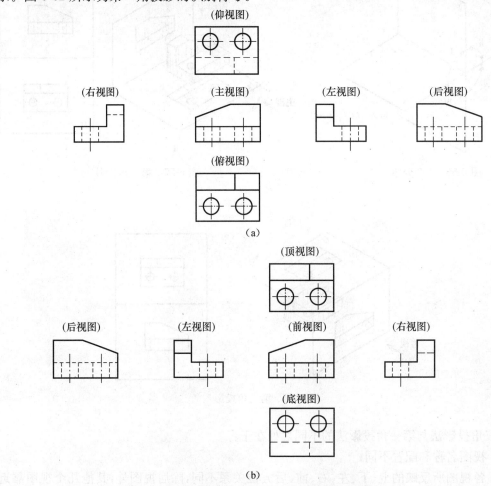

图 6-60 第一角投影法与第三角投影法的视图配置比较
(a) 第一角投影法视图;(b) 第三角投影法视图

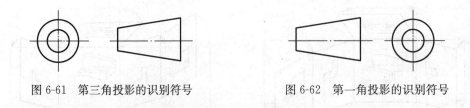

图 6-61 第三角投影的识别符号　　　　　图 6-62 第一角投影的识别符号

第七章 零件图

第一节 零件图的内容

任何一台机器或部件都是由多个零件装配而成的。表达一个零件结构形状、尺寸大小和加工、检验等方面要求的图样称为零件图。它是工厂制造和检验零件的依据,是设计和生产部门的重要技术资料之一。

为了满足生产部门制造零件的要求,一张零件图必须包括以下几方面的内容。

(1) 一组视图:唯一表达零件各部分的结构及形状。

(2) 全部尺寸:确定零件各部分的形状大小及相对位置的定形尺寸和定位尺寸,以及有关公差。

(3) 技术要求:说明在制造和检验零件时应达到的一些工艺要求,如尺寸公差、形位公差、表面粗糙度、材料及热处理要求等。

(4) 图框和标题栏:填写零件的名称、材料、数量、比例、图号、设计者、零件图完成的时间等内容。图 7-1 所示为一张典型的零件图。

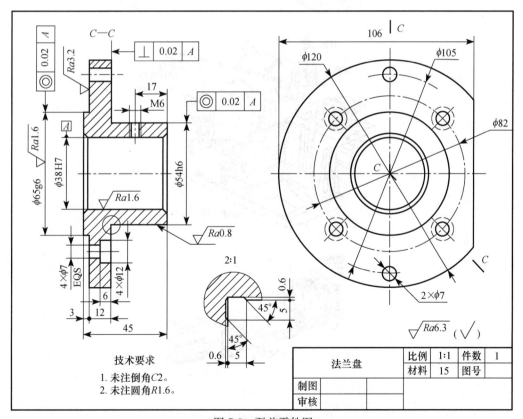

图 7-1 泵盖零件图

第二节 零件与部件的关系

一台新机器一般都由设计部门进行产品设计,即先根据总体结构设计出机器的装配图,然后再根据装配图拆画出全部零件的零件图。生产部门按提供的零件图加工零件,再按装配图将零件装配成机器。如果是仿制或修配一台已有的旧机器,则需要先根据实物测绘出实物装配示意图、零件草图;经过校核后由零件草图绘制出装配图和零件图;然后将其投入生产部门进行加工生产。如图 7-2 所示为常见的几种切削机床示意图:图 7-2(a)为铣削机床;图 7-2(b)为刨削机床;图 7-2(c)为车削机床;图 7-2(d)为磨削机床;图 7-2(e)为钻削机床。

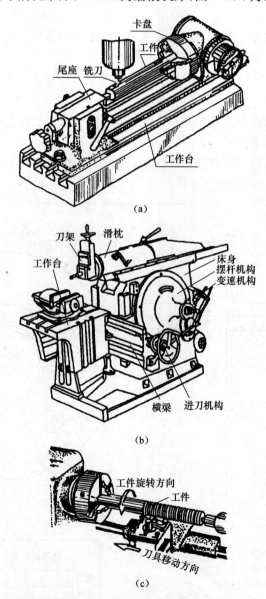

图 7-2 几种切削机床示意图

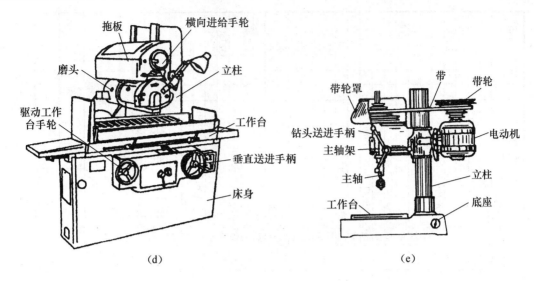

图 7-2 几种切削机床示意图(续)
(a) 铣削机床;(b) 刨削机床;(c) 车削机床;(d) 磨削机床;(e) 钻削机床

零件是部件的组成部分。零件的结构是与其在部件中的作用密不可分的。零件按其在部件中所起的作用以及其结构是否标准化,大致可分为以下 3 类。

(1) 标准件。常用的标准件有螺纹连接件(如螺栓、螺柱、螺母)、滚动轴承等,这一类零件的结构已经标准化,国家制图标准已制定了标准件的规定画法和标注方法。

(2) 传动件。常用的传动件有齿轮、蜗轮、蜗杆、丝杆、胶带轮等,这类零件的结构已经标准化,并且有规定画法。

(3) 除上述两类零件以外的零件都可以归纳到一般零件中去,如轴、盘盖、支架、箱体等。它们的结构形状、尺寸大小和技术要求由相关部件的设计要求和制造工艺要求而确定。

作为零件,不论其大小,以及结构形状是复杂还是简单,都是部件不可缺少的组成部分。下面从几方面讨论零件与部件之间的关系,以图 7-3 和图 7-4 所示的齿轮减速器中的轴系零件的装配局部视图为例。

1. 相关结构上的关系(以齿轮减速器为例)

这里以齿轮减速器为例说明,在轴(22 号零件)安装齿轮(25 号零件)的位置上,有一键槽是安装平键用的,由平键将轴的转动传递给齿轮。轴、齿轮上的键槽在设计时由所选定的平键结构来确定。此处还有轴肩,此结构的作用是防止齿轮沿轴向移动;而轴肩另一侧的作用是防止轴承作轴向移动。这些都说明零件上结构的产生都与相关零件的结构紧密关联。

2. 尺寸上的联系

齿轮轴与两轴承装配在一起。轴的基本尺寸(轴径都是 $\phi 30$)与轴承的孔径一致。轴与齿轮所在位置的直径与齿轮的孔径一致。还有轴向的一系列尺寸和与箱体(1 号零件)的两孔槽之间的距离必须相等,否则轴系零件无法装配到箱体上。为了弥补轴向尺寸出现的误差,设计时特地增加了一个调整环(30 号零件)。装配零件时,只需选择或修配调整环的轴向尺寸就可以达到装配的设计要求。

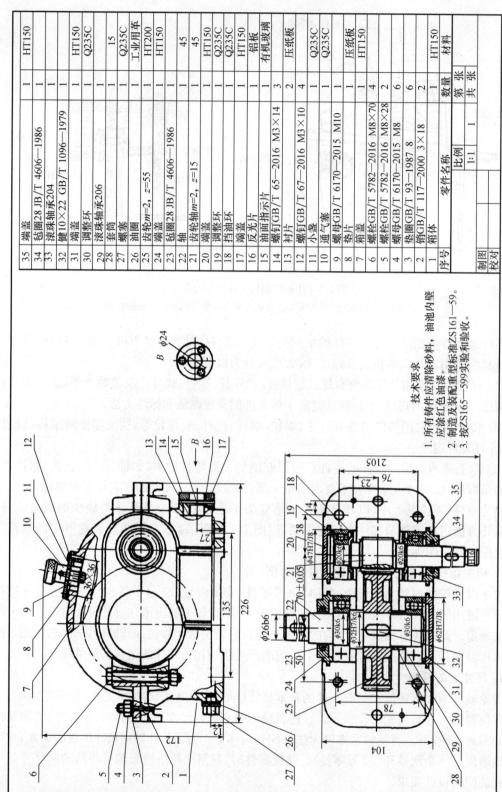

图 7-3 齿轮减速器装配图

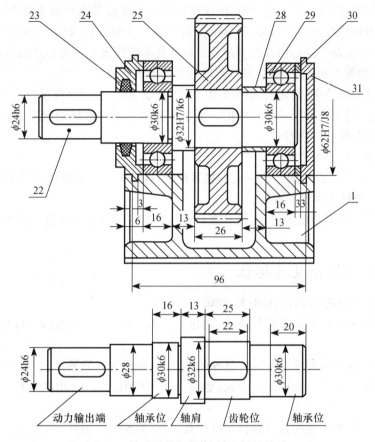

图 7-4 轴系零件与箱体、轴之间的关系

3. 技术要求上的联系

轴上两轴承所在位置的轴径尺寸，不仅尺寸精度要求高，而且表面粗糙度的要求也高。凡是有接触或连接关系的表面，表面粗糙度都有一定的要求；而非接触、非配合的表面（例如箱体的外表面、内腔的非接触表面）尺寸精度和表面粗糙度要求就很低，甚至不需要进行去除材料的机械加工。这就说明了零件上各个表面的粗糙度是与其在部件中的作用相关的。

由上述分析可知，部件中任一零件的结构形状、尺寸大小以及表面粗糙度都与它在部件中的作用密切相关。

第三节 零件图上的技术要求

现代工业的特点是规模大、分工细、协作单位多、互换性要求高。为了使生产中各部门协调一致和各环节衔接有序，必须有一种手段能使分散的、局部的生产部门和生产环节保持必要的技术统一，成为有机的整体以实现互换性生产。标准与标准化正是实现这种联系的途径和手段，是互换性生产的基础。那么，什么叫互换性呢？一台机器在装配过程中，从制成的同一规格、大小相同的零部件中任取一件，不需经过任何挑选或修配，便能与其他零部件安装在一起,并能够达到规定的功能和使用要求,则说这样的零部件具有互换性。

尺寸公差标准、形状位置公差标准、国家对绘制工程图样颁布的所有标准,是工程设计当中组织生产的重要依据。有了标准,且标准得到正确的贯彻实施,就可以保证产品质量,缩短生产周期,便于开发新产品的协作配套过程。标准化是组织现代化大生产的重要手段,是联系设计、生产和使用等方面的纽带,是科学管理的重要组成部分。

在机械设计和制造中,确定合理的极限、配合、形状、位置公差是保证产品质量的重要手段之一。因此,极限与配合是尺寸标注中的一项重要技术要求。机械制图基于以下 3 个方面的原因引入了极限与配合的内容:

(1) 零件加工制造时必须给尺寸一个允许变动的范围;
(2) 零件之间在装配中要求有一定的松紧配合,这种要求应由零件的尺寸偏差来满足;
(3) 零件或部件互换性的要求。

在设计中选择极限与配合时,要使其在制造与装配中既经济又方便,这样所确定的极限与配合才合理。

一、极限与配合及其标注

1. 极限与配合的基本概念(GB/T 1800.1—2009)

(1) 轴:通常指工件的圆柱形外表面,也包括非圆柱形外表面(由两平行平面或切面形成的被包容面)。

(2) 基准轴:在基准制配合中选作基准的轴,即上偏差为 0 的轴。

(3) 孔:通常指工件的圆柱形内表面,也包括非圆柱形内表面(由两平行平面或切面形成的包容面)。

(4) 基准孔:在基孔制配合中选作基准的孔,即下偏差为 0 的孔。

2. 尺寸

(1) 尺寸:以特定单位表示线性尺寸值的数值。

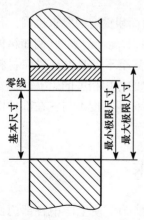

图 7-5 基本尺寸、最大极限尺寸和最小极限尺寸

(2) 基本尺寸:通过应用上、下偏差可算出极限尺寸的尺寸,如图 7-5 所示。

基本尺寸可以是一个整数或一个小数值,例如,32,15,8.75,0.5 等。

(3) 实际尺寸:通过测量获得的某一孔、轴的尺寸。

(4) 局部实际尺寸:一个孔或轴的任意横截面中的任一距离,即任意两相对点之间测得的尺寸。

(5) 极限尺寸:一个孔或轴允许的尺寸的两个极端。实际尺寸应位于其中,也可达到极限尺寸。

(6) 最大极限尺寸:孔或轴允许的最大尺寸,如图 7-5 所示。

(7) 最小极限尺寸:孔或轴允许的最小尺寸,如图 7-5 所示。

3. 极限制与零线

(1) 极限制：经标准化的公差与偏差制度。

(2) 零线：在极限与配合图解中表示基本尺寸的一条直线，线沿水平方向绘制，正偏差位于其上，负偏差位于其下，如图 7-6 所示。

4. 偏差

(1) 偏差：某一尺寸(实际尺寸、极限尺寸等)减其基本尺寸所得的代数差。

(2) 极限偏差：上偏差和下偏差。轴的上、下偏差代号分别用小写字母 es、ei 表示；孔的上、下偏差代号分别用大写字母 ES、EI 表示。

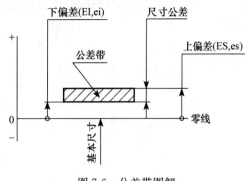

图 7-6 公差带图解

(3) 上偏差(ES,es)：最大极限尺寸减其基本尺寸所得的代数差。

(4) 下偏差(EI,ei)：最小极限尺寸减其基本尺寸所得的代数差。

(5) 基本偏差：确定公差带相对零线位置的那个极限偏差。它可以是上偏差或下偏差，一般为靠近零线的那个偏差，如图 7-6 中的基本偏差为下偏差。

5. 公差

(1) 尺寸公差(简称公差)：最大极限尺寸减最小极限尺寸之差，或上偏差减下偏差之差。它是允许尺寸的变动量，是一个没有符号的绝对值。

(2) 标准公差(IT)：由公差等级和基本尺寸所确定的公差。标准公差数值可根据基本尺寸和公差等级从国家标准 GB/T 1800.1—2009 中查出(见本书附表1-1)。字母"IT"为国标公差的符号。

(3) 标准公差等级：在国家标准中，标准公差分为 IT01,IT0,IT1,…IT18 共 20 个等级。对于同一基本尺寸，IT01 数值最小，其精度最高；IT18 数值最大，其精度最低。IT01～IT12 用于配合尺寸，IT12～IT18 用于非配合尺寸。

(4) 公差带：在公差带图解中，由代表上偏差和下偏差或最大极限尺寸和最小极限尺寸的两条直线所限定的一个区域。它由公差大小和其相对零线的位置(如基本偏差)来确定(如图 7-6 所示)。

(5) 标准公差因子(i,I)：在极限与配合制中，用以确定标准公差的基本单位，该因子是基本尺寸的函数。标准公差因子 i 用于小于 500mm 的基本尺寸，标准公差因子 I 用于大于 500mm 的基本尺寸。

6. 配合

(1) 间隙：孔的尺寸减去相配合的轴的尺寸之差为正，如图 7-7 所示。

(2) 最小间隙：在间隙配合中，孔的最小极限尺寸减轴的最大极限尺寸之差，如图 7-8 所示。

(3) 最大间隙：在间隙配合或过渡配合中，孔的最大极限尺寸减轴的最小极限尺寸之差，如图 7-8、图 7-9 所示。

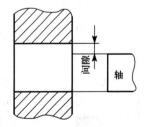

图 7-7 间隙

(4) 过盈：孔的尺寸减去相配合的轴的尺寸之差为负，如图 7-10 所示。

(5) 最小过盈：在过盈配合中，孔的最大极限尺寸减轴的最小极限尺寸之差，如图 7-11 所示。

（6）最大过盈：在过盈配合或过渡配合中，孔的最小极限尺寸减轴的最大极限尺寸之差，如图 7-9、图 7-11 所示。

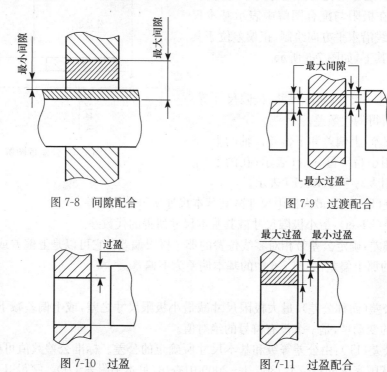

图 7-8　间隙配合　　　　　　　图 7-9　过渡配合

图 7-10　过盈　　　　　　　　图 7-11　过盈配合

（7）配合：基本尺寸相同的、相互结合的孔和轴公差带之间的关系。

（8）间隙配合：具有间隙（包括最小间隙等于0）的配合。此时，孔的公差带在轴的公差带之上，如图 7-12 所示。

（9）过盈配合：具有过盈（包括最小过盈等于0）的配合。此时，孔的公差带在轴的公差带之下，如图 7-13 所示。

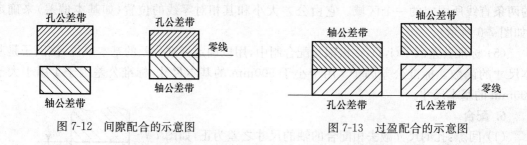

图 7-12　间隙配合的示意图　　　　　　图 7-13　过盈配合的示意图

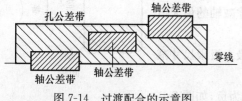

图 7-14　过渡配合的示意图

（10）过渡配合：可能具有间隙或过盈的配合。此时，孔的公差带与轴的公差带相互交叠，如图 7-14 所示。

7. 配合制

同一极限制的孔和轴组成配合的一种制度，称为配合制。

(1) 基轴制配合：基本偏差为一定的轴的公差带，与不同基本偏差的孔的公差带形成各种配合的一种制度。

对 GB/T 1800.1—2009，基轴制配合是轴的最大极限尺寸与基本尺寸相等、轴的上偏差为 0 的一种配合制，如图 7-15 所示。图中水平实线代表孔或轴的基本偏差，虚线代表另一极限，表示孔和轴之间可能的不同组合与它们的公差等级有关。

(2) 基孔制配合：基本偏差为一定孔的公差带，与不同基本偏差的轴的公差带形成各种配合的一种制度。

对 GB/T 1800.1—2009，基孔制配合是孔的最小极限尺寸与基本尺寸相等、孔的下偏差为 0 的一种配合制，如图 7-16 所示。

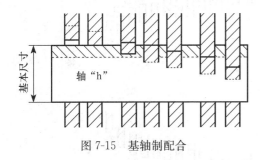

图 7-15　基轴制配合

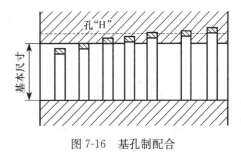

图 7-16　基孔制配合

二、公差、偏差和配合的基本规定(GB/T 1800.2—2009)

GB/T 1800.2—2009 规定了极限与配合的公差、偏差与配合的代号、表示及解释和配合分类。

GB/T 1800.2—2009 适用于圆柱形及非圆柱形光滑工件。

1. 代号

(1) 标准公差。标准公差的定义前面已述。设置标准公差的目的在于将公差带的大小加以标准化。它的数值由基本尺寸和公差等级所确定，公差等级表示尺寸的精确程度。

标准公差等级代号用符号 IT 和数字组成，例如 IT7。当其与代表基本偏差的字母一起组成公差带时，省略 IT，如 h7。

(2) 基本偏差。标准中对孔和轴分别规定了 28 个基本偏差，如图 7-17、图 7-18 所示。其中 21 个基本偏差以单个拉丁字母为代号按顺序排列，7 个基本偏差以两个拉丁字母为代号。国标规定对孔用大写字母 A，B，…，ZC 表示，对轴用小写字母 a，b，…，zc 表示，如图 7-17、7-18 所示。H 表示基准孔、h 表示基准轴。各种基本偏差的应用实例见表 7-1。

孔的基本偏差，从 A～H 为下偏差(EI)，是正值，其绝对值依次减小；从 J～ZC 为上偏差(ES)，是负值，其绝对值依次增大。孔、轴的基本偏差相同，JS 和 js 公差带完全对称地分布于零线两侧，如图 7-19 所示。

因此 $ES=es=\dfrac{IT}{2}$；$EI=ei=-\dfrac{IT}{2}$；H 和 h 的基本偏差为 0。

2. 图解表示

图 7-20 用图解表示了 GB/T 1800.1—2009 中确定的主要术语。

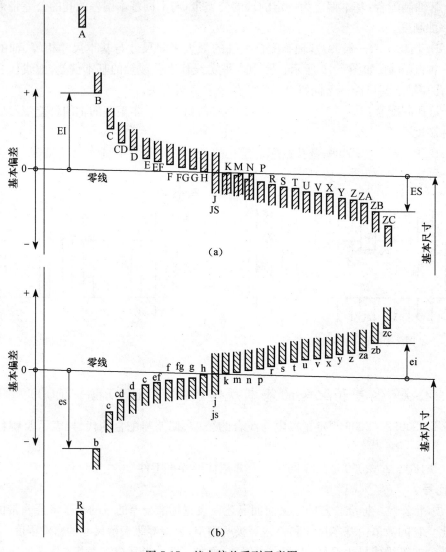

图 7-17　基本偏差系列示意图
(a) 孔；(b) 轴

公差带一般使用如图 7-21 所示的示意图表示：通常工作的轴线始终位于图的下方（在图中不示出）；该图例中，孔的两个偏差均为正，轴的两个偏差均为负。

3. 极限与配合的标注

(1) 零件图上的公差标注。零件图上的尺寸公差可按图 7-22 所示的 3 种形式中的任一种进行标注。

(2) 装配图上配合的标注。装配图上相互配合的零件的尺寸公差是在装配图上标注的，配合代号是在基本尺寸后面用分数形式注写的。对于孔要求用大写字母注出公差带代号，写在分子处；对于轴要求用小写字母注出公差带代号，写在分母处，如图 7-23 所示。当标注标准件、外购件与一般零件（轴与孔）的配合代号时，可以仅标注相配零件的公差带代号，如图 7-24 所示。

第七章 零件图

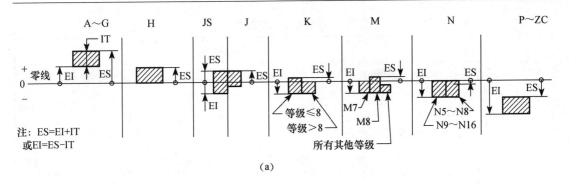

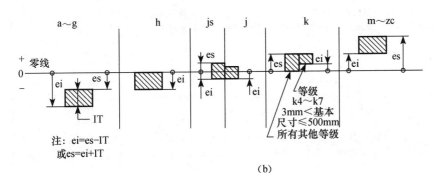

图 7-18 孔和轴的偏差
(a) 孔;(b) 轴

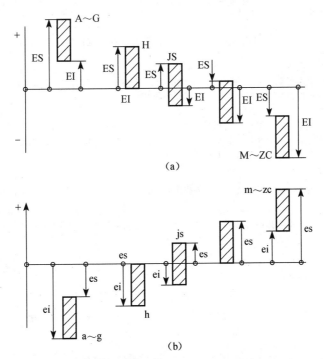

图 7-19 上偏差和下偏差(GB/T 1800.2—2009)
(a) 孔;(b) 轴

表 7-1 各种基本偏差的应用实例

配合	基本偏差	特点及应用实例
间隙配合	a(A) b(B)	可得到特别大的间隙,应用很少。主要用于工作时温度高、热变形大的零件的配合,如发动机中活塞与缸套的配合为 H9/a9
	c(C)	可得到很大的间隙。一般用于工作条件比较差(如农业机械)、工作时受力变形大及装配工艺性不好的零件的配合,也适用于高温工作的间隙配合,如内燃机排气阀杆与导管的配合为 H8/c7
	d(D)	与 IT7～IT11 对应,适用于较松的间隙配合(如滑轮、空转的带轮与轴的配合),以及大尺寸滑动轴承与轴颈的配合(如涡轮机、球磨机等的滑动轴承),如活塞环与活塞槽的配合可用 H9/d9
	e(E)	与 IT6～IT9 对应,具有明显的间隙,用于大跨距及多支点的转轴与轴承的配合,以及高速、重载的大尺寸轴与轴承的配合,如大型电机、内燃机的主要轴承处的配合为 H8/e7
	f(F)	多与 IT6～IT8 对应,用于一般转动的配合,受湿度影响不大,采用普通润滑油的轴与滑动轴承的配合,如齿轮箱、小电机、泵等的转轴与滑动轴承的配合为 H7/f6
	g(G)	多与 IT5、IT6、IT7 对应,形成配合的间隙较小,用于轻载精密装置中的转动配合,用于插销的定位配合,滑阀、连杆梢等处的配合,钻套孔多用 G
	h(H)	多与 IT4～IT11 对应,广泛用于无相对转动的配合、一般的定位配合。若没有湿度、变形的影响,也可用于精密滑动轴承,如车床尾座孔与滑动套筒的配合为 H6/h5
过渡配合	js(JS)	多用于 IT4～IT7 具有平均间隙的过渡配合,用于略有过盈的定位配合,如联轴节、齿圈与轮毂的配合,滚动轴承外圈与外壳孔的配合,多用 JS7。一般用手槌装配
	k(K)	多用于 IT4～IT7 平均间隙接近 0 的配合,用于定位配合,如滚动轴承的内、外圈分别与轴颈、外壳孔的配合。用木槌装配
	m(M)	多用于 IT4～IT7 平均过盈较小的配合,用于精密定位的配合,如蜗轮的青铜轮缘与轮毂的配合为 H7/m6
	n(N)	多用于 IT4～IT7 平均过盈较大的配合,很少形成间隙。用于加键传递较大扭矩的配合,如冲床上齿轮与轴的配合。用木槌或压力机装配
过盈配合	p(P)	用于小过盈配合,与 H6 或 H7 的孔形成过盈配合,而与 H8 的孔形成过渡配合。碳钢和铸铁间零件形成的配合为标准压入配合,如卷扬机的绳子滚轮与齿圈的配合为 H7/p6。合金钢间零件的配合需要小过盈时可用 p(或 P)
	r(R)	用于传递大扭矩或受冲击负荷需要加键的配合,如蜗轮与轴的配合为 H7/r6
	s(S)	用于钢和铸铁零件的永久性和半永久性结合,可产生相当大的结合力,如套环压在轴、阀座上用 H7/s6 配合
	t(T)	用于钢和铸铁间零件的永久结合,不用键也可传递扭矩,须用热套法或冷轴法装配,如联轴节与轴的配合为 H7/t6
	u(U)	用于大过盈配合,最大过盈须验算。用热套法进行装配。如火车轮毂和轴的配合为 H6/u5
	v(V),x(X) y(Y),z(Z)	用于特大过盈配合,目前使用的经验和资料很少,须经试验后才能应用。一般不推荐

第七章 零件图

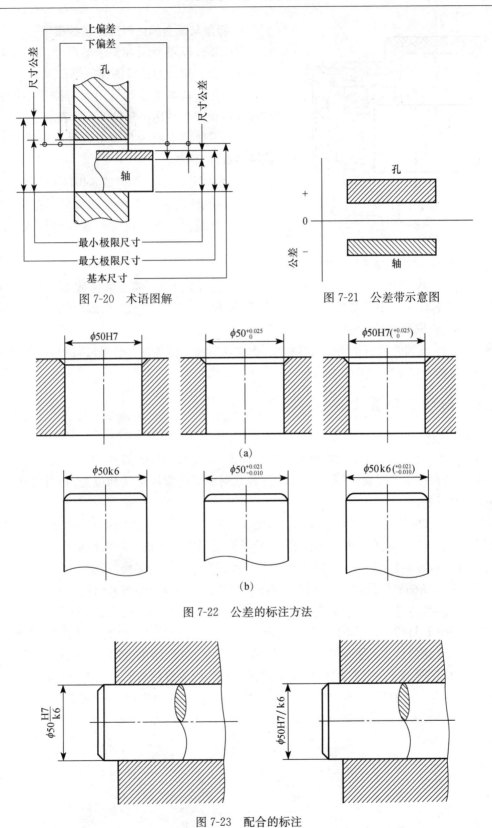

图 7-20 术语图解

图 7-21 公差带示意图

图 7-22 公差的标注方法

图 7-23 配合的标注

4. 极限与配合标注时应注意的事项

(1) 对有极限与配合要求的尺寸,在基本尺寸后应注写公差带代号或极限偏差值。

(2) 孔的基本偏差代号用大写拉丁字母表示;轴的基本偏差代号用小写拉丁字母表示。

(3) 零件图上可注公差带代号或极限偏差值,或两者都注,例如:

孔:$\phi 40H7$ 或 $\phi 40^{+0.025}_{\ 0}$ 或 $\phi 40H7(^{+0.025}_{\ 0})$。

轴:$\phi 40g6$ 或 $\phi 40^{-0.009}_{-0.025}$ 或 $\phi 40g6(^{-0.009}_{-0.025})$。

(4) 装配图中配合尺寸写成分数形式,如 $\phi 40\dfrac{H7}{g6}$ 或 $\phi 40H7/g6$。

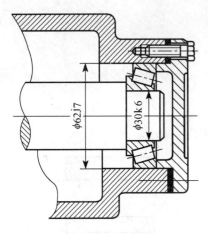

图 7-24 与滚动轴承配合的孔、轴的标注

(5) 标注偏差时,偏差数值比基本尺寸数字的字体要小一号,偏差数值前必须注出正负号(偏差为 0 时例外)。上、下偏差的小数点必须对齐,小数点后的位数也必须相同,如 $\phi 60^{-0.010}_{-0.029}$、$\phi 60^{-0.03}_{-0.06}$。

(6) 若上、下偏差数值相同而符号相反,则在基本尺寸后加注"±"号,再填写一个数值,其数字大小与基本尺寸数字的大小相同,如 $\phi(50\pm 0.31)$。

三、形状和位置公差

(一) 概述

零件加工过程中,由于加工中出现的受力变形、热变形、机床、刀具、夹具系统存在几何误差,以及磨损和振动等因素,使零件加工后的各几何要素的实际形状和位置、相对形状和位置产生一定的误差。

为了进一步使我国机械行业走向世界,使我国的形位公差标准与国际通用标准完全接轨。在研究分析了国际标准和世界各国标准,以及了解了国内生产情况和贯彻标准经验的基础之上,我国对原 GB/T 1182、GB/T 1183 等形位公差国家标准进行了修订,制定了 GB/T 1182—2018 等一系列新的形位公差标准,同时代替原 2008 系列形位公差国家标准。

(二) 形位公差项目及符号

按照 GB/T 1182—2018 的分类方法,形位公差项目按其特征分为:形状公差、方向方差、位置公差和跳动公差。其中形状公差 6 项:直线度、平面度、圆度、圆柱度、线轮廓度、面轮廓度;方向公差 5 项:平行度、垂直度、倾斜度、线轮廓度、面轮廓度;位置公差 6 项:位置度、同心度(用于中心点)、同轴度(用于轴线)、对称度、线轮廓度、面轮廓度;跳动公差 2 项:圆跳动和全跳动。它们的表示符号及对基准的要求等列于表 7-2 中,在图样中标注公差时所用的有关符号列于表 7-3 中。

表 7-2 形位公差项目及符号(GB/T 1182—2018)

公差类型	项目	符号	有无基准
形状公差	直线度	—	无
	平面度	▱	无
	圆度	○	无
	圆柱度	⌭	无
	线轮廓度	⌒	无
	面轮廓度	⌓	无
方向公差	平行度	∥	有
	垂直度	⊥	有
	倾斜度	∠	有
	线轮廓度	⌒	有
	面轮廓度	⌓	有
位置公差	位置度	⌖	有或无
	同心度(用于中心点)	◎	有
	同轴度(用于轴线)	◎	有
	对称度	⌯	有
	线轮廓度	⌒	有
	面轮廓度	⌓	有
跳动公差	圆跳动	↗	有
	全跳动	⌰	有

表 7-3 标注形位公差所用的有关符号(GB/T 1182—2018)

说明	符号	说明	符号
被测要素的标注		最大实体要求	Ⓜ
		最小实体要求	Ⓛ
基准要素的标注		可逆要求	Ⓡ
基准目标的标注	$\frac{\phi 2}{A1}$	延伸公差带	Ⓟ
理论正确尺寸	50	自由状态条件 (非刚性零件)	Ⓕ
包容要求	Ⓔ	全轴(轮廓)	

（三）零件的几何要素

零件的几何要素可按不同方式分类。

1. 按存在的状态分

（1）理想要素，指具有几何学意义的要素，它是设计者要求的、由图样给定的没有几何误差的点、线、面。

（2）实际要素，指零件上实际存在的要素，即加工后所得到的有几何误差的点、线、面。由于受到测量误差的影响，对于具体零件，其实际要素只能由测得要素来代替。但应该指出，此时的实际要素并非该要素的真实状况。

2. 按所处地位分

（1）被测要素，根据零件的功能要求，某些要素需要给出形状或（和）位置公差。制造时，需要对这些要素进行测量，以判断其误差是否在公差范围内。国标中将上述给出的形状或（和）位置公差要素称为被测要素。

（2）基准要素，指用来确定被测要素方向或（和）位置的要素。理想的基准要素简称基准。基准有点、直线和平面3种。

3. 按功能要求分

（1）单一要素，指仅对要素本身提出功能要求，而给出的形状公差要素。

（2）关联要素，指与零件上其他要素有功能关系的要素，图样上对关联要素规定出位置公差的要求。

4. 按结构特征分

（1）轮廓要素。构成零件外形能被人们直接感觉到的要素称为轮廓要素。如圆、圆柱面、平面、棱线、曲面等。

（2）中心要素。零件上的轴线、球心、圆心、中心平面等，虽然不能被人们直接感觉，但却随着相应的轮廓要素存在而客观存在，像这样的要素统称为中心要素。例如，有圆柱面的存在就有轴线的存在，有球面的存在就有球心的存在等。

（四）形位误差及控制形位误差的公差带

形状公差是单一实际要素的形状所允许变动的全量，它是为限制形状误差而设置的；位置误差是关联被测实际要素对其理想要素的变动，而位置公差是关联实际要素的位置对基准所允许的变动全量，它是为限制位置误差而设置的。

由于形位公差的变动具有二维或三维特征，所以控制形位误差的公差带包括了公差带形状、方向、位置和大小4个几何因素特征。根据被测要素的特征和结构尺寸，GB/T 1182—2018将公差带分为下述几种主要形式：

① 圆内的区域；
② 两同心圆之间的区域；
③ 两圆柱面之间的区域；
④ 两等距曲线之间的区域；
⑤ 两平行直线之间的区域；
⑥ 圆柱面内的区域；
⑦ 两等距曲面之间的区域；
⑧ 两平行平面之间的区域；

⑨ 球内的区域。

（五）形状或位置公差及其公差带

当轮廓度公差未标注基准时，被测要素的位置是浮动的，这时被测要素是单一要素，其公差属于形状公差；当轮廓度公差标注有基准时，被测要素与基准要素保持确定的位置和方向关系，这时被测要素不再是单一要素，而是关联要素。

（六）形状误差和形状公差

形状误差的评定准则——最小条件。

当被测要素与理想要素比较时，若理想要素相对实际要素的位置不同，则实际要素相对于理想要素的变动量也不同。为此，必须规定一个统一的评定准则，这个准则称之为最小条件。

位置误差分为定向误差、定位误差和跳动3类。

(1) 定向误差是被测实际要素对一具有确定方向的理想要素的变动量，理想要素的方向由基准确定。

(2) 定位误差是被测实际要素对一具有确定位置的理想要素的变动量，理想要素的位置由基准和理论正确尺寸确定。

定向、定位最小区域的形状和各自的公差带形状一致，宽度和直径由被测实际要素的本身确定。

(3) 圆跳动是被测实际要素绕基准轴线作无轴线移动回转一周时，位置固定的指示器在给定方向上测得的最大与最小读数之差。

(4) 全跳动是被测实际要素绕基准轴线作无轴线移动回转，同时指示器沿理想素线连续移动，由指示器在给定方向上测得的最大与最小读数之差。

（七）形位公差的标注(GB/T 1182—2018)

1. 公差框格符号的标注

(1) 公差要求在矩形框格中给出，该框格由两格或多格组成。框格中的内容应从左向右按以下次序填写，如图 7-25 所示：

① 公差特征项目的符号；

② 公差值，公差值为线性值；

③ 若需要，用一个或多个字母表示基准要素或基准体系，见表 7-5。

图 7-25　公差框格符号类型

(2) 当一个以上要素作为被测要素，应在框格的上方注明，如 6 个圆要素标注为 $6\times\phi$；当需要对被测要素加注其他说明性内容时，应在框格下方注明，如图 7-26 所示。

(3) 如要求在公差带内进一步限定被测要素的形状，则应在公差值后面加注符号，见表 7-4。

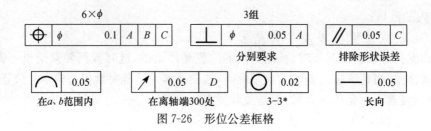

图 7-26 形位公差框格

表 7-4 被测要素形状公差框格符号

含 义	符 号	举 例	含 义	符 号	举 例
只许中间向材料内凹下	（—）	— | t | (—)	只许从左到右减小	(▷)	⫽ | t | (▷)
只许中间向材料外凸起	（+）	⌓ | t | (+)	只许从右到左减小	(◁)	⫽ | t | (◁)

表 7-5 基准符号(或代号)的画法

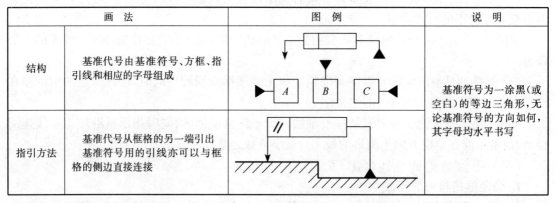

2. 被测要素符号的标注

用箭头的指引线将框格与被测要素相连，按以下方式标注：

（1）当公差涉及轮廓线或表面时，将箭头置于要素的轮廓线或轮廓线的延长线上，但必须与尺寸线明显地错开。如图 7-27(a)、图 7-27(b)所示；

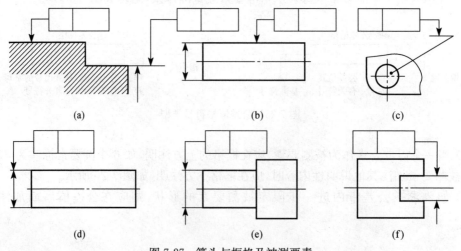

图 7-27 箭头与框格及被测要素

(2) 当指向要素表面时,箭头可置于带点的参考线上,该点指向实际表面,如图 7-27(c)所示;

(3) 当公差涉及轴线、中心平面或带尺寸要素确定的点时,则带箭头的指引线应与尺寸线的延长线重合,如图 7-27(d)、图 7-27(e)、图 7-27(f)所示;

(4) 指引线箭头指向被测要素时,其箭头的方向就是公差带的宽度或直径的方向,指的位置表示公差带的位置。

3. 基准要素的标注

(1) 相对于被测要素的基准,由基准字母表示。用带细实线正方形小方框的大写字母与涂黑(或空白)的等边三角形细实线相连,表示基准的字母也应在相应的公差框格内。

(2) 带有基准字母的涂黑(或空白)的等边三角形应置于以下位置。

① 当基准要素是轮廓线或表面时,置于要素的外轮廓线上或外轮廓线的延长线上,但应与尺寸线明显地错开,如图 7-28(d)所示。基准符号还可置于用圆点指向实际表面的参考线上,如图 7-28(e)所示。

② 当基准是尺寸要素确定的轴线、中心线、中心平面或中心点时,则基准符号中的线与尺寸线方向一致,如图 7-28(a)、图 7-28(b)所示。如尺寸线处安排不下两个箭头时,则另一箭头可用基准三角形代替,如图 7-28(c)所示。

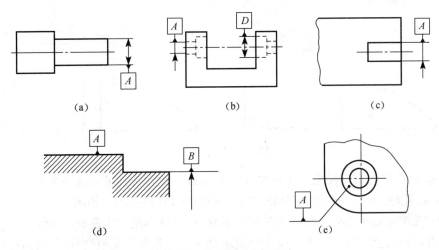

图 7-28 基准符号的标注法

③ 单一要素用大写字母表示,如图 7-29(a)所示。

④ 2 个要素组成的公共基准,用横线将 2 个大写字母隔开表示,如图 7-29(b)所示。

⑤ 由 2 个或 3 个要素组成的基准体系(如多基准组合),表示基准的大写字母应按基准的优先级从左至右分别置于格子中,如图 7-29(c)所示。

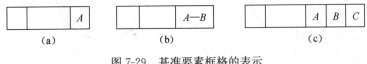

图 7-29 基准要素框格的表示

4. 基准目标

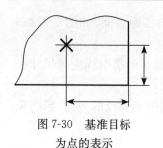

图 7-30 基准目标
为点的表示

当需要在基准要素上指定某些点、线或局部表面来体现各基准平面时,应标注基准目标。基准目标按下列方式注在图样上。

(1) 当基准目标为点时,用"×"表示(如图 7-30 所示)。

(2) 当基准为线时,用细实线表示,并在棱边上加"×"。

(3) 当基准目标为局部表面时,用细双点画线绘出该局部表面的图形,并画上与水平线成 45°的细实线(如图 7-31 所示)。

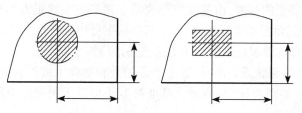

图 7-31 基准目标为局部表面的表示

5. 特殊表示方法

(1) 全周符号。形位公差特征项目如轮廓度公差适用于横截面内的整个外轮廓线或整个外轮廓面时,应采用全周符号,如图 7-32 所示。

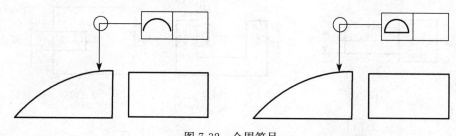

图 7-32 全周符号

(2) 螺纹、齿轮和花键标注。在一般情况下,螺纹轴线作为被测要素或基准要素均采用中径轴线,如采用大径轴线应用 MD 表示,采用小径轴线用 LD 表示。如图 7-33 所示。

齿轮和花键轴线作为被测要素或基准要素时,中径轴线用 PD 表示,大径(对外齿轮是顶圆直径,对内齿轮是根圆直径)轴线用 MD 表示,小径(对外齿轮是根圆直径,对内齿轮为顶圆直径)轴线用 LD 表示。

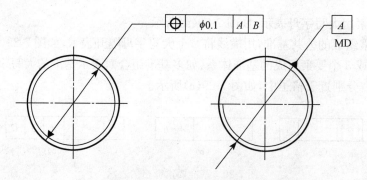

图 7-33 螺纹基准及公差符号标注

为了便于学习参考,表 7-6、表 7-7、表 7-8、图 7-34 列举了形状、位置公差的标注示例及其符号、代号的基本规定和意义。

表 7-6 形状、位置公差注法

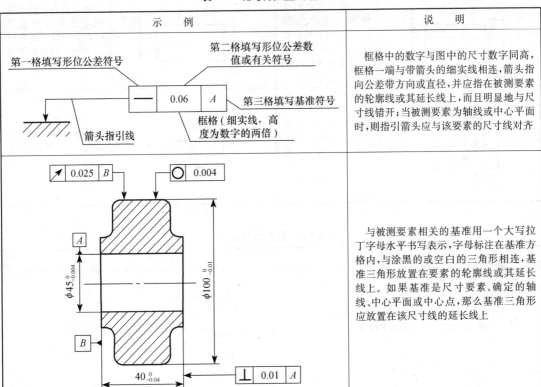

表 7-7 形状、位置公差示例说明(GB/T 1182—2018)

示例	说明	示例	说明
1. 直线度	被测圆柱面的任意素线心须位于距离为公差值 0.02 的两平行平面之内	2. 平面度	被测表面必须位于距离为公差值 0.1 的两平行平面内
3. 圆度	被测圆柱面任意正截面的圆周必须位于半径差为公差值 0.02 的范围内	4. 圆柱度	被测圆柱面必须位于半径差为 0.05 的两同轴圆柱面之间
5. 平行度	被测表面必须位于半径差为公差值 0.05,平行于基准平面 A 的两平行平面之间	6. 垂直度	被测表面必须位于距离为公差值 0.05,且垂直于基准平面 A 的两平行平面之间

续表

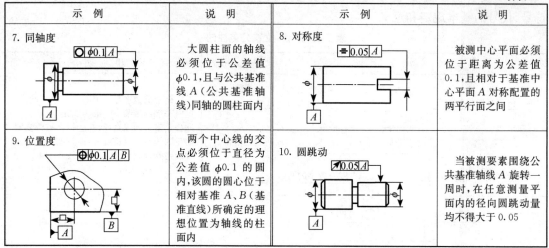

表7-8 指引线的画法

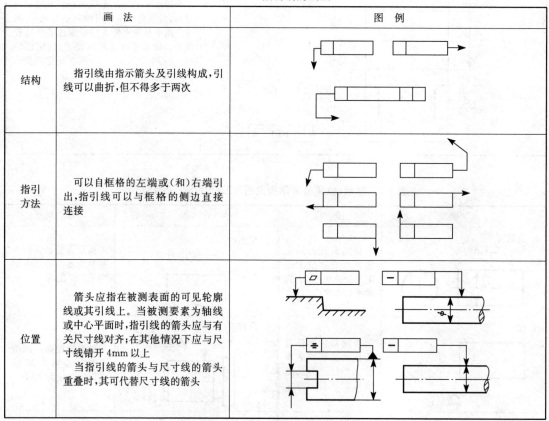

四、表面结构及其注法

1. 表面结构的概念

表面结构是表示零件表面质量的重要指标之一。零件经过加工以后,看似表面光滑,

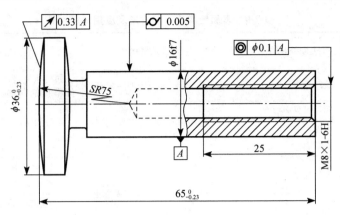

图 7-34 形位公差标注示例

如果用放大镜观察,就会看到凹凸不平的峰谷,如图 7-35 所示。零件表面上所具有的这种微观几何形状误差以及不平程度的特性称为表面结构。它是由于刀具与加工表面的摩擦、挤压以及加工时高频振动等方面的原因产生的。表面结构对零件的工作精度、耐磨性、密封性乃至零件之间的配合都有直接的影响。因此,恰当地选择零件表面的结构,对提高零件的工作性能和降低生产成本都具有重要的意义。

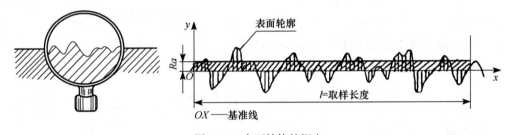

图 7-35 表面结构的概念

2. 表面结构的主要参数

GB/T 1031—2009 中规定了评定表面粗糙度的两个高度参数:Ra(轮廓算术平均偏差),Rz(轮廓最大高度)。

评定表面结构的参数,实际使用时可同时选定其中两项,也可只选一项,通常选用 Ra。Ra 是指在取样长度 l 内轮廓偏距(指测量面上轮廓线上的点至基准线之间的距离)绝对值的算术平均值。可表示为

$$Ra = \frac{1}{l}\int_0^l |y(x)|\,\mathrm{d}x。$$

或者近似地表示为

$$Ra = \frac{1}{n}\sum_{i=1}^{n} |Y_i|。$$

式中,Y_i——峰谷任一测点到基准线的偏距;

n——被测的点数。

关于表面结构 Ra 参数值与加工表面特性的关系及应用举例可参考表 7-9。

表7-9　表面结构获得的方法及应用举例

表面结构 Ra	名称	表面外观情况	获得方法举例	应用举例
	毛面	除净毛口	铸、锻、轧制等经清理的表面	如机床床身、主轴箱、溜板箱、尾架体等未加工表面
50	粗面	明显可见刀痕	毛坯经粗车、粗刨、粗铣等加工方法所获得的表面	一般的钻孔、倒角、没有要求的自由表面
25		可见刀痕		
12.5		微见刀痕		
6.3	半光面	可见加工痕迹	精车、精刨、精铣、刮研和粗磨	支架、箱体和盖等的非配合表面,一般螺栓支承面
3.2		微见加工痕迹		箱、盖、套筒要求紧贴的表面,键和键槽的工作表面
1.6	半光面	看不见加工痕迹	精车、精刨、精铣、刮研和粗磨	要求有不精确定心及配合特性的表面,如轴承配合表面、锥孔等
0.8	光面	可辨加工痕迹方向	金刚石车刀车、精铰、拉刀和压刀加工、精磨、珩磨、研磨、抛光	要求保证定心及配合特性的表面,如支承孔、衬套、胶带轮工作面
0.4		微辨加工痕迹方向		要求能长期保证规定的配合特性的、公差等级为7级的孔和6级的轴
0.2		不可辨加工痕迹方向		主轴的定位锥孔,$d>20mm$淬火的精确轴的配合表面

3. 表面结构符号及意义（GB/T 131—2006）

表面结构符号及意义见表7-10、表7-11及图7-36、图7-37。

表7-10　表面结构图形符号和附加标注的尺寸　　　　　　　　（单位：mm）

数字和字母高度 h（见 GB/T 14691）	2.5	3.5	5	7	10	14	20
符号线宽 d'	0.25	0.35	0.5	0.7	1	1.4	2
字母线宽 d							
高度 H_1	3.5	5	7	10	14	20	28
高度 H_2（最小值）①	7.5	10.5	15	21	30	42	60

① H_2 取决于标注内容的多少

表7-11　表面结构图形符号及含义

符号	含义
∨	基本图形符号：未指定工艺方法的表面,当通过一个注释解释时可单独使用
∇	扩展图形符号：用去除材料方法获得的表面,如车、铣、钻、磨、剪切、抛光、腐蚀、电火花加工、气割等。仅当其含义是"被加工并去除材料的表面"时可单独使用
∨	扩展图形符号：不去除材料的表面,如铸、锻、冲压变形、热轧、冷轧、粉末冶金等。也可用于表示保持上道工序形成的表面,不管这种状况是通过去除材料或不去除材料形成的
∨̄	完整图形符号：当要求标注表面结构特征的补充信息时,在允许任何工艺图形符号的长边上加一横线。在文本中用文字 APA 表示
∇̄	完整图形符号：当要求标注表面结构特征的补充信息时,在去除材料图形符号的长边上加一横线。在文本中用文字 MRR 表示
∨̄	完整图形符号：当要求标注表面结构特征的补充信息时,在不去除材料图形符号的长边上加一横线,在文本中用文字 NMR 表示

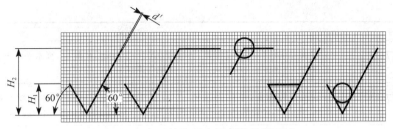

图 7-36　表面结构基本图形符号的画法

图 7-37　表面纹理图形符号的画法

4. 表面结构代号

表面结构代号由结构图形符号和在规定位置上标注的附加标注符号(表面结构要求)组成。表面结构图形代号的画法如图 7-38 所示。

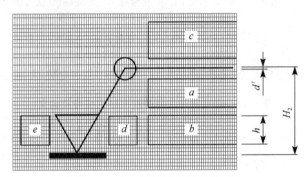

图 7-38　表面结构图形代号的画法

图中在"a""b""d"和"e"区域中的所有字母高应等于 h。

位置 a,注写表面结构的单一要求;

位置 a 和 b,注写两个或多个表面结构的要求;

位置 c,注写加工方法;

位置 d,注写表面纹理和方向;

位置 e,注写加工余量。

表面结构图形符号及含义见表 7-11,表面结构代号及含义见表 7-12,带有补充注释的表面结构符号及含义见表 7-13,表面结构的标注方法见表 7-14,表面纹理符号及标注见表 7-15。

表 7-12　表面结构代号及含义

符　号	含　义
$\sqrt{Rz0.4}$	表示不允许去除材料,单向上限值,默认传输带,R 轮廓,粗糙度的最大高度 0.4μm,评定长度为 5 个取样长度(默认),"16%规则"(默认)
$\sqrt{Rzmax0.2}$	表示去除材料,单向上限值,默认传输带,R 轮廓,粗糙度最大高度的最大值 0.2μm,评定长度为 5 个取样长度(默认),"最大规则"

续表

符 号	含 义
∇ 0.08-0.8/Ra3.2	表示去除材料,单向上限值,传输带 0.08~0.8mm,R 轮廓,算术平均偏差 3.2μm,评定长度为 5 个取样长度(默认),"16%规则"(默认)
∇ -0.8/Ra3 3.2	表示去除材料,单向上限值,传输带:根据 GB/T 6062,取样长度 0.8μm(λ_s默认为 0.002 5 mm),R 轮廓,算术平均偏差 3.2μm,评定长度为 3 个取样长度,"16%规则"(默认)
∇ U Ramax3.2 / L Ra0.8	表示不允许去除材料,双向极限值,两极限值均使用默认传输带,R 轮廓,上限值:算术平均偏差 3.2μm,评定长度为 5 个取样长度(默认),"最大规则",下限值:算术平均偏差 0.8μm,评定长度为 5 个取样长度(默认),"16%规则"(默认)
∇ 0.8-25/Wz3 10	表示去除材料,单向上限值,传输带 0.8~25mm,W 轮廓,波纹度最大高度 10μm,评定长度为 3 个取样长度,"16%规则"(默认)
∇ 0.008-/Ptmax25	表示去除材料,单向上限值,传输带λ_s=0.008mm,无长波滤波器,P 轮廓,轮廓总高 25μm,评定长度等于工作长度(默认),"最大规则"
∇ 0.0025-0.1//Rx0.2	表示任意加工方法,单向上限值,传输带λ_s=0.002 5mm,A=0.1mm,评定长度 3.2mm(默认),粗糙度图形参数,粗糙度图形最大深度 0.2μm,"16%规则"(默认)
∇ //10/R10	表示不允许去除材料,单向上限值,传输带λ_s=0.008mm(默认),A=0.5mm(默认),评定长度 10mm,粗糙度图形参数,粗糙度图形平均深度 10μm,"16%规则"(默认)
∇ /W1	表示去除材料,单向上限值,传输带 A=0.5mm(默认),B=2.5mm(默认),评定长度 16mm(默认),波纹度图形参数,波纹度图形平均深度 1mm,"16%规则"(默认)
∇ -0.3/6/AR0.09	表示任意加工方法,单向上限值,传输带λ_s=0.008mm(默认),A=0.3mm(默认),评定长度 6mm,粗糙度图形参数,粗糙度图形平均间距 0.09mm,"16%规则"(默认)

注:这里给出的表面结构参数、传输带、取样长度和参数值以及所选择的符号仅作为示例

表 7-13 带有补充注释的表面结构符号及含义

符 号	含 义
∇ 铣	加工方法:铣削
∇ M	表面处理:纹理呈多方向
∇ ⚬	对投影视图上封闭的轮廓线所表示的各表面有相同的表面结构要求
3 ∇	加工余量 3mm

注:这里给出的加工方法、表面纹理和加工余量仅作为示例

表 7-14 表面结构的标注方法

标注图例	说 明
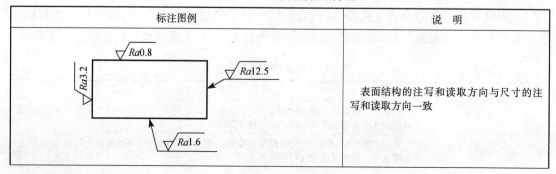	表面结构的注写和读取方向与尺寸的注写和读取方向一致

续表

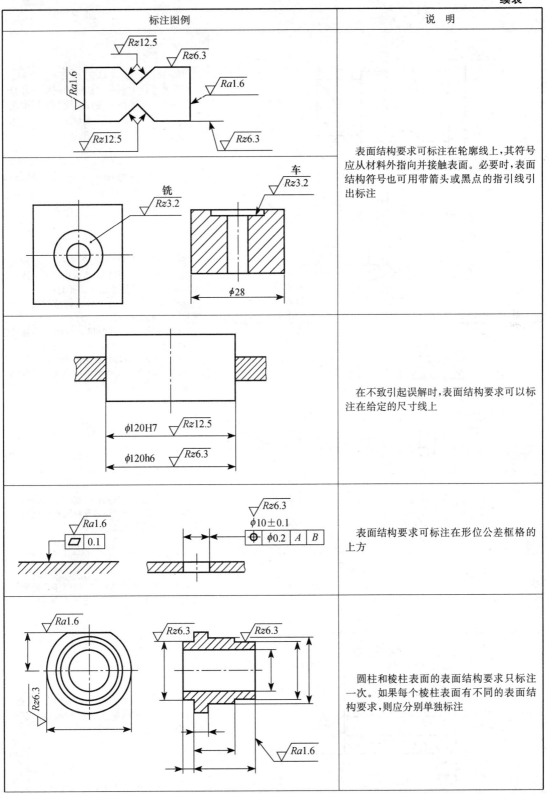

标注图例	说 明
	表面结构要求可标注在轮廓线上,其符号应从材料外指向并接触表面。必要时,表面结构符号也可用带箭头或黑点的指引线引出标注
	在不致引起误解时,表面结构要求可以标注在给定的尺寸线上
	表面结构要求可标注在形位公差框格的上方
	圆柱和棱柱表面的表面结构要求只标注一次。如果每个棱柱表面有不同的表面结构要求,则应分别单独标注

续表

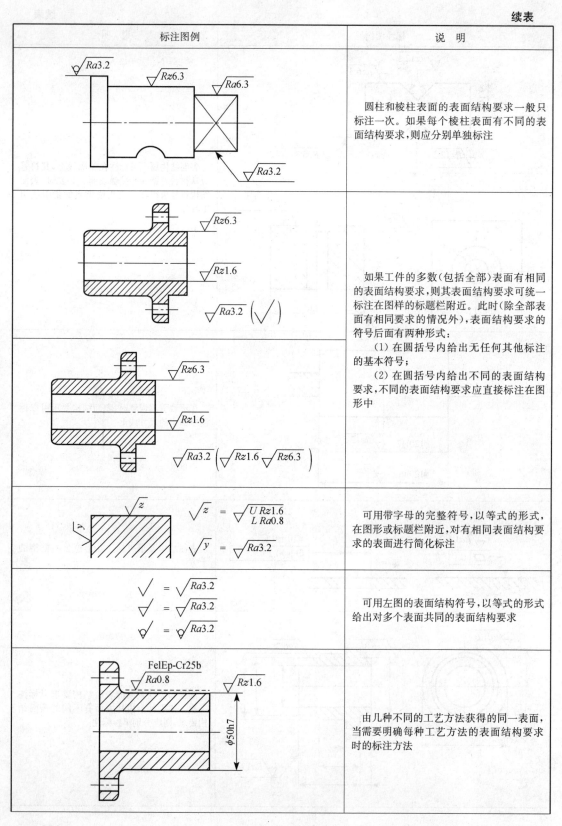

续表

标注图例	说　明
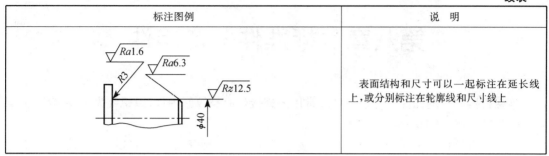	表面结构和尺寸可以一起标注在延长线上，或分别标注在轮廓线和尺寸线上

表 7-15　表面纹理符号及标注

符　号	解释和示例	
═	纹理平行于视图所在的投影面	
⊥	纹理垂直于视图所在的投影面	
X	纹理呈斜向交叉且与视图所在的投影面相交	
M	纹理呈多方向	
C	纹理呈近似同心圆，且圆心与表面中心相关	
R	纹理呈近似放射状且与表面圆心相关	
P	纹理呈微粒、凸起，无方向	

注：如果表面纹理不能清楚地用这些符号表示，必要时，可以在图样上加注说明

第八章 标准件与常用件

连接机器零件的元件称为连接件。常用的连接件有螺纹紧固件(以螺纹为主要结构,如螺栓、螺钉、螺母等)、键和销等。

在各种机器设备中,将零件与零件连接起来的方法主要有螺纹连接、键连接、销连接、焊接等。由于螺纹连接件便于安装、拆卸和维修,在各种机器设备、仪器仪表上得到广泛应用,因此这类零件需求量大。为了提高生产效率、保证质量、降低成本,螺纹连接件的结构要素、型式、尺寸都已全部标准化,同时为了方便制图还规定了它们的简化画法。键用来连接轴及轴上的传动件,起传递扭矩的作用。销主要用来定位和连接。焊接是一种不可拆卸的连接方式,其工艺简单、连接可靠,而且质量轻,因而在现代工业中应用也很广泛。为说明焊接的制造工艺,在图纸上应按规定的格式及符号将焊缝表示清楚。

第一节 螺纹和螺纹紧固件

一、螺纹的形成和结构要素

螺纹可以认为是由平面图形(三角形、梯形、锯齿形等)绕着和它共面的轴线做螺旋运动的轨迹。如图 8-1 所示是在车床上加工螺纹的方法。夹持在车床卡盘上的工件做等角速度旋转,车刀沿轴线方向做匀速直线移动。加工在圆柱体外表面上的螺纹称为外螺纹,加工在圆孔表面上的螺纹称为内螺纹,如图 8-2 所示;同理亦可在圆锥体内、外表面上加工螺纹,并称之为圆锥螺纹。螺纹的加工方法除车削之外还有攻螺纹、搓螺纹等。

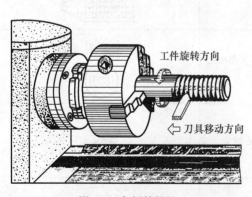

图 8-1 车削外螺纹

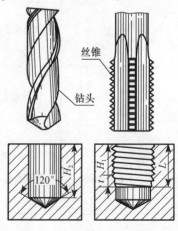

图 8-2 丝锥加工内螺纹

螺纹的基本结构要素包括牙型、直径、螺距、线数和旋向。

1. 牙型

牙型是螺纹轴向剖面的轮廓形状。螺纹的牙型有三角形、梯形、矩形、锯齿形及方形等,不同牙型有不同用途,如三角形螺纹用于连接,梯形、方形螺纹用于传动。螺纹牙型上相邻两牙侧之间的夹角,称为牙型角,以 α 表示。常按牙型的不同区分螺纹的种类,常用的标准牙型见表 8-1。

表 8-1 常用标准螺纹的规定符号(GB/T 4459.1—1995)

螺纹种类		种类代号	标注示例	说明
普通螺纹		M	M10-5g6g-S	
小螺纹		S		
梯形螺纹		Tr	Tr40×7-7e	
锯齿形螺纹		B		
米制螺纹		ZM	ZM10	标注的意义见标准螺纹的标注格式
60°密封管螺纹		NPT	NPT3/4	G1″表示英制螺纹。(1″=25.4mm)
55°非密封管螺纹		G	G1″,G1″/2	未示例者一般不常用
55°密封管螺纹	圆锥外螺纹	R		
	圆锥内螺纹	Rc	Rc1/2	
	圆柱内螺纹	Rp	Rp1/2	
自攻螺钉用螺纹		ST		
自攻锁紧螺钉用螺纹		M		

2. 直径

螺纹的直径分大径、中径和小径 3 种。

大径:指一个与外螺纹牙顶或内螺纹牙底相重合的假想圆柱体的直径。大径又称为公称直径。外螺纹的大径用 d 表示,内螺纹的大径用 D 表示。

小径:指一个与外螺纹牙底或内螺纹牙顶相重合的假想圆柱体的直径。外螺纹的小径用 d_1 表示,内螺纹的小径用 D_1 表示。

中径:指一个假想圆柱体的直径,该圆柱的母线通过牙型上牙底和牙顶宽度相等的地方。外螺纹的中径用 d_2 表示,内螺纹的中径用 D_2 表示。

螺纹直径如图 8-3 所示。

3. 线数

螺纹有单线和多线之分。沿一条螺旋线形成的螺纹称单线螺纹,沿两条或两条以上在轴向等距离分布的螺旋线形成的螺纹称为多线螺纹,如图 8-4 所示。连接螺纹大多为单线螺纹。

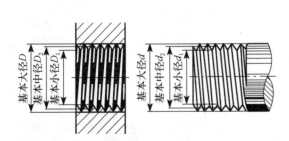

图 8-3 螺纹的直径

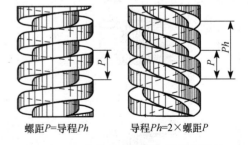

图 8-4 螺纹的旋向、线数、螺距和导程

4. 螺距和导程

螺距:相邻两牙在中径线上对应点之间的轴向距离称为螺距。

导程:某一点沿螺旋线中径旋转一周时沿轴向移动的距离称为导程。当线数为一条时,螺距=导程;当线数为两条以上时,导程=线数×螺距。

5. 旋向

螺纹有右旋和左旋之分,沿顺时针方向旋入的螺纹称为右旋螺纹,沿逆时针方向旋入的称为左旋螺纹。

当内、外螺纹配合使用时,只有上述5个要素完全相同,方能正确旋合使用。

凡螺纹牙型、大径、螺距符合标准的称为标准螺纹;螺纹牙型符合标准,而大径、螺距不符合标准的称为特殊螺纹;若螺纹牙型不符合标准,则称为非标准螺纹。

二、螺纹的种类

螺纹按其用途可分为两大类:连接螺纹和传动螺纹,如表8-2所示。

表8-2 螺纹种类代号与标注

螺纹类别	外形图	螺纹种类代号	标记方法	标注图例	说 明
连接螺纹	60°	M	M12-6h-S 短旋合长度代号 外螺纹中径和顶径(大径)公差带代号 公称直径(基本大径) 螺纹种类代号	M12-6h-S	粗牙普通螺纹不标注螺距
			M20×2-6H LH 左旋 内螺纹中径和顶径(小径)公差带代号 螺距 公称直径(基本大径) 螺纹种类代号	M20×2-6H LH	细牙普通螺纹必须注明螺距
	55°	G	G1A 外螺纹公差等级代号 尺寸代号 螺纹种类代号	G1 G1A	外螺纹公差等级代号有A、B两种;内螺纹公差等级仅一种,不必标注
	1:16 55°	Rc Rp R	R1/2 尺寸代号 螺纹种类代号	Rc1/2 R1/2	圆锥内螺纹种类代号Rc 圆柱内螺纹种类代号Rp 圆锥外螺纹种类代号R

螺纹类别(左列续):粗牙普通螺纹 / 细牙普通螺纹 / 55°非密封管螺纹 / 55°密封管螺纹

续表

螺纹类别	外形图	螺纹种类代号	标记方法	标注图例	说 明
连接螺纹 60°密封管螺纹	1:16　60°	NPT	NPT3/4 └ 尺寸代号 　└ 螺纹种类代号	NPT3/4	
传动螺纹 梯形螺纹	30°	Tr	Tr22×10(P5)-7e-L └ 长旋合长度代号 　└ 外螺纹中径公差带代号 　　└ 螺距 　　　└ 导程 　　　　└ 公称直径(基本大径) 　　　　　└ 螺纹种类代号	Tr22×10(P5)-7e-L	梯形螺纹螺距或导程必须注明

常见的连接螺纹有普通螺纹和55°管螺纹两种,其中普通螺纹又分为粗牙普通螺纹和细牙普通螺纹,代号为 M;55°管螺纹又分为55°密封管螺纹和55°非密封管螺纹。

55°非密封管螺纹代号为 G,其内、外螺纹均为圆柱螺纹。其内、外螺纹旋合后本身无密封能力,常用于电线管等不需要密封的管路系统中的连接;如另加密封结构,密封性能会很可靠,可用于具有很高压力的管路系统。它的外螺纹,根据中径公差下偏差的数值不同又分为 A 级(下偏差小)和 B 级两种,内螺纹则无 A 级、B 级之分。

55°密封管螺纹的种类代号有 3 种:圆锥内螺纹(锥度 1∶16)为 Rc;圆柱内螺纹为 Rp;圆锥外螺纹为 R。这种螺纹可以是圆锥内螺纹与圆锥外螺纹相连接,其内、外螺纹旋合后有密封能力,常用于压力在 1.57MPa 以下的管道,如日常生活中用的水管、煤气管、润滑油管等。

常见的螺纹还有以下几种。

① 60°密封管螺纹。这种螺纹牙型为三角形,牙型角为 60°,螺纹种类代号为 NPT,常用于汽车、航空、机床行业的中、高压液压、气压系统中。

② 梯形螺纹。梯形螺纹为常用的传动螺纹,牙型为等腰梯形,牙型角为 30°,螺纹种类代号为 Tr。

连接螺纹的共同特点是牙型都是三角形,其中普通螺纹的牙型角为 60°,管螺纹的牙型角为 55°或 60°。

以上几种螺纹,在图样上一般只要标注螺纹种类代号即能区别出各种牙型。

三、螺纹的规定画法

螺纹是由空间曲面构成的,其真实投影绘制起来十分烦琐,在加工制造时也不需要画它的真实投影,因而国家标准 GB/T 4459.1—1995 中规定了螺纹的简化画法,其主要内容如下。

1. 内、外螺纹的规定画法

(1) 螺纹的牙顶圆用粗实线表示,牙底圆用细实线表示,一般近似地取小径等于 0.85 大径,但当螺纹直径较大时可取稍大于0.85大径的数值绘制,即"摸得着的画粗实线,摸不着的画细实线"。倒角或倒圆部分也应画出。在螺纹投影为圆的视图中,表示牙底的细实线圆只画出约3/4圈,轴或孔上的倒角圆省略不画。外螺纹的规定画法如图8-5所示,内螺纹的规定画法如图8-6所示。

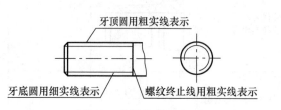

图8-5 外螺纹的画法

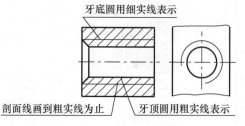

图8-6 内螺纹的画法

(2)内、外螺纹的终止界线(简称螺纹终止线),规定用一条粗实线来表示。

(3)螺尾部分一般不必画出,当需要表示螺尾时,该部分的牙底用与轴线成30°的细线绘制。

(4)螺纹不可见时所有图线用细虚线绘制,如图8-7所示。

(5)在内、外螺纹的剖视图中,剖面线应画到粗实线为止,如图8-8所示。

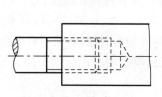

图8-7 不可见螺纹

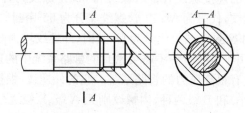

图8-8 螺纹剖视图

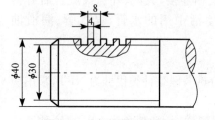

图8-9 非标准螺纹的画法

(6)在绘制不穿通的螺孔(又叫螺纹盲孔)时,一般应将钻孔深度与螺纹深度分别画出,且钻孔深度一般应比螺纹深度大0.5基本大径。

(7)当需要表示螺纹牙型或非标准螺纹(如矩形螺纹)时,可按图8-9绘制。

(8)圆锥外螺纹和圆锥内螺纹的画法如图8-10所示。

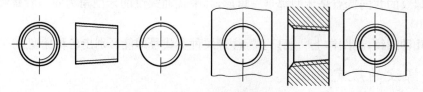

图8-10 圆锥内、外螺纹的画法

(9)螺纹孔相交时,只需画出钻孔的交线(用粗实线表示),如图8-11所示。

2. 螺纹连接的规定画法

用剖视图表示内、外螺纹的连接时,旋合部分应按外螺纹的画法绘制,不旋合部分仍按各自的画法表示,如图8-12所示。

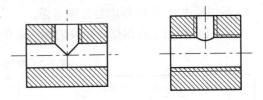

图8-11　螺纹孔相交的画法

必须注意:由于只有牙型、直径、线数、螺距及旋向等结构要素都相同的螺纹才能正确旋合在一起,所以在剖视图上,表示大、小径的粗实线和细实线应分别对齐,如图8-12所示。

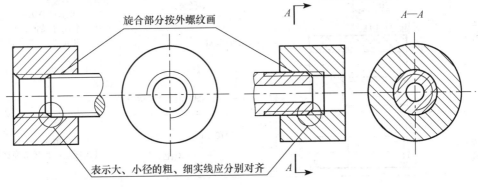

图8-12　螺纹连接的画法

第二节　螺纹的标注

由于螺纹采用统一规定的画法,为了便于识别螺纹的种类及其要素,对螺纹必须按规定格式在图上进行标注。螺纹的标注方法依据标准螺纹和非标准螺纹分为两种,下面分别进行说明。

国家标准(GB/T 197—2018)规定,标准螺纹应在图上注出相应的符号,如表8-1所示。

一、普通螺纹的标注

单线普通螺纹的一般标注格式为:

| 螺纹种类代号 | 螺纹大径 | × 螺距 | — 螺纹公差带代号 | — 旋合长度代号 | 旋向 |

多线普通螺纹的一般标注格式为:

| 螺纹种类代号 | 螺纹大径 | × 导程 | 螺距 | — 螺纹公差带代号 | — 旋合长度代号 | 旋向 |

1. 螺纹公差带

普通螺纹必须标注螺纹的公差带代号,它由用数字表示的螺纹公差等级和用拉丁字母(大写字母代表内螺纹,小写字母代表外螺纹)表示的基本偏差代号组成。公差等级在前,基本偏差代号在后,说明螺纹允许的尺寸公差(分为中径公差和顶径公差两种),如果中径、顶径公差相同,则只标注一个。

2. 旋合长度

旋合长度是指两个相互旋合的螺纹沿螺纹轴线长度方向旋合部分的长度。螺纹的旋合长度分为短、中、长三组,分别用 S、N、L(即 short、normal、long 的第一个字母)表示。一般情况下,不加标注时,按中等旋合长度考虑。

表 8-3 列出了常用标准螺纹的标注示例。

表 8-3 常用标准螺纹的标注示例

螺纹种类	标注图例	代号的意义	说 明
粗牙普通螺纹	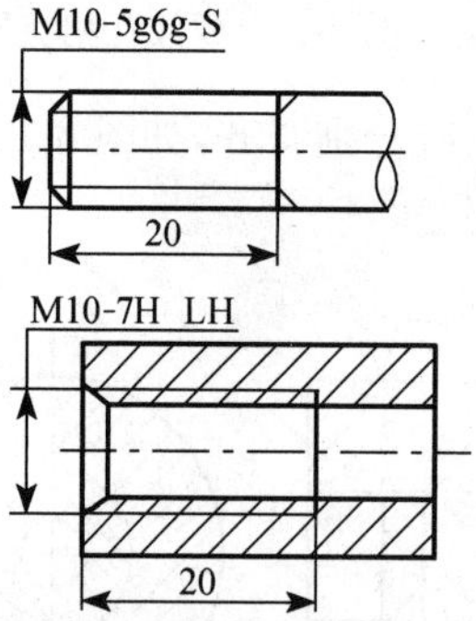 M10-5g6g-S M10-7H LH	M10-5g6g-S └ 旋合长度 └ 顶径公差带 └ 中径公差带 └ 螺纹基本大径 M10-7H LH └ 旋向(左) └ 中径和顶径公差带	粗牙不注螺距 单线、右旋不注线数和旋向,多线或左旋要标注 中径和顶径公差带相同时,只注一个代号,如 7H 旋合长度为中等长度时,不标注 图中所注螺纹长度不包括螺尾
细牙普通螺纹	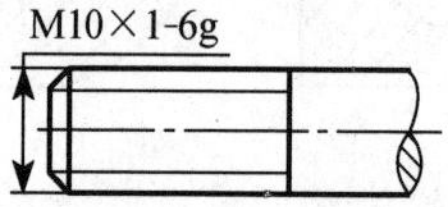 M10×1-6g	M10×1-6g └ 螺距	细牙要注螺距 其他规定同粗牙普通螺纹
55°非密封管螺纹	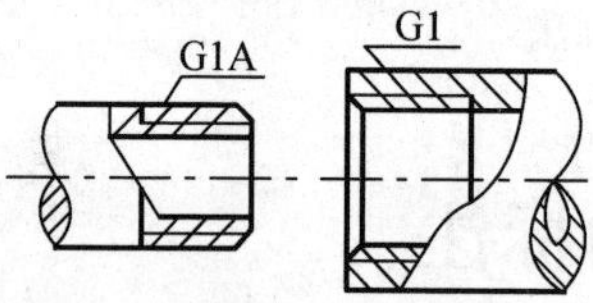 G1A G1	G1A └ 公差等级 └ 尺寸代号	管螺纹尺寸代号不是螺纹基本大径,作图时应据此查出螺纹基本大径 只能以旁注的方式引出标注 右旋省略不注
55°密封圆柱管螺纹	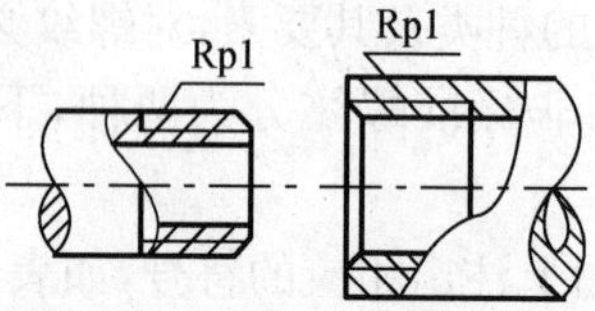 Rp1 Rp1	Rp1 └ 尺寸代号	
55°密封圆锥管螺纹	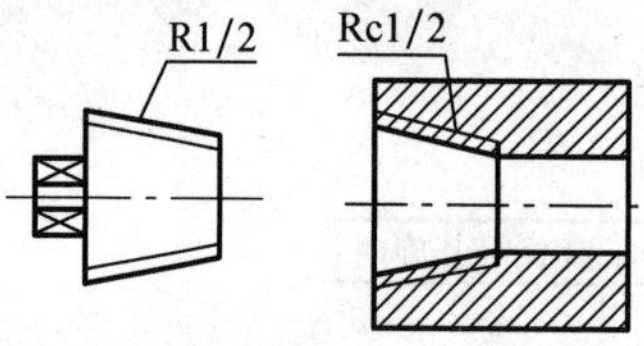 R1/2 Rc1/2	R1/2 Rc1/2	
单线梯形螺纹	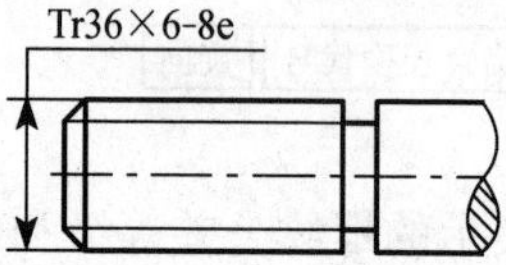 Tr36×6-8e	Tr36×6-8e └ 公差带符号 └ 螺距 └ 螺纹基本大径	要注螺距 多线的还要注导程 右旋省略不注,左旋要注 LH 旋合长度分为中等(N)和长(L)两组,中等旋合长度符号 N 可以不注
多线梯形螺纹	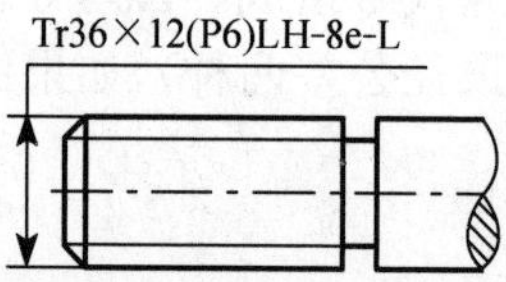 Tr36×12(P6)LH-8e-L	Tr36×12(P6)LH-8e-L └ 公差带代号 └ 旋合长度 └ 左旋 └ 导程 └ 螺距	

二、管螺纹与梯形螺纹的标注

管螺纹应标注：螺纹符号、尺寸代号和公差等级。必须注意：管螺纹必须采用指引线标注，指引线从基本大径线引出；外螺纹分 A、B 两级标记，内螺纹则不标记（见表 8-2 的示例）。若为英制 55°管螺纹，则标记为 G1/2″的形式。

梯形螺纹应标注：螺纹代号（包括牙型符号 Tr、螺纹基本大径和螺距等）、旋向、公差带代号及旋合长度等部分。

对矩形螺纹应画出两个以上牙型的局部放大图样，并标注其螺距、导程、放大比例等。牙型符号标准的特殊螺纹则应在普通螺纹代号前加写"特"字，如"特 M22×2"。

三、螺纹紧固件及其规定标记

螺栓、螺柱、螺钉、螺母和垫圈等统称螺纹连接件，它们都属于标准件，一般由标准件厂家生产，不需要画出它们的零件图，外购时只要写出规定标记即可。表 8-4 列出了一些常用的螺纹连接件及其规定标记。

表 8-4 常用的螺纹连接件及其规定标记

名 称	标 记	图 例	说 明
六角头螺栓	螺栓 GB/T 5782 M8×35		A 级六角头螺栓，螺纹规格 $d=M8$，公称长度 $l=35$
双头螺柱	螺柱 GB/T 898 M10×35		A 型双头螺柱，螺纹规格 $d=M10$，公称长度 $l=35$，旋入机体一端长 $b_m=1.25d$
开槽圆柱头螺钉	螺钉 GB/T 65 M10×50		螺纹规格 $d=M10$，公称长度 $l=50$ 的开槽圆柱头螺钉
开槽沉头螺钉	螺钉 GB/T 68 M10×60		螺纹规格 $d=M10$，公称长度 $l=60$ 的开槽沉头螺钉
开槽长圆柱端紧定螺钉	螺钉 GB/T 75 M10×30		螺纹规格 $d=M10$，公称长度 $l=30$ 的开槽长圆柱端紧定螺钉
六角螺母	螺母 GB/T 6170 M10		A 级 1 型六角螺母，螺纹规格 $d=M10$

续表

名 称	标 记	图 例	说 明
平垫圈	垫圈 GB/T 97.1 10	φ10.5	A 级平垫圈公称尺寸 $d=$ M10（螺纹规格），性能等级为 140HV（硬度）级
标准型弹簧垫圈	垫圈 GB/T 93 12	φ12.2	标准型弹簧垫圈公称尺寸 $d=$ M12（螺纹规格）

第三节　螺纹紧固件的装配图画法

一、螺纹紧固件装配图的一般规定

（1）两零件表面接触时，画一条粗实线，不接触时画两条粗实线，间隙过小时应夸大画出，如图 8-13 所示的光孔与六角螺栓连接的画法。

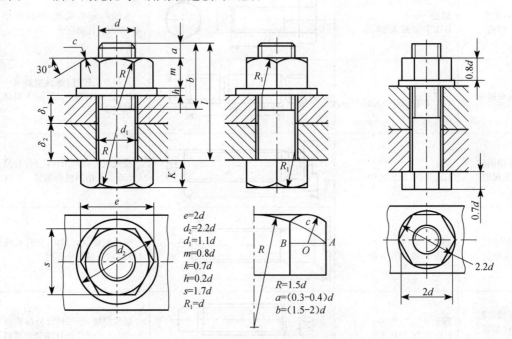

图 8-13　光孔与六角螺栓的连接画法

注意：螺栓的螺纹终止线应高于接合面，而低于光孔上端面。

（2）当剖切平面通过螺杆的轴线时，对于螺栓、螺柱、螺钉、螺母及垫圈等均按不剖切绘制，螺纹连接件的工艺结构如倒角、退刀槽、缩颈、凸肩等均可不画。

（3）常用的螺栓、螺钉的头部及螺母等可采用简化画法。

(4) 在剖视图中,相邻两零件的剖面线方向须相反,剖面线方向一致时,用间距不等来表示。同一个零件在各剖视图中,剖面线的方向和间距须一致,如图 8-13、图 8-14 所示。

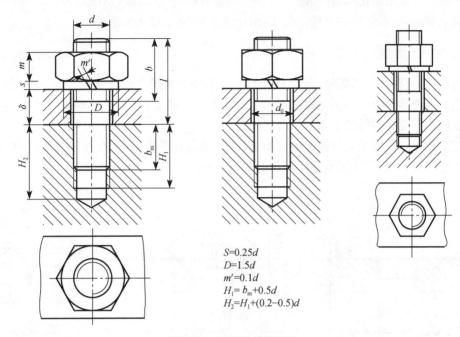

$S=0.25d$
$D=1.5d$
$m'=0.1d$
$H_1=b_m+0.5d$
$H_2=H_1+(0.2\sim0.5)d$

图 8-14 螺柱连接的画法

二、螺栓连接

螺栓连接的特点是:用螺栓穿过两个零件的光孔,加上垫圈,用螺母紧固。其中,垫圈用以增加支承面和防止损伤被连接件的表面。螺栓的有效长度 l 先按下式估算:

$$l=\delta_1+\delta_2+m+h+a$$

如图 8-13 所示,其中 δ_1 和 δ_2 为两被连接件的厚度;m 为螺母的厚度;h 为垫圈的厚度;a 为螺栓伸出螺母外的长度,一般取 $a=(0.3\sim0.4)d$。然后根据螺栓的标记查出相应标准尺寸,选取一个相近的标准长度值。

三、螺柱连接

螺柱连接的特点是:一端(旋入端)全部旋入被连接零件的螺孔中;另一端通过被连接件的光孔用螺母、垫圈紧固。螺柱旋入端的长度 b_m 与机体的材料有关:当机体的材料为钢或青铜等硬材料时,选用 $b_m=d$ 的螺柱,其标准为 GB/T 897—1988;当为铸铁时,选用 $b_m=1.25d$ 的螺柱,其标准为 GB/T 898—1988;材料强度在铸铁和铝之间或材料为铝制品时,选用 $b_m=1.5d$ 的螺柱,其标准为 GB/T 899—1988;当为非金属材料时,选用 $b_m=2d$ 的螺柱,其标准为 GB/T 900—1988。绘图时与螺栓类似,先按下式估算螺柱的公称长度 l:

$$l=\delta+m+s+a$$

然后根据螺柱的标记查出相应标准尺寸,选取一个相近的标准长度值。式中,各符号的意义类似于螺栓(可参见图8-14),不再重复说明。

画图时应注意,旋入端的螺纹终止线应与被连接零件的表面平齐,如图8-14所示。

画图时亦可采用简化画法,如图8-13、图8-14的右图所示。六角螺母和六角螺栓头部外表面上的双曲线,可根据公称直径的尺寸,采用图8-13所示比例画法画出。

四、螺钉连接

螺钉连接的特点:不用螺母,仅靠螺钉与一个零件上的螺孔旋合连接。图8-15为螺钉的连接画法。其连接部分的画法与螺柱旋入金属端的画法接近,所不同的是螺钉的螺纹终止线应画在被旋入的螺孔零件的顶面投影线之上。

螺钉头部槽口在反映螺钉轴线的视图上,应画成垂直于投影面;在投影为圆的视图中,应画成与中心线倾斜45°。当槽宽小于2mm时,可以涂黑表示,如图8-15所示。

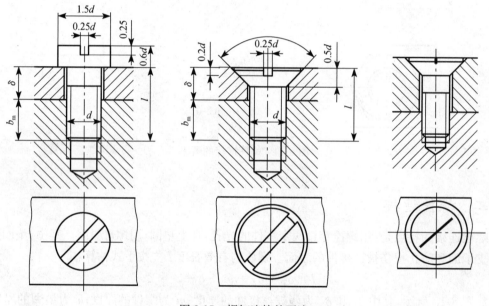

图8-15 螺钉连接的画法

螺钉的旋入深度b_m与螺柱相同,可根据被旋入零件的材料决定。螺钉的有效长度l先按下式计算:

$$l = b_m + \delta$$

然后根据螺钉的标记查出相应标准尺寸,选取一个相近的标准长度值。

五、螺纹副的标注方法

需要时,在装配图中应标注出螺纹副的标记,此时可按相应螺纹标准的规定进行标注。

螺纹副标记的标注方法与螺纹标记的标注方法相同,米制螺纹的标记应直接标注在大径的尺寸线上或其引出线上,如图8-16(a)所示;管螺纹的标记应采用引出线由旋合部分的大径处引出标注,如图8-16(b)所示;米制锥螺纹的标记一般应采用引出线由旋合部分的大径引出标注,也可直接标注在从基面处画出的尺寸引出线上,如图8-16(c)所示。

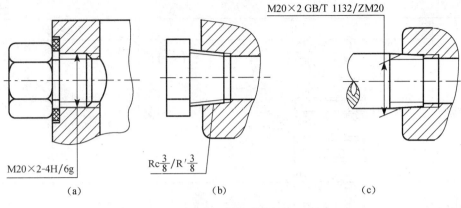

图 8-16 螺纹副的标注

第四节 键、销连接

键、销都是标准件,它们的结构、型式和尺寸都有规定,使用时可从有关手册查阅选用,下面对它们作一些简要介绍。

一、键及其连接

键用来连接轴及轴上的传动件,如齿轮、皮带轮等零件,起传递扭矩的作用。一般分为两大类。

1. 常用键

常用键有普通平键、半圆键和钩头楔键,它们的型式和标注如表 8-5 所示。

表 8-5 常用键的型式及规定标记

名 称	图 例	规定标记与示例
普通平键		GB/T 1096 键 $b \times h \times L$ 示例: GB/T 1096 键 $16 \times 10 \times 100$
半圆键		GB/T 1099.1 键 $b \times h \times D$ 示例: GB/T 1099.1 键 $6 \times 10 \times 25$

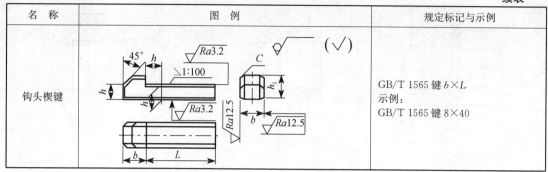

常用键在装配图中的画法如图 8-17、图 8-18、图 8-19 所示。普通平键和半圆键的两个侧面是工作面,顶面是非工作面,因此,键与键槽侧面之间应不留间隙,而与轮毂的键槽顶面之间应留有间隙;钩头楔键的顶面有 1∶100 的斜度,连接时将键打入键槽,因此,键的顶面和底面同为工作面,与槽底和槽顶之间都没有间隙,键的两侧面之间应为非工作面,与键槽的两侧面之间应留有间隙。

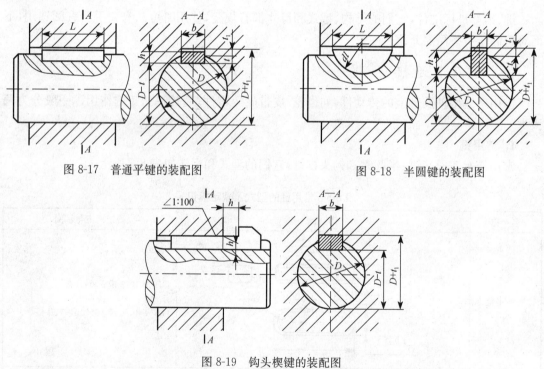

图 8-17 普通平键的装配图   图 8-18 半圆键的装配图

图 8-19 钩头楔键的装配图

2. 花键

花键的齿形有矩形、三角形、渐开线形等,常用的是矩形花键。

花键是把键直接做在轴上和轮孔上,与它们形成一个整体,因而具有传递扭矩大、连接强度高、工作可靠、同轴度和导向性好等优点,广泛应用于机床、汽车等的变速器中。

二、矩形花键的画法

国家标准(GB/T 1144—2001)对矩形花键的画法作如下规定,如图 8-20、图 8-21 所示。

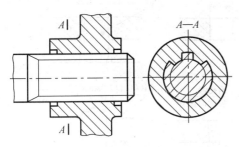

图 8-20 矩形花键连接画法

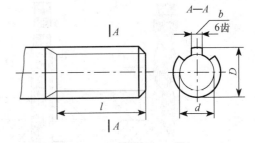

图 8-21 矩形花键轴的画法和尺寸标注

(1) 花键轴:在平行于花键轴线的投影面视图中,大径用粗实线、小径用细实线绘制,并用剖视图画出一部分或全部齿形;在垂直于花键轴线投影面上的剖视图按图 8-21 所示绘制。花键工作长度的终止端和尾部长度的末端均用细实线绘制,并与轴线垂直,尾部线则画成与轴线成 30°的斜线。

(2) 花键孔:在平行于花键轴线的投影面视图中,大径及小径均用粗实线绘制,并用局部剖视图画出一部分或全部齿形,如图 8-22 所示。

(3) 花键连接用剖视图表示时,其连接部分按外花键的画法绘制,如图 8-20 所示。

(4) 矩形花键的尺寸标注:花键应注出大径、小径、键宽和工作长度,如图 8-21 和图 8-22 所示,也可以用代号的方法表示,花键的代号如下:

$$N-D\times d\times b$$

其中,N 为键数;D 为大径;d 为小径;b 为键宽。

例如:$8D-40\times 36\times 10$ 的含义是:8 齿,以大径 D 定心,大径为 40,小径为 36,键宽为 10。

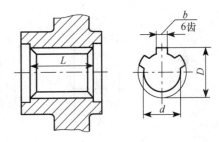

图 8-22 矩形花键孔的画法和尺寸标注

三、销及其连接

销也是一种标准件,主要用来连接和定位,常用的有圆锥销、圆柱销和开口销等,分别如图 8-23(a)、(b)、(c)所示。用圆柱销和圆锥销连接或定位的两个零件上的销孔是在装配时一起加工的,在零件图上应注写"装配时配作"或"与××件配",如图 8-24(b)所示。圆锥销的公称尺寸是指小端直径,如图 8-24(c)所示。

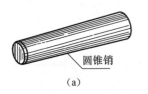
圆锥销
(a)

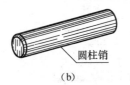
圆柱销
(b)

开口销
(c)

图 8-23 销的种类

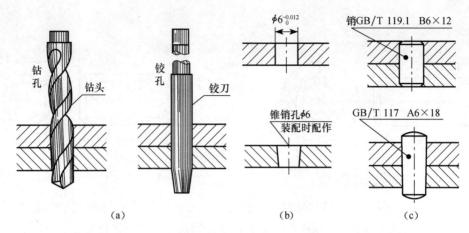

图 8-24 销孔的加工方法、尺寸注法和圆柱销、圆锥销的连接画法

圆柱销、圆锥销和开口销的装配图画法如图 8-25 所示。

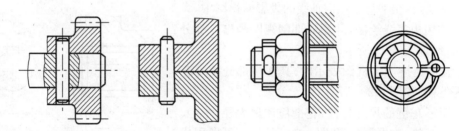

图 8-25 销连接的装配图画法

常用销的画法和标记示例如表 8-6 所示。

表 8-6 销的画法和标记示例

名 称	图 例	规定标记与示例
圆锥销	A型，1:50，$Ra0.8$，$\sqrt{Ra6.3}$（√），尺寸标注：d、R_1、R_2、a、l	销 GB/T 117 10×40 A型，公称直径 $d=10$，长度 $l=40$
圆柱销	直径公差m6，$Ra0.8$，$\sqrt{Ra6.3}$（√），15°，$R=d$，尺寸标注：d、c、l	销 GB/T 119.1 10×40 公称直径 $d=10$，长度 $l=40$
开口销	尺寸标注：a、b、c、d、l	销 GB/T 91 5×50 公称直径 $d=5$，长度 $l=50$

第五节 齿轮的画法

在机械的传动、支承、减振等方面,常使用到齿轮、轴承、弹簧等零部件,由于它们应用广泛,通常称为常用件。其尺寸和结构有的全部标准化,有的已部分标准化,本节介绍它们的有关知识和规定画法。

齿轮是机械传动中应用广泛的传动零件,常常通过它们把动力从一轴传递到另一轴上,同时还可以改变转速或转向,齿轮必须成对使用。

齿轮的种类很多,根据其传动情况可分为 3 类,如图 8-26 所示:

圆柱齿轮,用于两平行轴间的传动,如(a)、(d)、(f)所示;

锥齿轮,用于两相交轴间的传动,如(b)、(e)所示;

蜗轮、蜗杆,用于两交叉轴间的传动,如(c)所示。

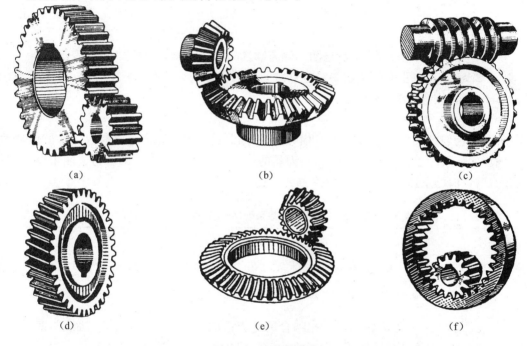

图 8-26 齿轮的种类

(a) 直齿圆柱齿轮;(b) 直齿圆锥齿轮;(c) 蜗轮、蜗杆;(d) 斜齿圆柱齿轮;(e) 弧齿锥齿轮;(f) 圆柱内齿轮

一、圆柱齿轮

常见的圆柱齿轮有直齿、斜齿和人字齿 3 种。轮齿是齿轮的主要结构,凡轮齿符合国家标准中规定的为标准齿轮。在标准齿轮的基础上,轮齿作某些改变的为变位齿轮,这里只介绍标准齿轮的基本知识及其规定画法。

1. 圆柱齿轮各部分的名称和尺寸关系

图 8-27 为互相啮合的一对标准直齿圆柱齿轮的啮合图,图中给出了齿轮各部分的名称和代号:

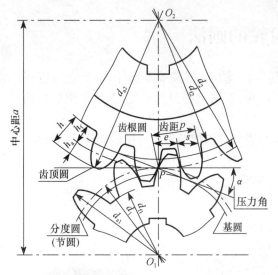

(1) 齿顶圆:齿轮轮齿齿顶所在的圆柱面与端面的交线称为齿顶圆,直径以 d_a 表示。

(2) 齿根圆:齿轮轮齿根部所在的圆柱面与端面的交线称为齿根圆,直径以 d_f 表示。

(3) 分度圆:当标准齿轮的齿厚与齿间相等时所在位置的圆称为分度圆,直径以 d 表示。

(4) 齿高:分度圆将轮齿分为两个不相等的部分,从分度圆到齿顶圆的径向距离,称为齿顶高,以 h_a 表示;从分度圆到齿根圆的径向距离,称为齿根高,以 h_f 表示。齿顶高与齿根高之和称为齿高,以 h 表示,即 $h=h_a+h_f$。

(5) 齿厚:每个齿廓在分度圆上的弧长,称为分度圆齿厚,以 s 表示。

图 8-27 圆柱直齿轮各部分名称和代号

(6) 槽宽:在端平面上,一个齿槽的两侧齿廓之间的分度圆上的弧长,以 e 表示。

(7) 齿距:分度圆上相邻两齿的对应点之间的弧长称为齿距,以 p 表示,$p=s+e$。如果轮齿有 z 个齿,则有:$\pi d=zp$ 或 $d=(p/\pi)z$。

令 $m=p/\pi$,则 $d=mz$。

m 称为齿轮的模数,单位为 mm。模数是设计、制造齿轮的一个重要参数。m 的值越大,表示轮齿的承载能力越大。制造齿轮时,刀具的选择是以模数为依据的。为了便于设计和制造,模数的数值已系列化,其值如表 8-7 所示。

表 8-7 渐开线圆柱齿轮模数系列(摘自 GB/T 1357—2008)

第一系列	1,1.25,1.5,2,2.5,3,4,5,6,8,10,12,16,20,25,32,40,50
第二系列	1.125,1.375,1.75,2.25,2.75,3.5,4.5,5.5,(6.5),7,9,11,14,18,22,28,36,45

注:选用模数时,优先选用第一系列,括号内的模数尽可能不用

(8) 压力角:在一般情况下,两个相啮合的轮齿齿廓在接触点 P 处的公法线与两分度圆的公切线所夹的锐角,称为压力角,以 α 表示。我国标准齿轮的压力角为 20°。

一对正确啮合的齿轮,它们的压力角、模数必须相等。

在设计齿轮时要先确定模数和齿数,其他各部分尺寸都可由模数和齿数计算出来。标准直齿圆柱齿轮的计算公式如表 8-8 所示。

表 8-8 标准直齿圆柱齿轮的计算公式

各部分名称	代号	计算公式	计算举例(已知 $m=2, z=29$)
分度圆直径	d	$d=mz$	$d=2\times 29$
齿顶高	h_a	$h_a=m$	$h_a=2$
齿根高	h_f	$h_f=1.25m$	$h_f=1.25\times 2$

续表

各部分名称	代号	计算公式	计算举例(已知 $m=2, z=29$)
齿顶圆直径	d_a	$d_a = m(z+2)$	$d_a = 2 \times (29+2)$
齿根圆直径	d_f	$d_f = m(z-2.5)$	$d_f = 2 \times (29-2.5)$
齿距	p	$p = \pi m$	$p = 2\pi$
齿厚	s	$s = p/2 = \pi m/2$	$s = 2\pi/2 = \pi$
中心距	a	$a = (d_1+d_2)/2 = m(z_1+z_2)/2$	适合于一对啮合齿轮

2. 单个圆柱齿轮的画法

齿轮的轮齿是在齿轮加工机床上用齿轮刀具加工出来的,一般不需画出它的真实投影,如图 8-28 所示。GB/T 4459.2—2003 规定了它的画法。

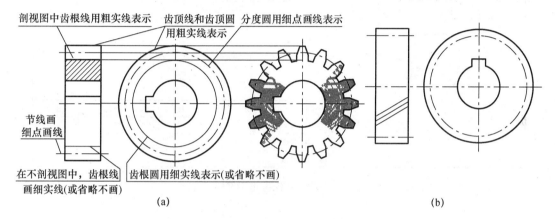

图 8-28 单个圆柱齿轮的画法

(1) 齿顶圆和齿顶线用粗实线表示;分度圆和分度线用细点画线表示;外形图中齿根圆和齿根线用细实线表示,也可省略不画。在剖视图中齿根线用粗实线表示。

(2) 在剖视图中,当剖切平面通过齿轮的轴线时,轮齿一律按不剖处理,即轮齿上不画剖面线。

(3) 对于斜齿轮或人字齿轮,还需在外形图上画出轮齿方向一致的 3 条平行的细实线,用以表示齿向线和倾角。

图 8-29 所示的是一张圆柱齿轮的零件图。参数表一般配置在图样的右上角,参数项目可根据需要进行增加或减少。

3. 圆柱齿轮的啮合画法

两标准齿轮相互啮合时,它们的分度圆处于相切位置,此时分度圆又称节圆,啮合部分的规定画法(如图 8-30 所示)如下。

(1) 在投影为圆的视图中,两齿轮的节圆相切,用细点画线表示;啮合区内的齿顶圆用粗实线绘制或省略不画;齿根圆用细实线绘制或省略不画。

(2) 在非圆的外形视图中,啮合区内的齿顶线和齿根线不需画出,节线用细实线绘制。

(3) 在通过轴线的剖视图中,在啮合区内,两节线重合,用细点画线画出;将未被遮挡的齿轮,常为主动轮的齿顶线用粗实线绘制,另一个齿轮的齿顶线被遮挡,用细虚线绘制,也可省略不画;两齿根线均画成粗实线。

(4) 在剖视图中,当剖切平面通过啮合齿轮的轴线时,轮齿一律按不剖绘制。

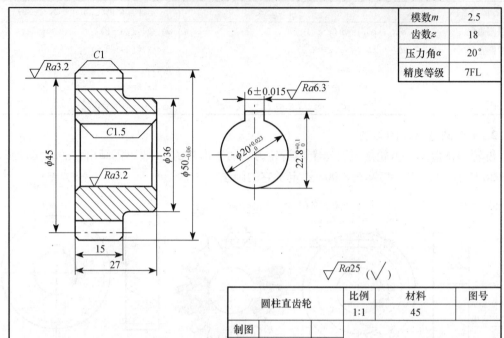

图 8-29 圆柱齿轮零件图

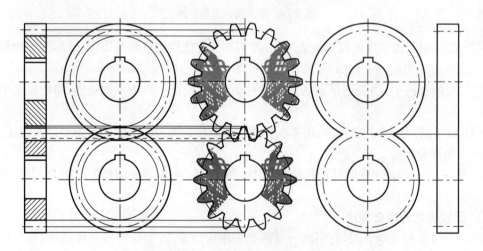

图 8-30 圆柱齿轮啮合时的画法

二、圆锥齿轮

圆锥齿轮的轮齿是在圆锥面上加工出来的,因而一端大、一端小,在轮齿全长上的模数、齿数、齿厚、齿高以及齿轮的直径等也都不相同,大端尺寸最大,其他部分的尺寸则沿着齿宽方向缩小。为了计算、制造方便,规定以大端的模数为标准来计算和确定各部分的尺寸。故在图纸上标注的分度圆、齿顶圆等尺寸均是大端尺寸。圆锥齿轮各部分的名称和符号如图 8-31 所示。

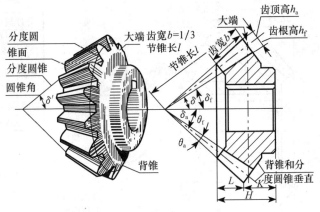

图 8-31 锥齿轮各部分名称和符号

圆锥齿轮的画法和圆柱齿轮的画法基本相同。图 8-32 所示为圆锥齿轮的画法，主视图画成剖视图，在左视图（圆锥齿轮的端面视图）中，用粗实线表示出齿轮的大端和小端的齿顶圆，用细点画线表示出大端的分度圆，齿根圆则不画出。圆锥齿轮的零件图如图 8-33 所示。

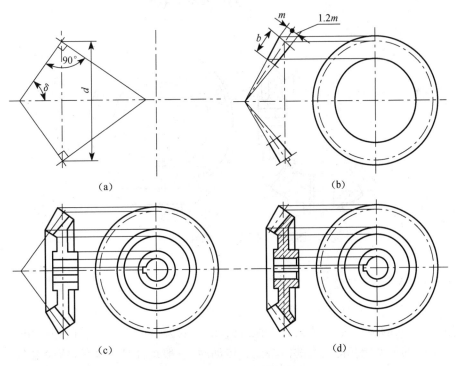

图 8-32 单个圆锥齿轮的画法

图 8-34 所示为圆锥齿轮啮合的画法，在啮合区内，将其中一个齿轮的齿作为可见，齿顶画成粗实线；另一个齿轮的齿被遮挡，齿顶画成细虚线，也可省略不画。

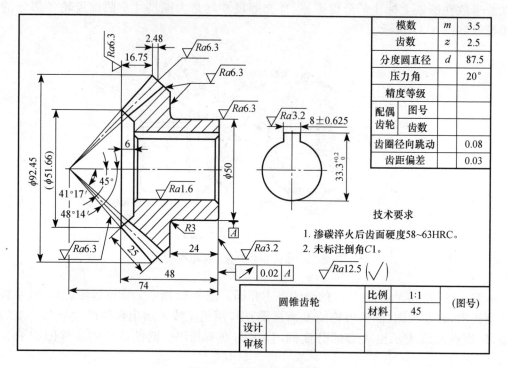

图 8-33 圆锥齿轮零件图

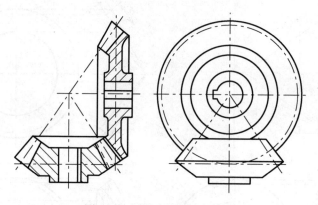

图 8-34 圆锥齿轮啮合的画法

三、蜗轮、蜗杆

蜗轮与蜗杆常用于垂直交叉的两轴之间的传动,蜗轮实际上是斜齿的圆柱齿轮。为了增加它与蜗杆啮合时的接触面积,提高其工作寿命,蜗轮的齿顶和齿根常加工成内环面。

蜗轮-蜗杆的传动能获得较大的传动比。传动时,一般蜗杆是主动件,蜗轮是从动件。蜗杆同螺杆类似,也有单头蜗杆和多头蜗杆之分。当线数为1的蜗杆转动一圈时,蜗轮就跟着转过1个齿。对相啮合的蜗轮和蜗杆,不仅要求它们模数和压力角都相同,还要求蜗轮的螺旋角 β 和蜗杆的螺旋升角 λ 大小相等(即 $\beta=\lambda$),方向相同。

图 8-35 所示为蜗杆的零件图,一般可用一个视图表示出蜗杆的形状,有时用局部放大图表示出轮齿的形状并标注有关参数。图 8-36 所示为蜗轮的零件图,其画法和圆柱齿轮基本相

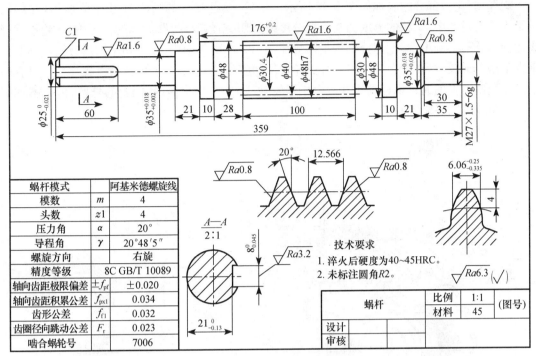

图 8-35 蜗杆的零件图

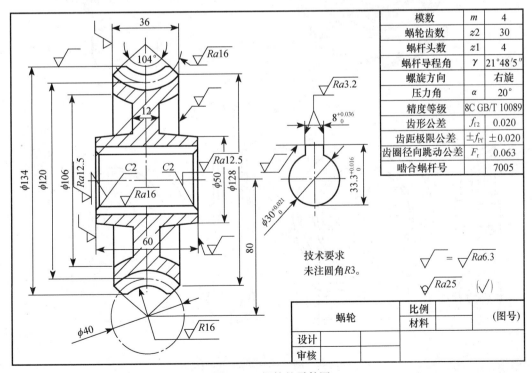

图 8-36 蜗轮的零件图

同,但在投影为圆的视图中,只画分度圆和最大圆,齿根圆和齿顶圆不必画出,其他结构仍按投影关系画出。

蜗杆、蜗轮各部分的名称如图 8-37 所示。蜗轮、蜗杆啮合的画法如图 8-38 所示,在蜗轮投影为圆的视图中,蜗轮的分度圆与蜗杆分度线相切。在蜗杆投影为圆的视图中,蜗轮被蜗杆遮住的部分不必画出,其他部分仍按投影规律画出。在剖视图中,当剖切平面通过蜗轮轴线并垂直于蜗杆轴线时,在啮合区内将蜗杆的轮齿用粗实线绘制,蜗轮的轮齿被遮挡住部分可省略不画。当剖切平面通过蜗杆轴线并垂直于蜗轮轴线时,在啮合区内,蜗轮的外圆、齿顶圆和蜗杆的齿顶线可以省略不画。

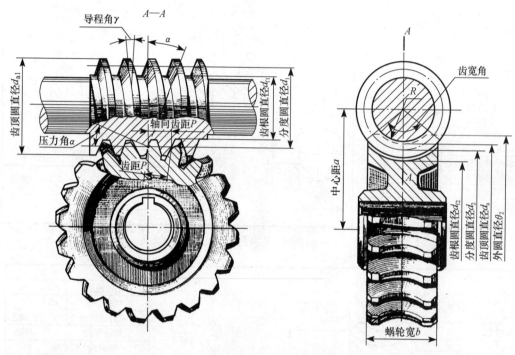

图 8-37　蜗杆、蜗轮各部分的名称

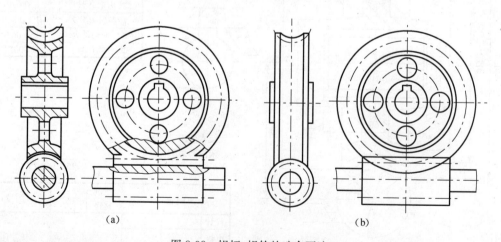

图 8-38　蜗杆、蜗轮的啮合画法

第六节 滚动轴承的画法

滚动轴承具有结构紧凑、摩擦阻力小、动能损耗少和旋转精度高等优点,在生产中应用极为广泛。滚动轴承是标准部件,由专门的工厂生产,需要时根据要求确定型号选购即可,所以在画图时可按比例简化画出。

一、滚动轴承的种类

滚动轴承的种类很多,但它们的结构大致相似,一般由外圈、内圈、滚动体和保持架等零件组成,按其受力方向可分为 3 类:

(1) 深沟球轴承:主要承受径向力,如图 8-39(a)所示;

(2) 推力球轴承:只承受轴向力,如图 8-39(b)所示;

(3) 圆锥滚子轴承:能同时承受径向和轴向力,如图 8-39(c)所示。

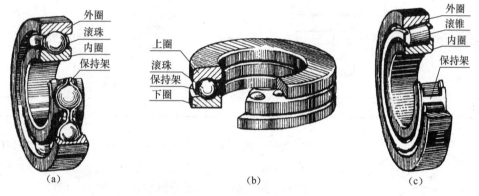

图 8-39 滚动轴承
(a) 深沟球轴承;(b) 推力球轴承;(c) 圆锥滚子轴承

根据国家标准 GB/T 272—2017《滚动轴承 代号方法》的规定,滚动轴承代号用字母加数字来表示滚动轴承的结构、尺寸、公差等级、技术性能特征的产品符号。轴承代号由前置代号、基本代号和后置代号构成。前置、后置代号是轴承在结构形状、尺寸公差、技术要求等有改变时,在其基本代号左右添加的补充代号。一般常用的轴承由基本代号表示,表 8-9 所示的是常用轴承的类型、尺寸系列代号及由轴承类型代号、尺寸系列代号组成的组合代号。

表 8-9 常用轴承的类型、尺寸系列和组合代号

轴承类型	简 图	类型代号	尺寸系列代号	组合代号	标准号
深沟球轴承		6 6 16 6	19 (0)0 160 (1)0	618 6198 160 60	GB/T 267 GB/T 4221

续表

轴承类型	简图	类型代号	尺寸系列代号	组合代号	标准号
圆锥滚子轴承		3 3 3 3	13 20 22 23	313 320 322 323	GB/T 297
外圈无挡边圆柱滚子轴承(内圈有挡边)		N N N N	(0)2 22 (0)3 10	N2 N22 N3 N10	GB/T 283
推力球轴承		5 5 5 5	11 12 13 14	511 512 513 514	GB/T 301

注：表中"（ ）"号注的数字表示在组合代号中省略

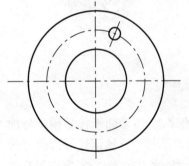

图 8-40 滚动轴承的径向视图

例如：滚动轴承的规定标记为：滚动轴承 32215 GB/T 297—2015。

其中：3 为类型代号，表示圆锥滚子轴承；

22 为尺寸系列代号（不同的外径、宽度等）；

15 为内径代号，$d=15\times 3=45$mm；

GB/T 297 为滚动轴承的标准号；

2017 为标准修订的年份。

任何形式的滚动轴承在垂直于轴线的投影面上一律采用特征画法，如图 8-40 所示。

二、滚动轴承的画法

滚动轴承的画法分为简化画法和规定画法，简化画法又分为通用画法和特征画法等两种，但在同一图样中一般只采用其中一种画法。国家标准（GB/T 4459.7—2017）规定：在装配图中不需要确切地表示其形状和结构时，一般可采用简化画法，必要时（如在滚动轴承的产品图样、产品标准、用户手册和使用说明书中）采用规定画法。无论采用哪种画法，在画图时，应先根据轴承代号由国家标准查出外径 D、内径 d 和宽度 B 等几个数据，然后按比例关系绘制。表 8-10 所示的是特征画法和规定画法的尺寸比例，表 8-11 所示的是通用画法的尺寸比例。

表 8-10 常用滚动轴承的画法

名称和代号	可查得的数据	特征画法	规定画法
深沟球轴承 60000 型	d D B	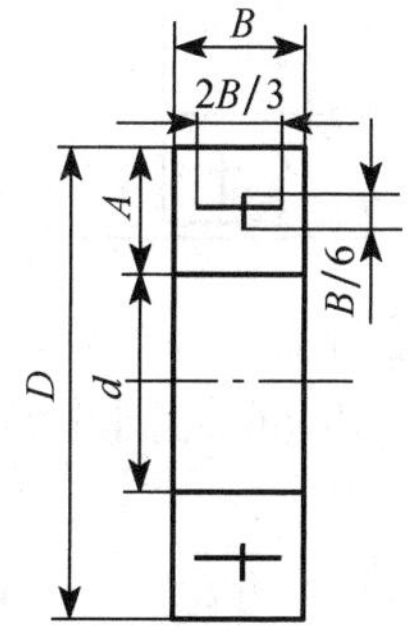	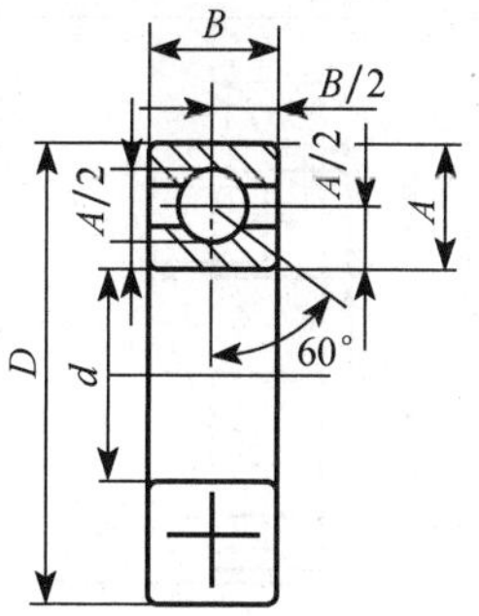
外圈无挡边 圆柱滚子轴承 N0000 型 （内圈有挡边）	d D B		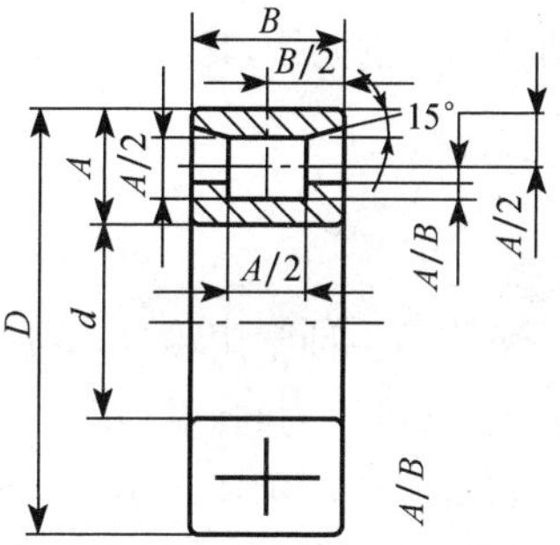
圆锥滚子轴承 30000 型	d D T B C	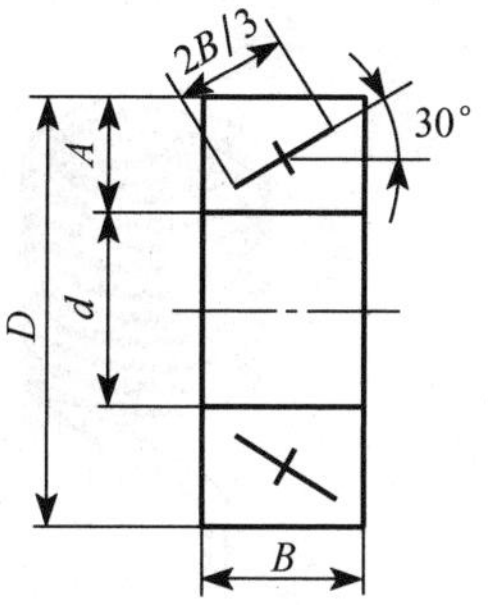	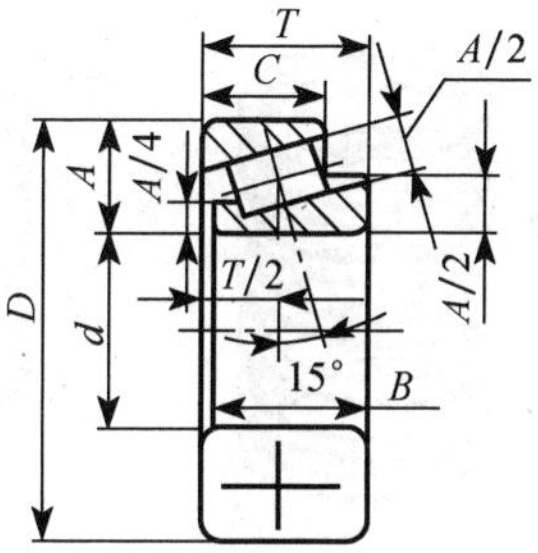
推力球轴承 50000 型	d D T	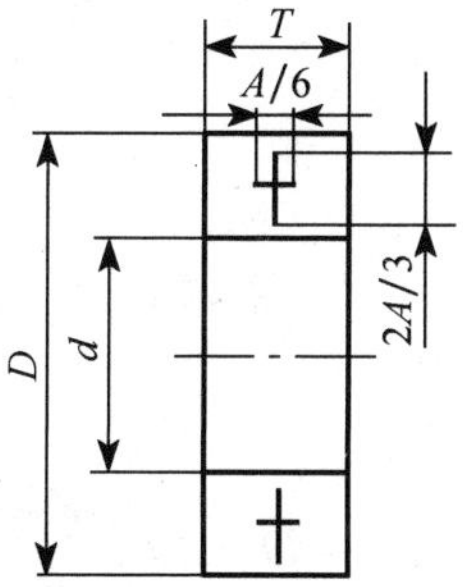	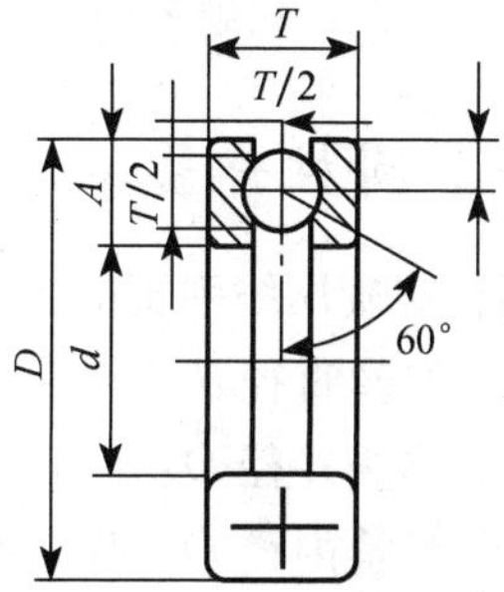
注：表中的尺寸 A 是由查得的数据计算出来的			

表 8-11 滚动轴承通用画法的尺寸比例

一般通用画法	需要表示滚动轴承内外圈有、无挡边时	
	外圈无挡边的通用画法	内圈有单挡边的通用画法

在滚动轴承的剖视图中,用简化画法绘制时,一律不画剖面符号;用规定画法绘制时,轴承的滚动体不画剖面线,其余各套圈可画成方向和间隔相同的剖面线,在不致引起误解时允许省略。

第七节 弹 簧

弹簧是一种常用零件,它的作用是减振、夹紧、储能和测力等。弹簧的类型很多,常见的有螺旋压缩(或拉力)弹簧、扭力弹簧和蜗卷弹簧等。

如图 8-41 所示,(a)为压缩弹簧;(b)为拉力弹簧;(c)为扭力弹簧;(d)为蜗卷弹簧。这里只介绍圆柱螺旋压缩弹簧的画法,其他种类的弹簧的画法请查阅 GB/T 4459.4—2003 中的有关规定。

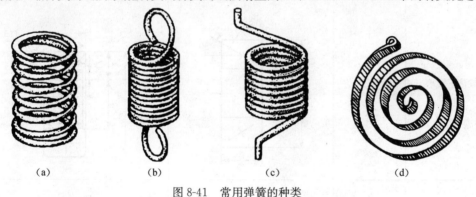

图 8-41 常用弹簧的种类

一、圆柱弹簧的参数

圆柱螺旋压缩弹簧的各部分名称及尺寸关系,如图 8-42 所示。

(1) 簧丝直径 d:制造弹簧的钢丝直径。
(2) 弹簧外径 D:弹簧的最大直径。
(3) 弹簧内径 D_1:弹簧的最小直径,$D_1=D-2d$。
(4) 弹簧中径 D_2:弹簧的平均直径,$D_2=D-d$。
(5) 有效圈数 n:保持等节距的圈数,即 A、B 之间的圈数。
(6) 支承圈数 n_0:为使弹簧受力均匀,保证中心线垂直于支承面,制造时须将两端并紧磨平的圈数,即 A 以上和 B 以下的圈数。支承圈数有 1.5 圈、2 圈和 2.5 圈 3 种,较常见的是 2.5 圈,即两端和并紧的 1/2 圈。

(7) 总圈数 n_1:$n_1=n+n_0$。

(8) 节距 t:除支承圈外,相邻两圈的轴向距离。

(9) 自由高度 H_0:弹簧在不受外力时的高度,$H_0=n_t+(n_0-0.5)d$。

(10) 弹簧的展开长度 L:制造时坯料的长度,$L \approx n_1\sqrt{(\pi D_2)^2+t^2}$。

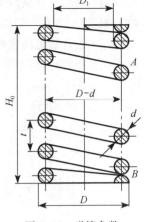

图 8-42 弹簧参数

二、圆柱螺旋压缩弹簧的规定画法

(1) 在平行于轴线的投影面的视图上各圈的外轮廓线应画成直线。

(2) 右旋弹簧在图上一定要画成右旋。左旋弹簧也允许画成右旋,但不论画成右旋或左旋一律要加注"左"字。

(3) 有效圈数在 4 圈以上时,可只画两端的 1~2 圈,中间各圈可省略不画,同时可适当缩短图形的长度,但标注尺寸时应按实际长度,画法如图 8-43 所示。

(4) 由于弹簧的画法实际上只起一个符号作用,因而压力弹簧要求两端靠紧并磨平时,不论支承圈数多少,均可按图 8-43 所示(即 $n_0=2.5$)的形式来画。

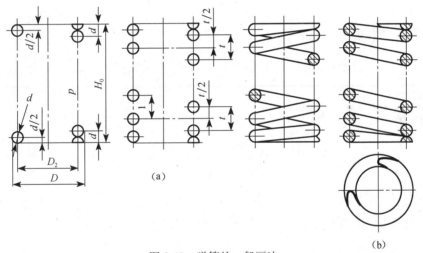

图 8-43 弹簧的一般画法
(a) 视图的画法;(b) 剖视图的画法

(5) 在装配图中,弹簧后面的机件按不可见处理,可见轮廓线只画到弹簧钢丝的剖面轮廓或中心线上,如图 8-44(a)所示。簧丝直径小于或等于 2mm 时,簧丝剖面可全部涂黑,如图 8-44(b)所示;小于 1mm 时,可采用示意画法,如图 8-44(c)所示。

三、圆柱螺旋压缩弹簧的画图步骤

圆柱螺旋压缩弹簧的画图步骤如图 8-43 所示。

(1) 算出弹簧中径 D_2 及自由高度 H_0,画出两端并紧圈。

(2) 画出有效圈数部分直径与簧丝直径相等的圆,先在右边中心线外以节距 t 在右边画两个圆,以 $t/2$ 在左边画两个圆。

(3) 按右旋方向作相应圆的公节线,完成全图。

(4) 必要时,可画成剖视图或画出反映圆的视图。

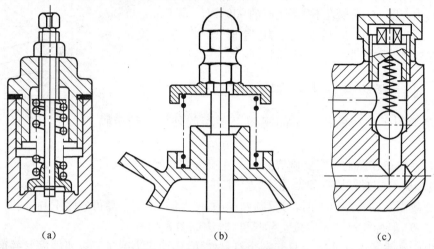

图 8-44 弹簧在装配图中的画法
(a) 可见轮廓线的画法;(b) 簧丝涂黑的情况;(c) 示意画法

四、圆柱螺旋压缩弹簧的零件图

图 8-45 所示的是圆柱螺旋压缩弹簧的零件图,在绘制零件图时应注意以下几点。

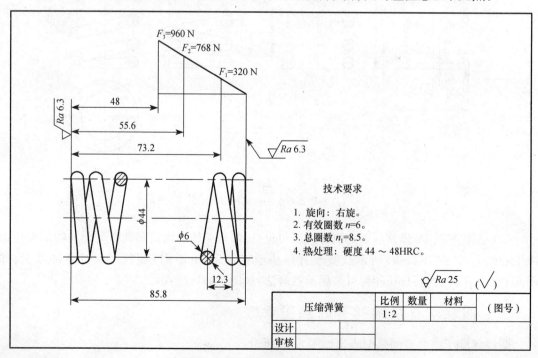

图 8-45 圆柱螺旋压缩弹簧零件图

(1) 弹簧的参数应直接标注在图形上,当直接标注有困难时,可在技术要求中加以说明。

(2) 当需要表明弹簧的负荷与高度之间的变化关系时,必须用图解表示。螺旋压缩弹簧的力学性能曲线均画成直线,其中:F_1 为弹簧的预加负荷;F_2 为弹簧的最大负荷;F_3 为弹簧的允许极限负荷。

第八节 零件的分类和表达方法

一、零件的分类

机器或部件都由零件按一定的装配关系和要求装配而成。如图 8-46 所示的减速器,它由箱体、箱盖、直齿轮、齿轮轴以及滚动轴承、螺塞、螺母等零件组成。

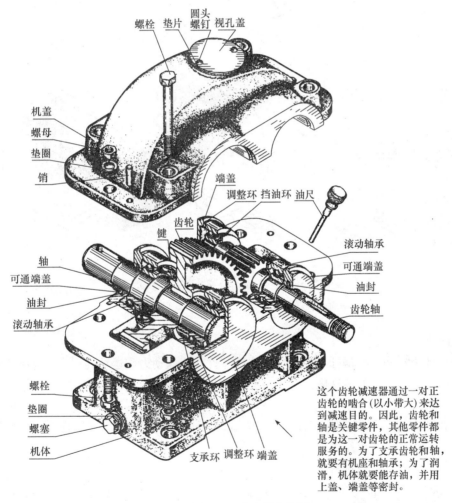

图 8-46 减速器立体图

根据零件在机器或部件上的作用,一般可将零件分为 3 类。

1. 一般零件

一般零件如上述减速器中的箱体、箱盖、齿轮及轴等。这类零件的结构、形状通常根据它在机件中的作用和制造工艺要求决定。一般零件按照它们的结构特点可分成轴套类、盘盖类、叉架类及箱体类等,如图 8-47 所示。这些零件一般都要画出它们的零件图以供加工制造。

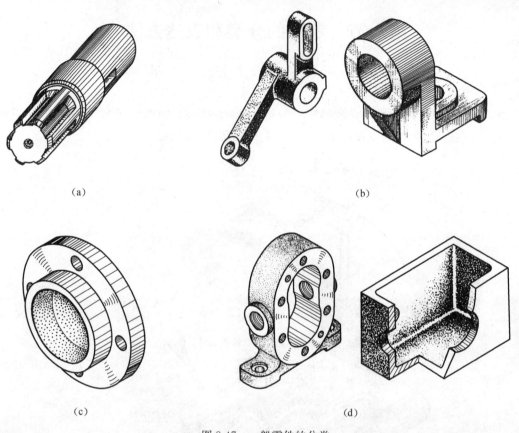

图 8-47 一般零件的分类
(a) 轴套类;(b) 叉架类;(c) 盘盖类;(d) 箱体类

2. 传动零件

传动零件如齿轮、蜗轮、蜗杆、皮带轮等,这些零件起传递动力和运动的作用。这类零件一般应按规定画法画出它们的零件图。

3. 标准件

标准件如图 8-46 所示减速器中的紧固件螺栓、螺母、螺钉、键、滚动轴承、螺塞等。它们主要起连接零件、支承、密封等作用。标准件通常不必画出其零件图,只要标出它们的规定标记,就能从有关标准中查到对应材料、尺寸和技术要求等。

二、主视图的选择

主视图是表达零件最主要的视图,主视图选择是否合理直接关系到看图、画图是否方便以及其他视图的选择,最终影响整个零件的表达方案。因此,在选择主视图时应考虑以下 3 个方面。

1. 零件的加工位置

主视图的选择应尽量符合零件的主要加工位置(即零件在主要工序中的装夹位置)。这样便于工人加工操作时看图,减少差错,如图 8-48 所示。

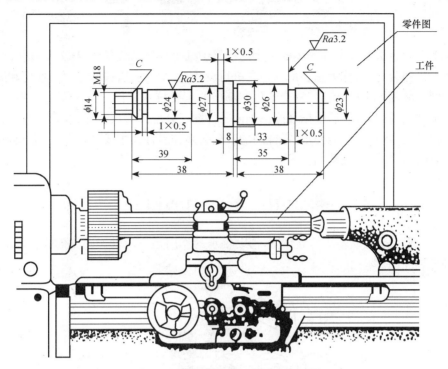

图 8-48 按零件的加工位置选主视图

2. 零件的工作位置

主视图选择应尽量符合零件在机器或部件中的工作位置,如图 8-49 所示的起重机吊钩,其主视图按工作位置绘制,这样看图比较形象。

3. 零件的形状特征

对于一些工作位置不固定而加工位置又多变的零件(如某些运动零件),在选择主视图时,应以表示零件形状和结构特征以及各组成部分之间相互关系为主。如图 8-50 所示的摆杆,其主要视图反映了自身的组成部分及其各部分之间的相对位置。

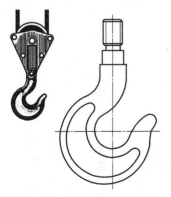

图 8-49 按零件的工作位置选主视图

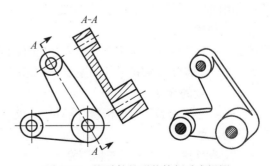

图 8-50 按零件的形状特征选主视图

第九章 装 配 图

装配图是表达机器或部件的图样。表达机器中某个部件的装配图,称为部件装配图;表达一台完整的机器装配图,称为总装配图。在进行设计、装配、调整、检验、安装、使用和维修时都需要装配图。装配图是设计部门提交给生产部门的重要技术文件。在产品设计中,一般先画出机器或部件的装配图,然后根据装配图画出零件图。装配图要反映出设计者的意图,表达出机器或部件的工作原理、性能要求、零件间的装配关系和零件的主要结构形状,以及在装配、检验、安装时所需要的尺寸数据和技术要求。

第一节 装配图的内容

如图 9-1 所示是滑动轴承的立体图,滑动轴承的作用是支承轴。图 9-2 是它的装配图,它是一张部件装配图。

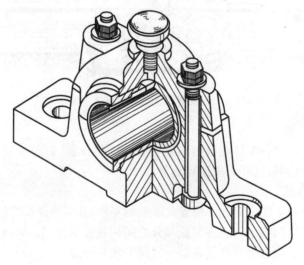

图 9-1 滑动轴承立体图

由图 9-2 所示的装配图可见,装配图应具有以下主要内容。

1. 一组视图

用一般表达方法和特殊表达方法,正确、完整、清晰和简便地表达机器或部件的工作原理、零件之间的装配关系和零件的主要结构形状。

2. 必要的尺寸

标明机器或部件的规格(性能)尺寸,说明整体外形以及零件间配合、连接、定位和安装等方面的尺寸。

3. 零件序号、明细栏与标题栏

根据生产组织和管理工作的需要,按一定的格式,将零件或部件进行编号,并填写标题栏

第九章 装配图

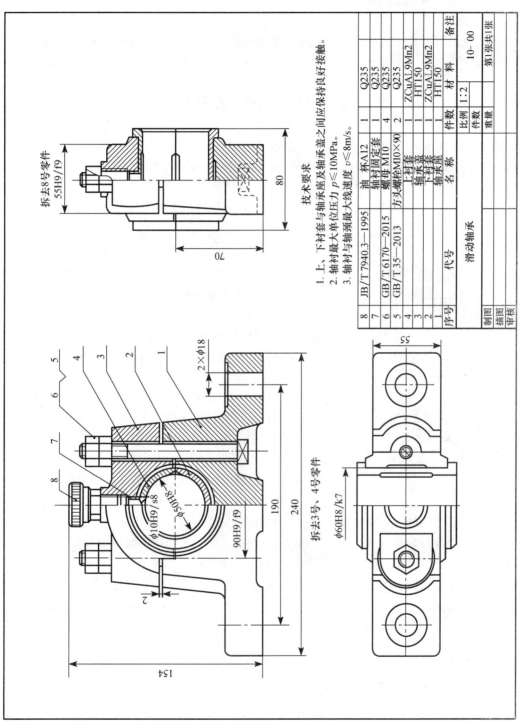

图9-2 滑动轴承的装配图

和明细栏。明细栏说明机器、部件上各个零件的名称、材料、数量、规格以及备注等。标题栏说明机器或部件的名称、重量、图号、图样、比例等。

4. 技术要求

技术要求是指有关产品在装配、安装、检验、调试以及运转时应达到的技术要求、常用符号或文字注写。

第二节　装配图的表达方法

部件和零件的表达，共同点是都要表达出它们的内外结构。因此关于零件的各种表达方法和选用原则，在表达部件时同样适用。但它们也有不同点，装配图需要表达的是部件的总体情况，而零件图仅表达零件的结构形状。针对装配图的特点，为了清晰简便地表达出部件的结构，国家标准《机械制图》对装配图提出了一些规定画法和特殊的表达方法。

一、装配图的规定画法

装配图需要表达多个零件，两个零件的相邻表面的投影画法是装配图中用得最多的表达形式。为了方便设计者画图，使读图者能迅速地从装配图中区分出不同零件，国家制图标准对有关装配图在画法上作了一些规定。下面介绍制图标准中的基本规定。

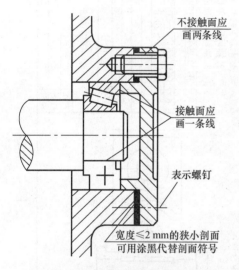

图 9-3　规定画法和简化画法

（1）两相邻零件的接触面和配合面规定只画一条线。但当两相邻零件的基本尺寸不相同时，即使间隙很小，也必须画出两条线，如图 9-3 所示。

（2）2 个金属零件相邻时，其剖面线的倾斜方向应反向，如有第 3 个零件相邻，则采用疏密间距不同的剖面线，最好与同方向的剖面线错开，如图 9-3 所示。

（3）同一零件在同一张装配图样中的各个视图上，其剖面线方向必须一致，间隔相等。如图 9-2 所示，1 号零件轴承座和 3 号零件轴承盖的主、左视图上的剖面线方向和间隔相同（1、3 号零件在主视图上为半剖，在左视图上也为半剖）。当零件的厚度小于 2mm 时，可采用涂黑的方式代替剖面符号，如图 9-3 所示。

（4）对于实心杆件、螺纹紧固件，当剖切平面通过其轴线纵向剖切时，均按不剖绘制（如轴、杆、球、键、销、螺钉、螺母、螺栓等），如图 9-3 所示。但是，如果垂直于这些零件的轴线横向剖切，则应画出剖面线，如图 9-4 所示。

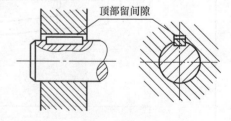

图 9-4　垂直于轴线剖切轴时，轴断面应画剖面线

二、装配图中的特殊表达方法

装配图上所表达的不止一个零件，前面所讲的表达方法不足以表达多个零件，国家标准还

规定了以下一些特殊的表达方法。

1. 假想画法

（1）在机器（或部件）中，为了表示部件中运动件的极限位置，常把它画在一个极限位置上，用细双点画线表示假想的零件另一极限位置的轮廓，如图 9-5 和图 9-6 所示的手柄。

（2）为了表达不属于某部件，又与该部件有关的零件，也用细双点画线画出与其有关部分的轮廓。如图 9-6 中车床尾座相邻的床身导轨就是用细双点画线画出的。

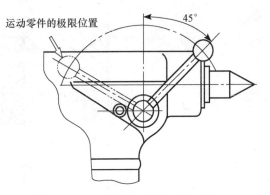

图 9-5　运动零件极限位置表示法

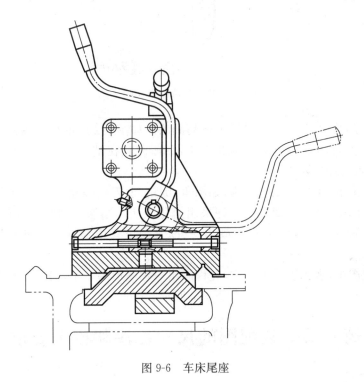

图 9-6　车床尾座

2. 夸大画法

在画装配图时，有时会遇到薄片零件、细丝弹簧、微小间隙等。对这些零件和间隙，无法按其实际尺寸画出；或者虽能如实画出，但不能明显地表达其结构（如圆锥销及锥形孔的锥度很小时）。这时均可采用夸大画法，即可把垫片厚度、弹簧丝直径及锥度都适当地夸大画出，如图 9-7 所示。

3. 简化画法

（1）拆卸画法和沿结合面剖切画法。当某一个或几个零件在装配图的某一视图中遮住了大部分装配关系或其他零件时，可假想拆去一个或几个零件，只画出所表达部分的视图，这种画法称为拆卸画法。如图 9-2 所示的滑动轴承装配图中俯视图就是拆去轴承盖、上衬套后画出的。

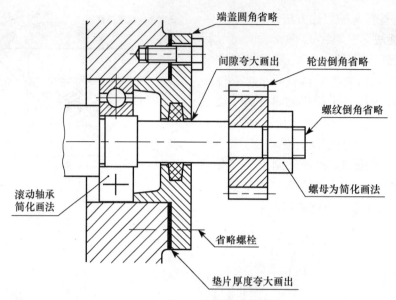

图 9-7 夸大画法和简化画法

为了表达内部结构,可采用沿结合面剖切画法。如图 9-2 中的俯视图的右半部所示,沿盖和体的结合面剖切,拆除上半部分画出余下部分,注意在结合面上不画剖面线,被剖切到的螺栓则必须画出剖画线。

(2) 在装配图中,零件的工艺结构,如圆角、倒角、退刀槽等允许不画,如图 9-7 所示。

(3) 在装配图中,螺母和螺栓头允许采用简化画法。当遇到螺纹连接件等相同的零件组时,在不影响理解的前提下,允许只画出一处,其余可只用细点画线表示其中心位置,如图 9-7 所示。

(4) 在剖视图中,表示滚动轴承时,允许画出对称图形的一半,另一半画出其轮廓,并用粗实线在中心的位置画"+"来表示,如图 9-7 所示。

第三节　装配图的尺寸标注和技术要求

一、尺寸标注

装配图与零件图的作用不一样,因此对尺寸标注的要求也不一样。零件图是加工制造零件的主要依据,要求零件图上的尺寸必须完整,而装配图主要是设计和装配机器或部件时用的图样,因此不必注出零件的全部尺寸。装配图上一般标注以下几种尺寸。

1. 性能尺寸(规格尺寸)

表示机器或部件的性能和规格尺寸在设计时就已确定。它是设计机器、了解和选用机器的依据,如图 9-2 中的 $\phi 50 H8$。

2. 装配尺寸

装配尺寸表示两个零件之间配合性质的尺寸,如图 9-2 中的配合尺寸 $\phi 60 H8/k7$ 和 $90 H9/f9$,由基本尺寸和孔与轴的公差带代号所组成,它是拆画零件图时,确定零件尺寸偏差的依据。

3. 外形尺寸

外形尺寸表示机器或部件外形轮廓的尺寸,即总长、总宽、总高。当机器或部件包装、运输时,以及厂房设计和安装机器时需要考虑外形尺寸,如图 9-2 中的外形尺寸为总长 240、总宽 80 和总高 154。

4. 安装尺寸

机器或部件安装在地基上或与其他机器或部件相连接时所需要的尺寸,就是安装尺寸,如图 9-2 中的尺寸 190。

5. 其他重要尺寸

在设计中经过计算确定或选定的尺寸,但又未包括在上述 4 种尺寸之中。这种尺寸在拆画零件图时,不能改变,如主体零件的重要尺寸等(如图 9-2 中的尺寸 55)。

二、技术要求的注写

装配图上一般应注写以下几方面的技术要求:
(1) 装配过程中的注意事项和装配后应满足的要求等;
(2) 检验、试验的条件和要求以及操作要求等;
(3) 部件的性能,规格参数,包装、运输、使用时的注意事项和涂饰要求等。
总之,图上所需填写的技术要求随部件的需要而定。必要时,也可参照类似产品来确定。

第四节 装配图上的序号和明细栏

为了便于看图、装配、图样管理以及做好生产准备工作,必须对每个不同的零件或部件进行编号,这种编号称为零件的序号或代号,同时要编制相应的明细栏。直接编写在装配图标题栏上方的称为明细栏,在明细栏中零件及部件的序号应自下而上填写。

一、零、部件序号

(1) 序号(或代号)应注在图形轮廓线的外边,并填写在指引线的横线上或圆圈内,横线或圆圈用细实线画出。指引线应从所指零件的可见轮廓内引出,若剖开时,尽量由剖面线的空处引出,并在末端画一个小圆点。如图 9-8(a)、9-8(b)所示。序号字体要比尺寸数字大两号。也允许直接写在指引线附近。若在所指部分(很薄的零件或涂黑的剖面)内不宜画圆点时,可在指引线末端画出箭头指向该部分的轮廓,如图 9-8(c)所示。

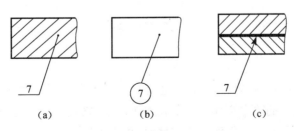

图 9-8 零件的编号形式

(2) 指引线尽可能分布均匀且不要彼此相交,也不要过长。指引线通过有剖面线的区域时,要尽量不与剖面线平行,必要时可画成折线,但只允许弯折一次。如图 9-9 所示,图(a)是正确的,图(b)和图(c)均为错误的画法。

(3) 一组紧固件或装配关系清楚的零件组,允许采用公共指引线进行编号,如图 9-10 所示。

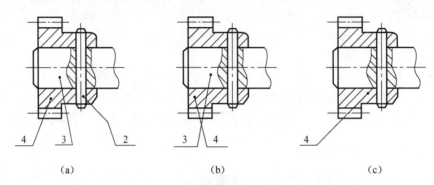

图 9-9 序号及指引线的图例

(a)正确画法;(b)指引线交叉;(c)指引线与剖面线平行

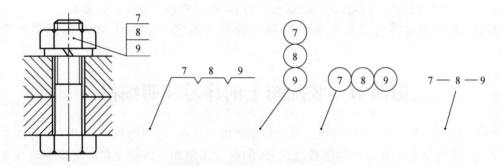

图 9-10 公共指引线的画法

(4) 每一种零件在各视图上只编一个序号。对同一标准部件(如油杯、滚动轴承、电机等),在装配图上只编一个序号。

(5) 序号要沿水平或垂直方向按顺时针或逆时针次序整齐排列,如图 9-2 所示。

(6) 编注序号时,要注意到:

① 为了使全图能布置得美观整齐,在标注零件序号时,应先按一定位置画好横线或圆,然后再与零件一一对应,画出指引线。

② 常用的序号编排方法有两种:一种是一般件和标准件混合一起编排;另一种是将一般件编号填入明细栏中,而标准件直接在图上标注出规格、数量和国标号,或另列专门表格。

二、明细栏

装配图的明细栏应置于标题栏上方,左边外框线为粗实线,内格线和顶线为细实线。假如地方不够,也可在标题栏的左方再画一排。图 9-11 所示格式可供学习时使用。明细栏中,零件序号编写顺序是从下往上的,以便增加零件时,可以继续向上画格。在实际生产中,明细栏也可不画在装配图内,而按 A4 幅面作为装配图的续页单独绘出,此时编写顺序是从上往下,并可连续加页,但在明细栏下方应配置与装配图完全一致的标题栏。

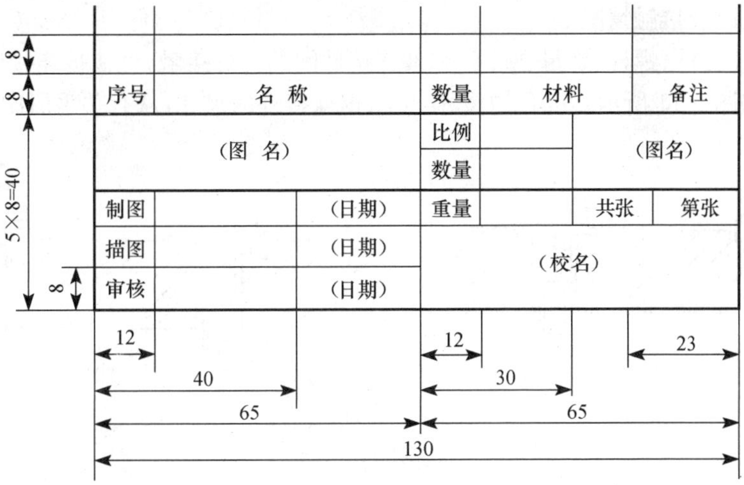

图 9-11 学习用标题栏和明细栏

第五节 装配结构

为了保证装配质量,方便装配、拆卸机器或部件,在设计时必须注意装配结构的合理性。本节介绍几种常见的装配结构,并讨论其合理性。

(1) 两零件在同一方向上不应有两组面同时接触或配合。两个零件接触时,在同一方向上只能有一对接触面,否则会给零件制造和装配等工作造成困难,如图 9-12 所示。

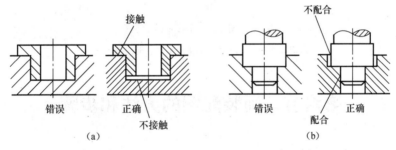

图 9-12 两零件在同一方向的定位

(2) 保证轴肩与孔的端面接触,孔口应制出适当的倒角(或圆角),或在轴根处加工出槽,如图 9-13 所示。

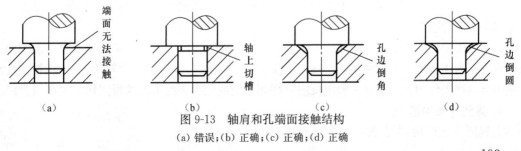

图 9-13 轴肩和孔端面接触结构
(a) 错误;(b) 正确;(c) 正确;(d) 正确

(3) 为了保证接触良好,接触面需经机械加工。合理地减少加工面积,不但可以降低加工费用,而且可以改善接触情况。

为了保证连接件(螺栓、螺母、垫圈)和被连接件间的良好接触,可在被连接件上作出沉孔、凸台等结构,如图 9-14 所示。沉孔的尺寸,可根据连接件的尺寸,从有关手册中查找。

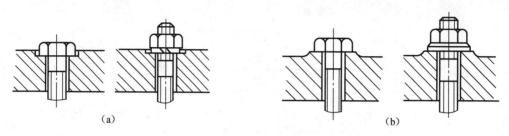

图 9-14　沉孔和凸台
(a) 沉孔；(b) 凸台

(4) 应便于装拆。例如,在设计螺栓和螺钉的位置时,要留下装拆螺栓、螺钉所需要的扳手空间。如图 9-15 所示,图(a)不合理,图(b)合理,图(c)是错误结构,图(d)是正确结构。

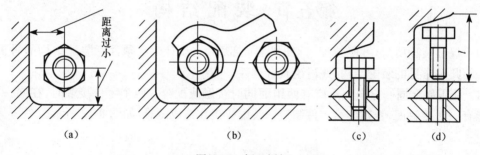

图 9-15　便于拆卸
(a) 不合理；(b) 合理；(c) 错误结构；(d) 正确结构

第六节　画装配图的方法和步骤

一、装配图的视图选择

装配图的视图选择与零件图有共同之处,但由于表达内容不同也有相应的差异。

1. 主视图的选择

(1) 一般将机器或部件按工作位置放置或将其放正,即使装配体的主要轴线、主要安装面处于水平或铅垂位置。

(2) 选择最能反映机器或部件的工作原理、传动路线、零件间装配关系及主要零件的主要结构的视图作为主视图。当不能在同一视图上反映以上内容时,则应经过比较,取一个能较多反映上述内容的视图作为主视图。一般取反映零件间主要或较多装配关系的视图作为主视图为好。

2. 其他视图的选择

主视图选定以后,对其他视图的选择可以考虑以下几点:

（1）分析哪些装配关系、工作原理以及主要零件的主要结构还没有表达清楚，并确定其他视图以及相应的表达方法；

（2）尽可能地用基本视图以及基本视图上的剖视图（包括拆卸画法、沿零件结合面剖切）来表达有关内容；

（3）要合理布置视图位置，使图样清晰并有利于图幅的充分利用。

二、装配图的画法

下面以螺纹调节支承为例说明装配图的画法。

图 9-16 所示为螺纹调节支承，用来支承不太重的机件。使用时，旋动调节螺母，支承杆上下移动（因螺钉的一端装入支承杆的槽内，故支承杆不能转动），达到所需的高度。

螺纹调节支承的工作位置如图 9-16 所示。以箭头 A 方向作为主视图的投射方向。视图表达方案如图 9-17 所示。主视图为通过支承杆轴线剖切的全剖视图，并对支承杆长槽处作局部剖视。这样画出的主视图既符合工作位置，又表达了它的形状特征、工作原理和零件间的装配连接关系。但对底座、套筒等的主要结构都尚未表达清楚，因此需选用俯视图和左视图，并在左视图中采用局部剖视，以表达支承杆上长槽的形状。

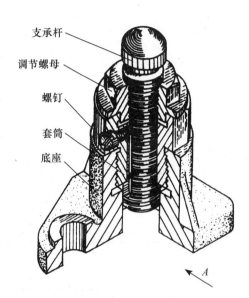

图 9-16　螺纹调节支承轴测图

按照选定的表达方案，根据所画部件的大小，再考虑尺寸、序号、标题栏、明细栏和注写技术要求所应占的位置，选择绘图比例，确定图幅，然后按下列步骤画图。

（1）画图框线和标题栏、明细栏的外框。

（2）布置视图，画出各视图的作图基准线，如主要中心线、对称线等。在布置视图时，要注意为标注尺寸和编写序号留出足够的位置，如图 9-17(a)所示。

（3）画视图底稿。一般从主视图入手，先画基本视图，后画非基本视图，如图 9-17(b)、(c)所示。

（4）标注尺寸和画剖面线。

（5）检查底稿后进行编号和加深。

（6）填写明细栏、标题栏和技术要求。

（7）全面检查图样，最终结果如图 9-17(d)所示。

画装配图一般比画零件图要复杂些，因为零件多，又有一定的相对位置关系。为了使底稿画得又快又好，必须注意画图顺序，应该先画哪个零件，后画哪个零件，才便于在图上确定每个零件的具体位置，并且少画一些不必要的（被遮盖的）线条。为此，要围绕装配关系进行考虑，根据零件间的装配关系来确定画图顺序。作图的基本顺序可分为两种：一种是由里向外画，即大体上是先画里面的零件，后画外面的零件。另一种是由外向里画，即大体上是先画外面的大件（先画出视图的大致轮廓），后画里面的小件。这两种方法各有优缺点，一般情况下，将它们结合使用。

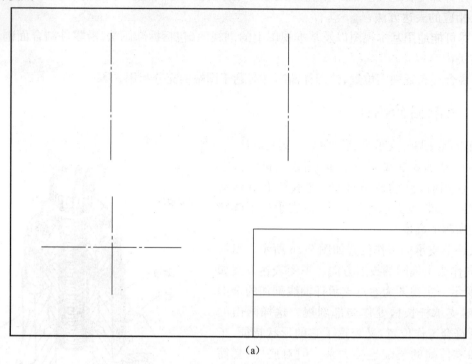

(a)

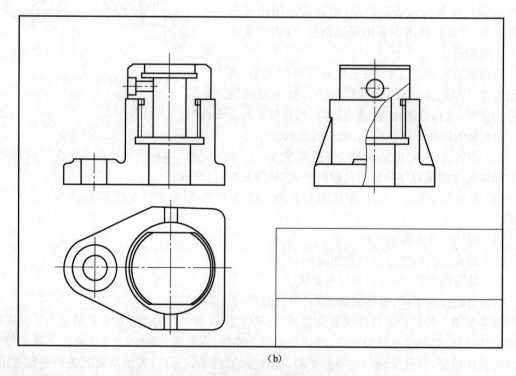

(b)

图 9-17　螺纹调节支承装配图及装配图的画图步骤

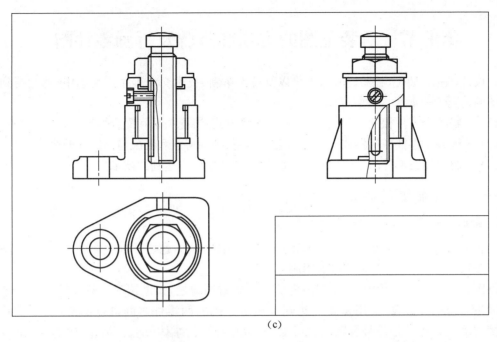

(c)

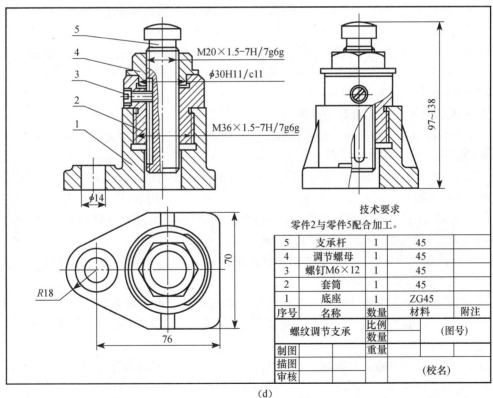

(d)

图 9-17 螺纹调节支承装配图及装配图的画图步骤(续)

第七节　看装配图的方法和步骤及拆画零件图

在设计、制造、装配、检验、使用、维修以及技术革新、技术交流等生产活动中,都会遇到看装配图的情况。一般来说看装配图的要求是:

(1) 了解各个零件相互之间的相对位置、连接方式、装配关系和配合性质等;
(2) 了解各个零件在机器或部件中所起的作用、结构特点和装配与拆卸的顺序;
(3) 了解机器或部件的工作原理、用途、性能和装配后应达到的技术指标等。

一、看装配图的方法和步骤

1. 概括了解

看装配图时,首先概括了解一下整个装配图的内容,从标题栏了解此部件的名称,再联系生产实践知识可以知道该部件的大致用途。

以图 9-18 所示的齿轮油泵装配图为例。首先看标题栏,知道该部件叫齿轮油泵。它是机床润滑系统的供油泵,作用是将油送到有相对运动的两零件之间进行润滑,以减少零件的摩擦与磨损。由零件编号及明细栏可知,该齿轮油泵由泵体、端盖、齿轮、轴等 15 个零件组成,画图的比例为 1∶1。各种零件的名称、数量、材料及其在图中的位置也不难从图中得到初步的了解。

齿轮油泵装配图由两个视图表达。主视图采用了全剖视图,表达了齿轮油泵的主要装配关系及相关的工作原理;左视图沿着左端盖与泵体结合面剖开,并局部剖出油孔,表达了部件吸、压油的工作原理及其外部特征。

2. 分析部件的工作原理和装配关系

(1) 分析部件的工作原理。分析部件的工作原理,一般应从传动关系入手,根据视图及参考说明书进行了解。例如图 9-18 所示的齿轮油泵,当外部动力传至主动齿轮轴时,产生旋转运动,当主动齿轮轴按逆时针方向旋转时,从动齿轮则按顺时针方向旋转(参看图 9-19)。此时,齿轮啮合区的右边压力降低,油池中的油在大气压力的作用下,沿吸油口进入泵腔内。随着齿轮的旋转,齿槽中的油不断沿箭头方向送到左边,然后从出油口处将油压出去,通过管路将油输送到需要供油的润滑部位(如齿轮、轴承等)。

(2) 分析部件的装配关系。要弄清零件间的配合关系、连接和固定方式以及各零件的安装部位。

图 9-18 的整个齿轮油泵可分为主动齿轮轴系统和从动齿轮轴系统两条装配线。泵体 6 的空腔容纳一对齿轮,两根齿轮轴分别安装在左、右端盖的轴孔中,主动齿轮轴伸出端设有密封装置。

① 分析零件间的配合关系:根据图中配合尺寸的配合符号,判别零件的配合制、配合种类、轴与孔的公差等级。从图 9-18 中轴与孔的配合尺寸 $\phi 16H7/f6$,可知轴与孔的配合属于基孔制间隙配合,说明轴在孔中是转动的。

② 分析零件的连接和固定方式:要弄清楚部件中的每一个零件的位置是如何定位,零件间用什么方式连接、固定。图 9-18 的齿轮油泵的左、右端盖与泵体通过 6 个内六角螺钉连接,并用两个圆柱销使其准确定位。齿轮轴 2 和 3 的轴向定位靠齿轮两侧面与左、右端

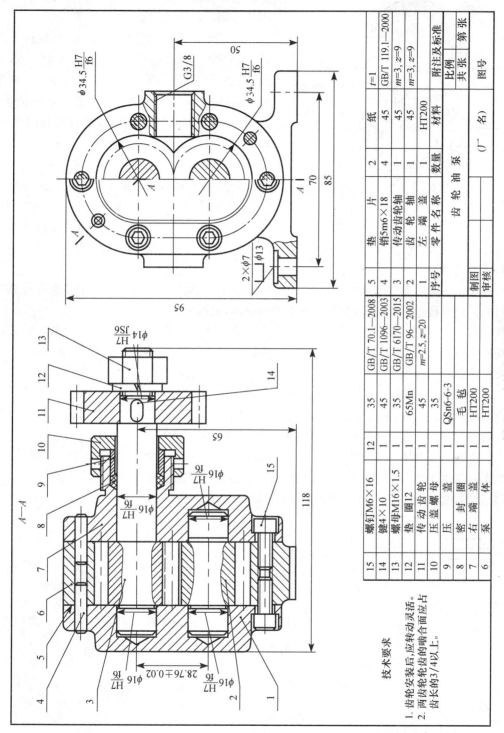

图9-18 齿轮油泵的装配图

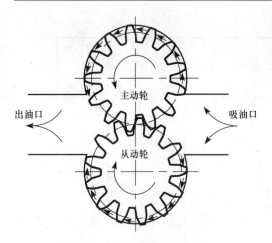

图 9-19　齿轮油泵的工作原理

盖的端面接触实现。齿轮 11 左边靠轴肩,右边用螺母固定在轴上。

③ 分析采用的密封装置。阀、泵等许多部件,为了防止液体或气体泄漏以及灰尘进入,一般都有密封装置。例如在齿轮油泵中,左、右端盖与泵体之间加了垫片,用以防止油的泄漏。在轴的伸出端加了密封装置,通过密封圈 8、压盖 9 和压盖螺母 10 密封。

3. 分析零件,看懂零件结构形状

分析零件,首先要会正确地区分零件,区分零件的方法主要是依靠不同方向或不同间隔的剖面线,以及各视图之间的投影关系进行判别。零件区分出来之后便要分析零件的形状、结构及功用。分析时一般从主要零件开始,再看次要零件。

4. 综合考虑,归纳总结

上述看装配图的方法和步骤只是一个概括的说明,实际上看装配图的几个步骤往往是交替进行的。只有通过不断实践,才能掌握看图的规律,提高看图能力。

现以图 9-18 中的泵体为例说明零件的分析过程。根据剖面线的倾斜方向,将泵体的投影从主视图中分离出来,再根据视图投影关系,找到它在两视图中的投影轮廓,如图 9-20 所示,其主要形体由两部分组成。

(1) 主体部分:长圆形内腔,上、下为 $\phi34.5$ 的半圆柱孔,容纳一对齿轮。左、右两个凸起内有进、出油孔与泵腔内相通。根据结构常识,"内圆外也圆",则凸起外表面也是圆柱面。泵体左右有与左右端盖连接用的螺钉孔和销孔。

(2) 底板部分:底板是用来固定油泵的。结合左、右两视图可知,底板是长方形,下面的凹槽是为了减少加工面,使泵体固定平稳。底板两边各有一个固定油泵用的螺栓孔。

最后综合起来,想象出泵体整体形状和结构,如图 9-21 所示。

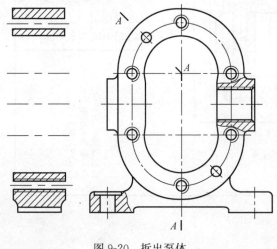

图 9-20　拆出泵体

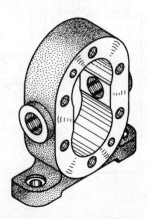

图 9-21　泵体的轴测图

二、由装配图拆画零件图

由装配图拆画零件图，是设计工作的重要组成部分。拆画零件图是在看懂装配图的基础上进行的。下面介绍有关拆图的几个问题。

1. 确定零件的形状

装配图主要表示零件间的装配关系，至于每个零件的某些个别部分的形状和详细结构并不一定都已表达完全。因此，在拆画零件图前，必须完全弄清该零件的全部形状和结构。对于在装配图中未能确切表达出来的形状，应根据零件的设计要求和工艺知识合理地确定。

除此之外，拆画零件图时，还应把画装配图时省略的某些结构要素（如铸造圆角、沉孔、螺孔、倒角、退刀槽等）补画出来，使零件结构合理，符合工艺要求。

因此，完整地构思出零件的结构形状是拆画零件图的前提。

2. 分离零件

一般来说，如果真正看懂了装配图，分离零件也就不会存在什么问题。要正确分离零件，一是要了解该零件在部件中的作用及其应有的结构形状；二是要根据投影关系划分该零件在各个视图中所占的范围，以同一零件的剖面线方向和间隔相同为线索进行判断，弄清楚哪些表面是接触面，哪些地方在分离时应补画线条等。

3. 零件的表达方案

拆画零件图时，零件的表达方案是根据零件的结构形状特点考虑的，而不能盲目照抄装配图。但在多数情况下，壳体、箱座类零件主视图所选的位置可以与装配图一致，这样做是为了装配机器时便于对照。对于轴套类零件，一般按其加工位置选取主视图。

4. 零件的尺寸标注

总的来说，零件图上的尺寸标注要达到第七章第一节中所提出的要求。具体来说，拆画零件图时，其尺寸标注可按下列方法进行。

（1）"抄"：凡装配图中已注出的有关尺寸，应该直接抄用，不要随便改变它的大小及其标注方法。相配合零件的同一尺寸分别标注到各自的零件图上时，其所选的尺寸基准应协调一致。

（2）"查"：凡属于标准结构要素（如倒角、退刀槽、砂轮越程槽、沉孔、螺孔、键槽等）和标准件的尺寸，应根据装配图中所给定的公称直径或标准代号，查阅有关标准、手册后按实际情况选定。公差配合的极限偏差值，也应自有关手册查出并按规定方式标注。

（3）"算"：例如齿轮轮齿部分的尺寸，应根据齿数、模数和其他要求计算而得。若在部件的同一方向，要求由多个零件组装成一定的装配精度，那么，每个零件上有关尺寸的极限偏差值也应通过计算来核定。

（4）"量"：凡装配图中未给出的，属于零件自由表面（不与其他零件接触的表面）和不影响装配精度的尺寸，一般可按装配图的画图比例，用分规和直尺直接在图中量取，然后加以圆整。

5. 零件的表面粗糙度和技术要求

画零件图时，应该注写表面粗糙度代号，它的等级应根据零件表面的作用和要求来确定。配合表面要选择恰当的公差等级和基本偏差。根据零件的作用还要加注必要的技术要求，如形位公差、热处理要求等。

图9-22是根据齿轮油泵装配图拆画出来的泵体零件图。泵体零件图的画图过程可参考第七章零件图的有关内容。

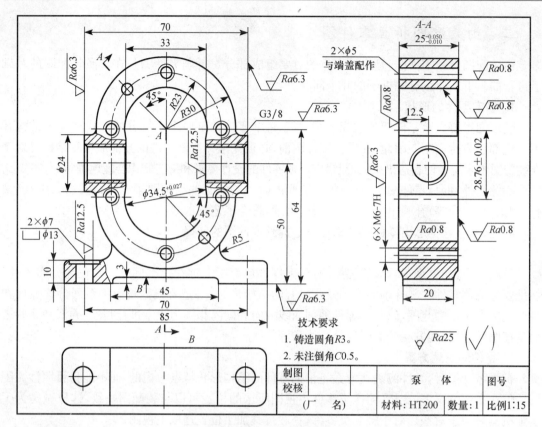

图 9-22 泵体零件图

第十章 计算机绘图

AutoCAD 是一款集二维绘图、三维建模、数据管理和数据共享等诸多功能于一体的高精度计算机辅助设计软件,该软件具有功能强大、易于掌握、使用方便和良好的二次开发性等特点,目前已经在机械、建筑、电子、航天、船舶、地理和气象等领域得到了广泛的应用,逐渐成为各领域工程师设计和提高工作效率的有效工具之一。

经过不断的发展和改进,AutoCAD 绘图软件已经具备强大和完善的设计功能,掌握 AutoCAD 的绘图技巧业已成为从事相关设计行业的一项基本技能。AutoCAD 2018 是 Autodesk 公司推出的最新版本,它继承了 AutoCAD 的一贯优势,并且在用户界面、图形管理、用户定制、性能、互联网等方面进一步得到了加强。但是,在日常的教学和实践中,作者认为 AutoCAD 2007 简体中文版更适合刚入门的学生掌握绘图的基本命令和相关的操作方法,而且该版本的绘图界面也更符合初学者的操作习惯。因此,本章以 AutoCAD 2007 简体中文版为基础,对 AutoCAD 中常用的基本绘图和编辑命令以及其他相关的操作内容进行简单介绍。

第一节 AutoCAD 基础知识

一、概述

AutoCAD 是"Automatic Computer Aid Design"的英文缩写,意思是"自动计算机辅助设计",是美国 Autodesk 公司开发的产品。近年来,AutoCAD 在机械、电子、土木、建筑、航空、轻工和纺织等多个行业得到了广泛应用。它一方面具有丰富的绘图功能,能够快速、准确地绘出图形,另一方面它又具有强大的编辑功能,可以对已绘图形进行各种编辑操作。同时,AutoCAD 还提供了多种辅助绘图功能,能够最大限度保证绘图的准确性。

AutoCAD 的主要功能:

(1)绘制二维图形。提供了如点、直线、圆、圆弧、矩形、椭圆和正多边形等多种基本图元的绘制功能。

(2)具有对图形进行修改、删除、移动、旋转、复制、偏移、修剪、打断、延伸和圆角等多种强大的编辑功能。

(3)提供了对图形的显示控制功能,例如视图缩放、视窗平移和鸟瞰视图等。

(4)提供了栅格、正交、极轴、对象捕捉及追踪等辅助绘图功能,以确保绘图精度。

(5)可对绘好的图形进行尺寸标注及文本注释,并能定义尺寸标注样式。

(6)提供在三维空间中的各种绘图和编辑功能,具备三维实体和三维曲面的造型功能。

同时,AutoCAD 2007 还留有接口,以便用户修改软件,扩充功能以满足自己的工作需要,这就是二次开发。AutoCAD 2007 提供了以下二次开发功能:

(1)强大的用户定制功能,用户可以方便地将软件按照自己的需求进行改造;

(2)良好的二次开发功能,AutoCAD 2007 开放的平台能使用户利用内部的 AutoLISP 或 Visual LISP 等语言开发适合特定行业的 CAD 产品。

二、AutoCAD 2007 启动

当 AutoCAD 2007 在计算机上安装完毕以后,在桌面上通常会出现一个快捷启动图标。要启动 AutoCAD 2007,有下面两种方法:

(1)直接用鼠标双击桌面上的快捷启动图标"AutoCAD 2007 Simplified Chinese"。

(2)选择【开始】|【程序】|【Autodesk】|【AutoCAD 2007-Simplified Chinese】|【AutoCAD 2007】启动。

启动 AutoCAD 2007 以后,直接进入它的工作界面,如图 10-1 所示。

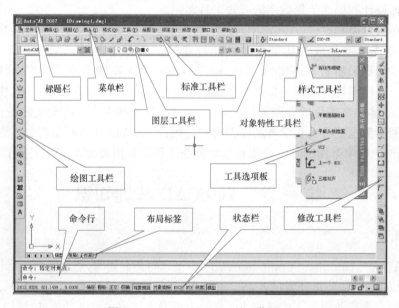

图 10-1　AutoCAD 2007 的工作界面

三、AutoCAD 2007 的工作界面

AutoCAD 2007 默认的工作界面主要包括:标题栏、菜单栏、标准工具栏、对象特征工具栏、绘图区、绘图工具栏、修改工具栏、状态栏、命令行和工具选项板等。

1. 标题栏和菜单栏

如同 MicroSoft Office 等典型应用软件一样,AutoCAD 2007 工作界面的最上面一条是文件的标题栏,用于显示 AutoCAD 2007 的程序图标和当前打开的图形文件名,最右侧为最小化、还原和关闭按钮。

标题栏下面一行是菜单栏,通过逐层选择相应的菜单项,可以激活相应的命令或者弹出对话框,如图 10-2 所示。

2. 工具栏

工具栏是当前各种应用软件为用户提供的一种简捷实用的访问方式。在工具栏中,各种命令以图标按钮的形式出现,

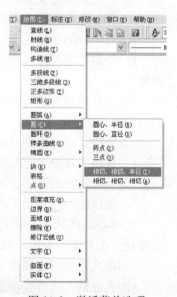

图 10-2　激活菜单选项

当光标指向按钮时,将会出现命令提示名称,单击按钮,即可执行相应的命令。

AutoCAD 2007 默认的用户界面只显示 6 个工具栏,分别是【绘图】工具栏(图 10-3)、【修改】工具栏(图 10-4)、【标准】工具栏(图 10-5)、【对象特性】工具栏(图 10-6)、【样式】工具栏(图 10-7)和【图层】工具栏(图 10-8)。

图 10-3　【绘图】工具栏

图 10-4　【修改】工具栏

图 10-5　【标准】工具栏

图 10-6　【对象特性】工具栏

图 10-7　【样式】工具栏

图 10-8　【图层】工具栏

如果要打开其他工具栏,可以在【视图】菜单中选择【工具栏】选项,打开【自定义】对话框,如图 10-9 所示。在打开的【工具栏】选项列表里勾选要打开的工具栏复选框,即可在绘图窗口显示相应的工具栏。

3. 绘图窗口

工作界面面积最大的空白处称为绘图窗口,如图 10-10 所示。它的默认颜色为黑色,用户可以从【工具】菜单中单击【选项】对话框,找到【显示】|【颜色】来改变绘图窗口的颜色。绘图窗口相当于手工绘图的图纸,所有的绘图和编辑工作都在这里进行。绘图窗口左下角是 AutoCAD 的直角坐标系标志,窗口底部有一个【模型】标签和两个【布局】标签。"模型"代表模型空间,"布局"代表图纸空间,利用这两种标签可以在两种空间之间切换。

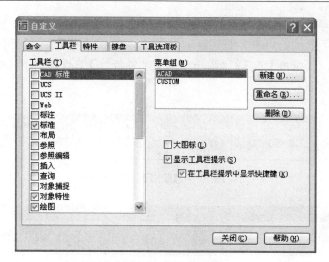

图 10-9 【自定义】对话框

图 10-10 绘图窗口

4. 命令行

命令行在绘图窗口的下方,用户可以在这里输入操作命令。AutoCAD 的所有命令都可以在命令行中实现,命令开始执行后,命令提示区将会逐步进行提示,用户可以按照提示来进行下一步操作。同时,命令行还可以实时记录 AutoCAD 的命令执行过程。

下面以绘直线为例来介绍 AutoCAD 的命令行操作。

(1) 在命令行输入"line"直线命令,按〈Enter〉键确认,出现"指定第一点:"提示,如图 10-11 所示。

图 10-11 绘制直线的命令行 Ⅰ

(2) 在绘图窗口用光标拾取或直接输入一点坐标来指定直线段的第一点,接着出现"指定下一点或[放弃(U)]:"提示,如图10-12所示。

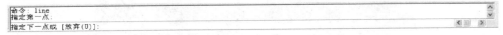

图10-12　绘制直线的命令行Ⅱ

（3）在绘图窗口用光标拾取或直接输入一点的坐标来指定直线段的第二点,这样就绘制了一条直线段。

5. 状态栏

状态栏位于 AutoCAD 2007 工作界面的最底端,包括捕捉、栅格、正交、极轴、对象捕捉、对象追踪、线宽和模型8个状态选项。

6. 工具选项板

AutoCAD 2007 对工具选项板的功能进行了改进,提供了组织块和图案填充的有效方法。用户可以将自己常用的块和图案填充组织到工具选项板中,以便绘图时调用。启动 AutoCAD 2007 后系统会默认创建【机械】、【建筑】、【注释】、【建模】等4个选项板,如图10-13所示。

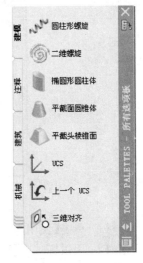

图10-13　工具选项板

四、AutoCAD 绘图环境的设置

当启动 AutoCAD 2007 以后,执行菜单【工具】|【系统】|【启动】,选择【显示启动】对话框选项,单击【应用】按钮。这样,在下次启动 AutoCAD 2007 时,就会激活【启动】对话框,如图10-14所示。

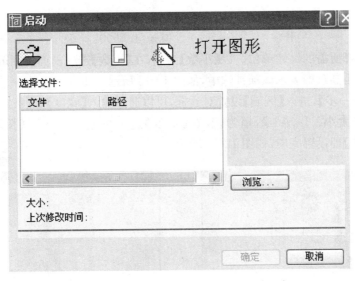

图10-14　【启动】对话框

1. 确定图幅和绘图单位

在绘制工程图前,首先进行图幅、单位、图框、标题栏等绘图环境的设置。AutoCAD 2007 在【启动】对话框里【使用向导】选项中提供了【快速设置】和【高级设置】两种方式来让用户完成这些工作。下面以【快速设置】为例来介绍如何进行绘图环境的初步设置。

如图 10-15 所示,首先打开【启动】对话框,然后按照以下步骤执行。

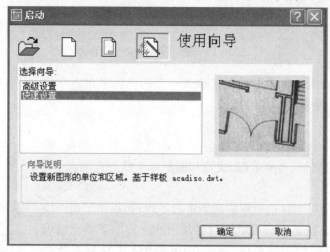

图 10-15　选择【快速设置】

(1) 单击【使用向导】选项。
(2) 用鼠标选中【快速设置】方式,单击【确定】按钮。
(3) 在【单位】设置对话框【选择测量单位】列表里提供了 5 种测量单位,它们分别是:

　　小数　　　　　　　例如:15.5000
　　工程　　　　　　　例如:1′－3.5000″
　　建筑　　　　　　　例如:1′－3 1/2″
　　分数　　　　　　　例如:15 1/2
　　科学　　　　　　　例如:1.5500E+01

可以从中选择所需的尺寸单位。以【小数】为例,在【小数】选项前面的圆形框里单击一下,当框内出现一个小圆点即表示该项被选中,如图 10-16 所示。

(4) 单击【下一步】,进入【区域】设置对话框,可以通过输入【宽度】和【长度】的具体数值来设置所需的图幅大小。以 A3 图幅为例,在【宽度】选项里输入"420",【长度】选项里输入"297",单击【完成】即设置完毕,如图 10-17 所示。

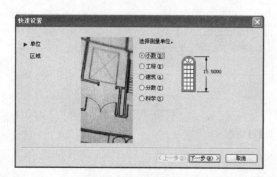

图 10-16　【单位】设置对话框

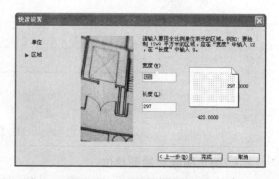

图 10-17　【区域】设置对话框

同时,AutoCAD 2007【启动】对话框还提供了【打开图形】、【从草图开始】、【使用样板】等 3

个选项,可以分别进行相应的操作和设置。

2. 绘制图框线和标题栏

图幅和绘图单位设置完成以后,回到绘图窗口,此时可以单击状态栏中的【栅格】按钮,在绘图窗口显示栅格区域,即图形界限。利用【栅格捕捉】功能根据国家制图标准绘制图框线和标题栏。

图框线和标题栏绘好以后,可以使用图形显示控制命令来让整个图幅显示在屏幕上,具体操作方法如下。

(1)命令格式。

① 命令行:zoom。

② 菜单:【视图】|【缩放】|【全部】。

(2)操作步骤。

① 在命令行中输入"zoom"命令,按〈Enter〉键确定,如图10-18所示。

图 10-18 "zoom"命令行

② 在上提示行中输入"A",按〈Enter〉确定后,整个图幅就会显示在绘图窗口中。

3. 创建和设置图层

图层是 AutoCAD 系统提供的一个管理工具,它的应用使得一个 AutoCAD 图形好像是由多张透明的图纸重叠在一起而组成的,用户可以通过图层来对图形中的对象进行分类处理。用户可以键入"layer"命令或从菜单【格式】|【图层】来创建新的图层,并设置相应的线型和颜色。详细内容见本章第五节。

4. 设置辅助绘图工具

辅助绘图工具能保证绘图的精度,使绘制的图形更加准确。其详细设置见本章第二节。

五、AutoCAD 2007 的退出

如果要退出 AutoCAD 2007 系统,有以下 3 种方式可供选择。

1. 命令行

在 AutoCAD 2007 命令行输入"quit"命令,按〈Enter〉键确认,系统会提示是否保存所做的改动,进行相应选择后确定即可退出。

2. 菜单

可以从菜单【文件】|【退出】来执行退出 AutoCAD 2007 的功能。

3. 利用视窗控制按钮

直接单击 AutoCAD 2007 右上角的视窗关闭按钮。

第二节 创建二维图形对象

AutoCAD 2007 提供了多种绘制基本图元的命令,例如直线、圆弧、圆、矩形、多边形、椭圆等等。利用这些基本图元就可以创建比较复杂的二维图形。本节主要介绍 AutoCAD 2007 里比较常用的绘图命令。

一、绘制直线

直线命令用来绘制一系列连续的直线段,每条直线段作为一个独立的图形处理对象存在。

1. 直线命令

激活绘制直线命令的方法有:

(1) 命令行输入:line。

(2) 菜单栏:【绘图】|【直线】。

(3) 绘图工具栏:单击直线按钮。

2. 操作

激活直线命令以后,命令行出现以下提示:

_line 指定第一点:输入直线段的起点

指定下一点或[放弃(U)]:输入直线段第二个端点或放弃

指定下一点或[闭合(C)/放弃(U)]:继续输入第三个端点或选择闭合或放弃

……

指定下一点或[闭合(C)/放弃(U)]:继续选择或回车结束命令

3. 说明

输入点的方法有以下几种。

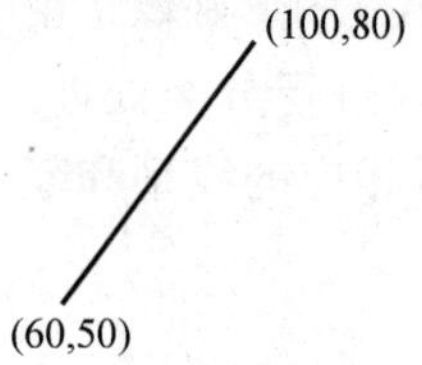

(100,80)

(60,50)

图 10-19 输入点的坐标绘制直线

(1) 直接用鼠标在绘图窗口单击拾取一点。

(2) 在命令行输入点的坐标:

① 在直角坐标系中输入绝对坐标,例如:

指定第一点:60,50 ✓

指定下一点或[放弃(U)]:100,80 ✓

结果如图 10-19 所示。

② 在直角坐标系中输入相对坐标,如输入相对于前一点在 X 轴方向偏移 20,在 Y 轴方向偏移 30 的点:

指定下一点或[放弃(U)]:@20,30

③ 在极坐标系中输入相对坐标,如输入点与前一点的连线距离为 30,与 X 轴夹角为 60°的点:

指定下一点或[放弃(U)]:@30<60

二、绘制圆弧

1. 圆弧命令

激活绘制圆弧命令的方法有:

(1) 命令行输入:arc

(2) 菜单栏:【绘图】|【圆弧】

(3) 绘图工具栏:单击圆弧按钮。

2. 操作

绘制圆弧的方式有多种,下面以三点绘圆弧的方式为例来进行介绍。当激活绘制圆弧命令以后,命令行出现以下提示:

指定圆弧的起点或[圆心(C)]:输入圆弧的起点 A
指定圆弧的第二个点或[圆心(C)/端点(E)]:输入圆弧的第二个点 B
指定圆弧的端点:输入圆弧的端点 C

结果如图 10-20 所示。其他圆弧绘制方式可以在【绘图】|【圆弧】选项里找到,按照命令行提示即可进行相应操作。

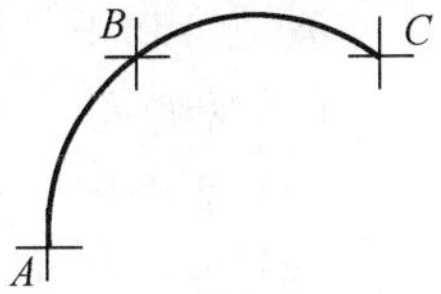

图 10-20 三点方式绘制圆弧

三、绘制圆

1. 圆命令

激活绘制圆命令的方法有:

(1) 命令行输入:circle。

(2) 菜单栏:【绘图】|【圆】。

(3) 绘图工具栏:单击圆按钮 ⊙。

2. 操作

AutoCAD 提供了以下 5 种绘圆的方法:

(1) 三点方式:通过三点绘一圆,如图 10-21(a)所示。

(2) 两点方式:通过两点绘一圆,如图 10-21(b)所示。

(3) 圆心、半径(直径)方式:以圆心、半径(直径)绘一圆,如图 10-21(c)所示。

(4) 相切、相切、半径方式:绘制与两已知实体(圆或直线)相切的圆,如图 10-21(d)所示。

(5) 相切、相切、相切方式:绘制与三已知实体(圆或直线)相切的圆,如图 10-21(e)所示。

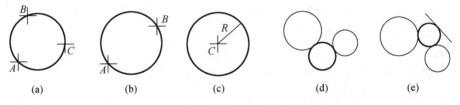

图 10-21 "circle"命令绘圆的各种方式

下面以圆心、半径(直径)方式来介绍绘制圆的操作步骤。输入圆命令以后,命令行出现以下提示:

_circle 指定圆的圆心或[三点(3P)/两点(2P)/相切、相切、半径(T)]:给定圆心点
指定圆的半径或[直径(D)]〈当前值〉:给定圆的半径值↙

如果想以直径绘圆,可以在上提示行输入"D",出现以下提示行:

指定圆的直径〈当前值〉:给定直径值↙

3. 说明

(1) 以相切、相切、半径方式绘圆时,输入的公切圆半径应该大于两切点距离的一半,否则绘不出公切圆。

(2) 用光标指定相切实体位置时与所绘圆位置有关,选择目标要落在实体上并靠近切点。

四、绘制正多边形

1. 正多边形命令

激活绘制正多边形命令的方法有：

(1) 命令行输入：polygon。

(2) 菜单栏：【绘图】|【正多边形】。

(3) 绘图工具栏：单击正多边形按钮 ⬡。

2. 操作

当激活绘制正多边形命令以后，命令行出现以下提示：

输入边的数目〈当前值〉：给定边数↙

指定正多边形的中心点或[边(E)]：给定正多边形的中心点（如果选择E，则是按照边长方式绘制正多边形）

输入选项[内接于圆(I)/外切于圆(C)]〈I〉：选择I方式，则画的正多边形内接于圆，选择C方式，则画的正多边形外切于圆↙

指定圆的半径：给出内接圆或外切圆的半径值↙

五、绘制椭圆

1. 椭圆命令

激活绘制椭圆命令的方法有：

(1) 命令行输入：ellipse。

(2) 菜单栏：【绘图】|【椭圆】。

(3) 绘图工具栏：单击椭圆按钮 ⬭。

2. 操作

绘制椭圆有以下3种方式：

(1) 给定两轴距离绘制椭圆。

(2) 给定圆心和轴长方式绘制椭圆。

(3) 给定一轴长及绕轴转角绘制椭圆。

下面以圆心和轴长方式来介绍绘制椭圆的步骤。激活椭圆命令以后，命令行出现以下提示：

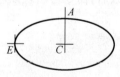

图10-22 用圆心和轴长方式绘制椭圆

指定椭圆的轴端点或[圆弧(A)/中心点(C)]：输入C↙

指定椭圆的中心点：输入中心点C↙

指定轴的端点：输入轴的端点E↙

指定另一条半轴长度或[旋转(R)]：给出另一条半轴的长度↙

结果如图10-22所示。

六、其他绘图命令简介

AutoCAD 2007中其他常用绘图命令的功能及相关操作见表10-1。

表 10-1 其他常用绘图命令的功能及相关操作

绘图命令	功能	命令方式	命令行提示及各选项含义
point	绘制点	命令行:point 菜单栏:【绘图】｜【点】 绘图工具栏:	指定点:用鼠标在绘图窗口拾取一点或用键盘输入一点的坐标 可以从菜单【格式】｜【点样式】来设置点的样式
donut	绘制圆环	命令行:donut 菜单栏:【绘图】｜【圆环】 绘图工具栏: ◎	指定圆环的内径〈当前值〉:输入圆环的内径↙ 指定圆环的外径〈当前值〉:输入圆环的外径↙ 指定圆环的中心点或[退出]:输入圆环的中心点 指定圆环的中心点或[退出]:继续输入圆环中心点或回车结束命令
rectang	绘制矩形	命令行:rectang 菜单栏:【绘图】｜【矩形】 绘图工具栏: □	指定第一个角点或[倒角(C)/标高(E)/圆角(F)/厚度(T)/宽度(W)]:输入第一个角点 指定另一个角点或[尺寸(D)]:输入第二个角点 其他常用选项含义: 倒角:绘制带有倒角的矩形 圆角:绘制带有圆角的矩形 宽度:可以设置矩形的线宽
spline	绘制样条曲线	命令行:spline 菜单栏:【绘图】｜【样条曲线】 绘图工具栏:	指定第一个点或[对象(O)]:输入样条曲线的起点 指定下一点:输入样条曲线的下一点 指定下一点或[闭合(C)/拟合公差(F)]〈起点切向〉:继续输入下一点或回车结束点的输入 指定起点切向:给定起点的切向方向 指定端点切向:给定端点的切向方向,回车结束命令
mline	绘制多线	命令行:mline 菜单栏:【绘图】｜【多线】	指定起点或[对正(J)/比例(S)/样式(ST)]:输入起点 指定下一点:输入下一点 指定下一点或[放弃(U)]:继续输入下一点或放弃 指定下一点或[闭合(C)/放弃(U)]:继续输入下一点或选择[闭合(C)或放弃(U)],回车结束命令 在绘制多线之前,先要执行【格式】｜【多线样式】命令,进行多线样式的设置
pline	绘制多段线	命令行:pline 菜单栏:【绘图】｜【多段线】 绘图工具栏:	用多段线命令可以画直线、圆弧等,每一次所画的多段线作为一个独立的实体存在于图中 指定起点:输入起点 指定下一个点或[圆弧(A)/半宽(H)/长度(L)/放弃(U)/宽度(W)]:输入下一个点 指定下一个点或[圆弧(A)/闭合(C)/半宽(H)/长度(L)/放弃(U)/宽度(W)]:继续输入下一个点或回车结束命令 用 pline 命令绘多段线分为直线和圆弧两种方式

七、辅助绘图工具设置

AutoCAD 2007 中提供了一些类似手工绘图中绘图工具和仪器的绘图命令,例如栅格显

— 213 —

示命令、栅格捕捉命令及目标捕捉命令等。这些命令称为辅助绘图命令。这些命令可以给用户提供一个方便、高效的绘图环境,并能提高绘图质量,保证绘图的精度。

1. 栅格显示

(1)功能。

栅格显示命令控制是否在绘图窗口显示栅格,并能设置栅格间的间距。栅格如图 10-23 所示。

(2)栅格显示命令。

① 在状态栏直接单击按钮 栅格 。

② 命令行输入:grid。

(3)操作。当命令行输入"grid"命令以后,出现以下提示行:

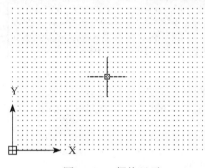

图 10-23 栅格显示

> 指定栅格间距(X)或[开(ON)/关(OFF)/捕捉(S)/纵横向间距(A)]〈当前值〉:输入间距或选项↙

各选项含义如下:

① 开(ON):打开栅格功能,同时接受默认的栅格间距值。

② 关(OFF):关闭栅格功能(也可用〈F7〉功能键,或状态栏"grid"模式开关,或按〈Ctrl〉+〈G〉组合键进行切换)。

③ 捕捉(S):设置栅格显示与当前捕捉栅格的分辨率相同。

④ 纵横向间距(A):可分别设置栅格显示 X 方向和 Y 方向的间距。当输入"A"以后,出现以下提示行:

> 指定水平间距(X)〈当前值〉:输入 X 方向间距↙
> 指定垂直间距(Y)〈当前值〉:输入 Y 方向间距↙

2. 栅格捕捉

(1)功能。

栅格捕捉是和栅格显示配套使用的。打开栅格捕捉将使鼠标所指定的点都落在栅格捕捉间距所确定的点上,此功能还可以将栅格旋转任意角度。

(2)栅格捕捉命令。

在命令提示行输入"snap",出现以下提示行:

> 指定捕捉间距或[开(ON)/关(OFF)/纵横向间距(A)/旋转(R)/样式(S)/类型(T)]〈当前值〉:输入捕捉间距或选择其他选项↙

各选项含义如下:

① 开(ON):打开栅格捕捉,同时接受当前捕捉间距值。

② 关(OFF):关闭栅格捕捉(也可用〈F9〉功能键或状态栏"snap"模式开关或按〈Ctrl〉+〈B〉组合键进行切换)。

③ 纵横向间距(A):可分别设置栅格捕捉 X 方向和 Y 方向的间距。

④ 旋转(R):将栅格显示及捕捉方向同时旋转一个指定的角度。执行该命令后,出现以下提示行:

> 指定基点〈当前值〉:指定旋转基点
> 指定旋转角度〈当前值〉:给出旋转角度↙

当旋转角度为45°时,其栅格显示如图10-24所示。

⑤ 样式(S):可以选择标准模式或正等轴测模式。

⑥ 类型(T):用于选择捕捉类型。

3. 对象捕捉

对象捕捉是绘图中保证绘图精度,提高绘图效率不可缺少的辅助绘图工具。对象捕捉方式可以把点精确定位到实体的特征点上,如直线段的端点、中点,圆弧的圆心以及两条直线的交点、垂足等。

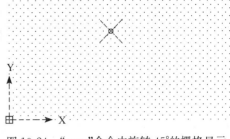

图10-24 "snap"命令中旋转45°的栅格显示

AutoCAD 2007 提供了【对象捕捉】工具栏,如图10-25所示。该工具栏中共有17个捕捉功能按钮。在绘图中当系统要求用户指定一个点时,有以下4种方式激活对象捕捉方式。

图10-25 【对象捕捉】工具栏

(1) 使用对象捕捉工具栏命令按钮。当需要指定一点时,可以单击该工具栏中相应的特征点按钮,再把光标移到实体上要捕捉的特征点附近,系统即可捕捉到该特征点。

(2) 使用捕捉快捷菜单命令。在绘图时,当系统要求用户指定一点时,可按〈Shift〉键(或〈Ctrl〉键)并同时在绘图区单击鼠标右键,系统弹出如图10-26所示的对象捕捉快捷菜单。在该菜单上选择相应的捕捉命令,再把光标移到要捕捉的实体上相应的特征点附近,即可以选中所需的特征点。

(3) 使用捕捉字符命令。在绘图的过程中,当系统要求用户指定一点时,可输入所需的捕捉命令字符,再把光标移到实体上要捕捉的特征点附近,即可以选中相应的特征点。

(4) 使用自动捕捉功能。设置自动捕捉模式后,当系统要求用户指定一个点时,把光标放在某对象上,系统便会自动捕捉到该对象上符合条件的特征点并显示出相应的标记。如果光标在特征点处多停留一会,还会显示该特征点的提示。这样用户在选点之前,只需先预览一下特征点的提示,然后再确认就可以了。

【对象捕捉】工具栏中各个常用按钮的捕捉功能列于表10-2中。

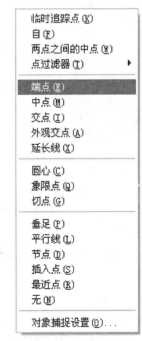

图10-26 对象捕捉快捷菜单

表 10-2 常用捕捉功能

按钮	捕捉类型	功能
	捕捉端点(End)	捕捉直线段或者圆弧等实体的端点
	捕捉交点(Int)	捕捉直线段、圆或圆弧等两实体的交点
	捕捉中点(Mid)	捕捉直线段、圆弧等实体的中点
	捕捉中心点(Cen)	捕捉圆或圆弧的圆心
	捕捉四分点(Qua)	捕捉圆或圆弧上 0°、90°、180°、270°位置上的象限点
	捕捉切点(Tan)	捕捉所画直线段与某圆或圆弧的相切点
	捕捉垂直点(Per)	捕捉所画线段与某直线段、圆或圆弧的切点
	捕捉插入点(Ins)	捕捉图块的插入点
	捕捉最近点(Nea)	捕捉直线、圆或圆弧等实体上最靠近光标方框中心的点
	捕捉外观交点	用于捕捉二维图形中看上去是交点,而在三维图形中并不相交的点
	捕捉自下一点起为基准的相对点	捕捉相对点
		执行 osnap(固定捕捉)命令

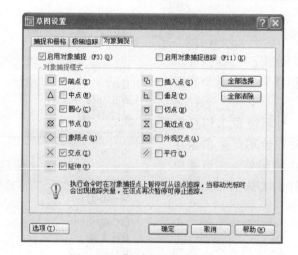

图 10-27 【对象捕捉】设置对话框

预先设置所需的对象捕捉方式,则在需要捕捉特征点时,AutoCAD 2007 会自动捕捉这些点。设置捕捉方式有以下 3 种方法:

① 命令行输入:osnap。

② 菜单栏:【工具】|【草图设置】|【对象捕捉】。

③ 捕捉工具栏:单击捕捉设置按钮 。

输入命令后,AutoCAD 将弹出【草图设置】对话框,如图 10-27 所示。

4. 正交模式

在绘图过程中,常常需要用户绘制水平线或垂直线。在这种情况下,就要用到正交模式。打开正交功能以后,AutoCAD 将只允许绘制水平或垂直方向的直线。单击状态栏中【正交】按钮或按〈F8〉键或按〈Ctrl〉+〈L〉组合键,可以使正交功能打开或关闭。

第三节 图形编辑命令

AutoCAD 2007 提供了许多实用的图形编辑功能。利用这些功能,可以对图形进行移动、复制、旋转、删除和修剪等多种编辑操作,以提高绘图效率。在进行编辑操作之前,首先要选取所编辑的对象,而这些对象也就构成了选择集。选择集可以包含单个图形对象,也可以包含多个图形对象或更复杂的对象编组。

一、选择图形对象

AutoCAD 2007 提供了多种选择图形对象的方式,下面分别进行介绍。

1. 鼠标单击选择

当命令行出现以下提示:

选择对象:

此时,直接将光标置于目标的上方,然后单击鼠标左键,该实体增亮显示,即表示被选中,如图 10-28 所示。

2. 窗口选择(W)

当命令行出现以下提示:

选择对象:W↙
指定第一个角点:输入窗口对角线的第一点
指定对角点:输入窗口对角线的另一点

此时即可选中完全处于窗口中的图形对象,如图 10-29 所示。

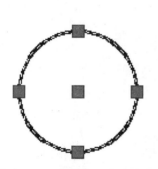

图 10-28　鼠标单击选择图形对象

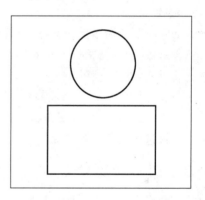

图 10-29　窗口选择方式

3. 窗口交叉选择(C)

当命令行出现以下提示:

选择对象:C↙
指定第一个角点:输入窗口对角线的第一点
指定对角点:输入窗口对角线的另一点

即可选中完全处于窗口中或与窗口相交的图形对象,如图 10-30 所示。

说明:

(1) 窗口选择方式(W)与窗口交叉选择方式(C)的区别在于:当使用窗口选择方式时,被选择的图形对象完全处于窗口内时才能被选中;而使用窗口交叉选择方式时,被选择的图形对象完全处于窗口内或与窗口相交均会被选中。

(2) 窗口选择方式(W)与窗口交叉选择方式(C)分别有一个

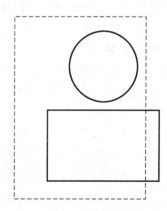

图 10-30　窗口交叉选择方式

快捷操作。当出现"选择对象:"提示时,如果先给出窗口的左上对角点,再给出窗口的右下对角点,系统默认为窗口选择方式(W);如果先给出窗口的右下对角点,再给出窗口的左上对角点,系统默认为窗口交叉选择方式(C)。

4. 全部选择(All)

全部选择方式能够选中绘图窗口中所有的图形对象。在出现"选择对象:"提示时,输入"All",按〈Enter〉键确定后,全部图形对象被选中。

二、图形删除命令

从已有图形中删除指定图形实体。

1. 删除命令

激活图形删除命令的方法有:

(1) 命令行输入:erase。

(2) 菜单栏:【修改】|【删除】。

(3) 修改工具栏:单击删除按钮。

2. 操作

激活图形删除命令后,命令行出现以下提示:

选择对象:选择需要删除的对象

选择对象:继续选择

……

选择对象:继续选择或回车结束选择集

所有被选中对象即被删除。

三、图形修剪命令

修剪图形指沿着给定剪切边界来断开对象,并删除该对象位于剪切边某一侧的部分。

1. 修剪命令

激活修剪命令的方法有:

(1) 命令行输入:trim。

(2) 菜单栏:【修改】|【修剪】。

(3) 修改工具栏:单击修剪按钮。

2. 操作

当执行图形修剪命令时,命令行出现以下提示:

当前设置:投影=UCS,边=无

选择剪切边…

选择对象:选择作为剪切边界的图形对象

……

选择对象:继续选择作为剪切边界的图形对象或回车结束选择

选择要修剪的对象,或按住 Shift 键选择要延伸的对象,或[投影(P)/边(E)/放弃(U)]:

选择要剪切的图形对象

……

选择要修剪的对象,或按住 Shift 键选择要延伸的对象,或[投影(P)/边(E)/放弃(U)]:继续
选择要剪切的图形对象或回车结束命令

图 10-31(a)、图 10-31(b)和图 10-31(c)为操作的 3 个步骤。

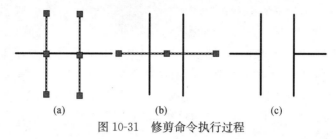

图 10-31　修剪命令执行过程

四、图形复制命令

图形复制命令用于在不同的位置复制现存的对象,复制的对象完全独立于源对象,可以对其进行编辑或其他操作。

1. 复制命令

激活图形复制命令的方法有:

(1) 命令行输入:copy。

(2) 菜单栏:【修改】|【复制】。

(3) 修改工具栏:单击复制对象按钮 。

2. 操作

激活图形复制命令以后,命令行出现以下提示:

选择对象:在绘图窗口选择需要复制的图形对象
选择对象:继续选择需要复制的图形对象
……
选择对象:继续选择或回车结束选择集
指定基点或位移:指定图形复制的基准点或给出位移
指定基点或位移:指定位移的第二点或〈用第一点作位移〉:指定位移的第二点
指定位移的第二点:继续指定位移的第二点或回车结束命令

五、图形打断命令

图形打断命令用于删除图形对象中的一部分或把对象分为两个实体。打断对象时,可以先在第一个断点处选择对象,然后指定第二个打断点。也可以预先选择对象,再指定两个打断点。打断图形如图 10-32 所示,其中图 10-32(a)为打断前的图形,图 10-32(b)为打断后的图形。

1. 打断命令

激活图形打断命令的方法有:

(1) 命令行输入:break。

(2) 菜单栏:【修改】|【打断】。

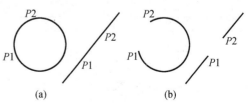

图 10-32　打断图形

(3) 修改工具栏:单击打断对象按钮 。

2. 操作

当激活图形打断命令以后,命令行出现以下提示:

选择对象:选择需要打断的图形对象

指定第二个打断点或[第一点(F)]:指定第二个打断点

当我们用鼠标选择图形对象时,系统会默认为光标指示处为第一点,所以它请求输入第二点。而一般情况下选择图形对象时的光标指示点并不是用户所需要的第一个打断点,所以此时系统允许输入"F"来重新确定第一点,当输入"F"以后,出现以下提示:

指定第一个打断点:指定第一点

指定第二个打断点:指定第二点

图形被打断,结束命令。如果在提示指定第二个打断点时输入"@",AutoCAD 就会在指定的第一点处将图形断开为两部分。

六、倒角命令

倒角连接两个非平行的图形对象,通过延伸或修剪使之相交或用斜线连接。

1. 倒角命令

激活倒角命令的方法有:

(1) 命令行输入:chamfer。

(2) 菜单栏:【修改】|【倒角】。

(3) 修改工具栏:单击倒角按钮 。

2. 操作

倒角命令执行过程如下:

命令:chamfer

("修剪"模式)当前倒角距离 1=0.0000,距离 2=0.0000

选择第一条直线或[放弃(U)/多段线(P)/距离(D)/角度(A)/修剪(T)/方式(E)/多个(M)]:D↙

指定第一个倒角距离〈0.0000〉:5(设置第一个倒角距离)↙

指定第二个倒角距离〈5.0000〉:5(设置第二个倒角距离)↙

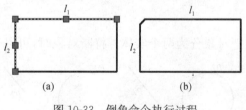

选择第一条直线或[放弃(U)/多段线(P)/距离(D)/角度(A)/修剪(T)/方式(E)/多个(M)]:选择第一条需要倒角的直线

选择第二条直线:选择第二条需要倒角的直线

图 10-33(a)为倒角前的图形,图 10-33(b)为倒角完成后的图形。

图 10-33 倒角命令执行过程

七、延伸命令

延伸可以将图形对象精确地延伸到其他对象定义的边界。

1. 延伸命令

激活延伸命令的方法有:

(1) 命令行输入：extend。
(2) 菜单栏：【修改】|【延伸】。
(3) 修改工具栏：单击延伸按钮 。

2. 操作

当激活延伸命令以后，命令行出现以下提示：

> 命令：extend
> 当前设置：投影＝UCS,边＝无
> 选择边界的边…
> 选择对象：选择延伸边界
> 选择对象：继续选择延伸边界
> ……
> 选择对象：回车结束选择
> 选择要延伸的对象，或按住 Shift 键选择要修剪的对象，或[投影(P)/边(E)/放弃(U)]：选择需要延伸的对象

结束命令后，结果如图 10-34 所示，其中图 10-34(a) 为延伸前的图形，图 10-34(b) 为延伸后的图形。

八、阵列命令

按照一定规则(间距或角度)复制多个对象并按环形或矩形排列。对于环形阵列可以控制复制对象的数目和决定是否旋转对象；对于矩形阵列可以控制复制对象的行数和列数以及它们之间的角度。

1. 阵列命令

激活阵列命令的方法有：

(1) 命令行输入：array。
(2) 菜单栏：【修改】|【阵列】。
(3) 修改工具栏：单击阵列按钮 。

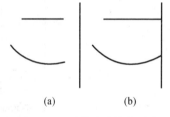

图 10-34　延伸命令执行过程

2. 操作

激活阵列命令以后，出现阵列对话框。在该对话框中可以进行矩形阵列(图 10-35)或环形阵列的设置。

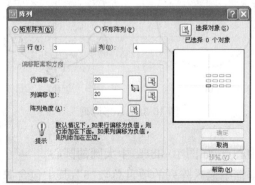

图 10-35　【矩形阵列】对话框

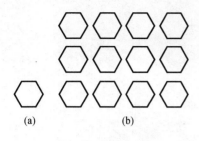

(a)   (b)

图 10-36   矩形阵列

（1）创建矩形阵列。矩形阵列的创建步骤如下：

① 在【阵列】对话框中点取【矩形阵列】。

② 单击【选择对象】按钮，选择需要阵列的图形对象，如图 10-36(a)中的正六边形。

③ 设置【行】和【列】的参数，【行】文本框中输入"3"，【列】文本框中输入"4"。

④ 分别设置行偏移值和列偏移值以及阵列角度。本例中行偏移值和列偏移值均设为"20"，阵列角度设为"0°"。

⑤ 单击【确定】按钮，结果如图 10-36(b)所示。

（2）创建环形阵列。环形阵列的创建步骤如下：

① 在【阵列】对话框中点取【环形阵列】，如图 10-37 所示。

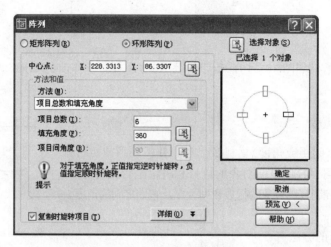

图 10-37   【环形阵列】对话框

② 单击【选择对象】按钮，选择需要阵列的图形对象，如图 10-38(a)中的小圆。

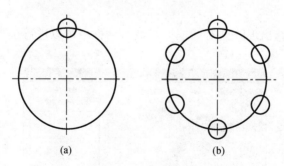

(a)   (b)

图 10-38   环形阵列

③ 指定环形阵列的中心点，如图 10-38(a)中大圆的圆心。

④ 在【项目总数】文本框中输入阵列的项目总数"6"，其中包含源对象。

⑤ 设置填充角度。本例中采用默认值"360°"。

⑥ 勾选【复制时旋转项目】选项。单击【确定】按钮,环形阵列结果如图10-38(b)所示。

九、其他图形编辑命令

AutoCAD 2007 的其他常用图形编辑命令,见表10-3。

表10-3 其他常用图形编辑命令

编辑命令	功能	命令方式	命令行提示及各选项含义
mirror	对称性复制	命令行:mirror 菜单栏:【修改】|【镜像】 修改工具栏:	选择对象:指定要镜像的图形对象 选择对象:继续指定要镜像的图形对象或按回车键结束选择 指定镜像线的第一点:指定对称线上的一点 指定镜像线的第二点:指定对称线上的第二点 是否删除源对象?[是(Y)/否(N)]〈N〉:选择"Y"则删除源实体,选择"N"则保留源实体
offset	偏移对象	命令行:offset 菜单栏:【修改】|【偏移】 修改工具栏:	指定偏移距离或[通过(T)]〈1.0000〉:设置偏移距离或指定通过点 选择要偏移的对象或〈退出〉:选择需要偏移的图形对象 指定点以确定偏移所在一侧:指定一点来确定偏移的方向 选择要偏移的对象或〈退出〉:继续选择偏移对象或回车结束命令
move	移动图形对象	命令行:move 菜单栏:【修改】|【移动】 修改工具栏:	选择对象:选择要移动的图形实体 选择对象:继续选择要移动的图形实体或回车结束命令 指定基点或位移:指定一点作为移动的基点 指定位移的第二点或〈用第一点作位移〉:指定位移的第二点 将要移动的对象从当前位置按照指定的两点确定的位移矢量移到新位置
rotate	旋转图形对象	命令行:rotate 菜单栏:【修改】|【旋转】 修改工具栏:	选择对象:选择需要旋转的图形对象 选择对象:继续选择需要旋转的图形对象或回车结束选择 指定基点:指定旋转的基点 指定旋转角度或[参照(R)]:指定旋转角度
fillet	生成圆角	命令行:fillet 菜单栏:【修改】|【圆角】 修改工具栏:	选择第一个对象或[多段线(P)/半径(R)/修剪(T)/多个(U)]:选择倒圆角的第一个图形实体 选择第二个对象:选择第二个图形对象 其他常用选项含义: 多段线:用于对多段线进行倒圆角 半径:指定圆角的半径 修剪:选择修剪模式 多个:可以对多个图形实体进行倒圆角
stretch	对图形实体进行拉伸	命令行:stretch 菜单栏:【修改】|【拉伸】 修改工具栏:	选择对象:以窗口交叉方式选择拉伸对象 选择对象:继续以窗口交叉方式选择拉伸对象或回车结束选择 指定基点或位移:指定拉伸的基点或位移 指定位移的第二个点或〈用第一个点作位移〉:指定第二点或用第一个点作位移 以交叉窗口或交叉多边形选择要拉伸的对象……

续表

编辑命令	功 能	命令方式	命令行提示及各选项含义
scale	对象的缩放	命令行:scale 菜单栏:【修改】|【缩放】 修改工具栏:	选择对象:选择需要缩放的图形实体 选择对象:继续选择需要缩放的图形实体或回车结束选择 指定基点:指定一点作为缩放的基点 指定比例因子或[参照(R)]:指定缩放的比例因子

第四节 图形的显示控制

使用 AutoCAD 2007 进行设计时,需要通过显示控制设置,控制图形在绘图窗口中的显示内容。AutoCAD 软件提供了显示控制功能,参考照相技术中的变焦原理,可以控制图形的显示范围,能够随意放大或缩小图形的显示,或者对图形的局部进行放大观察,以便于在各种图幅上进行绘图和编辑。

本节主要介绍图形显示控制的常用命令,包括视图的平移、缩放以及视图的重新绘制和重新生成等。

一、视图的平移

平移视图就是移动图形的显示位置,以便清楚观察图形的各个部分。

1. 视图平移命令

激活视图平移命令的方法有:

(1) 命令行输入:pan。

(2) 菜单栏:【视图】|【平移】。

(3) 标准工具栏:单击实时平移按钮 。

2. 操作

激活视图平移命令以后,绘图窗口光标变为手掌形状,此时按住鼠标左键并拖动视图可将图形移到所需位置,松开左键则停止视图平移,再次按住鼠标左键可继续对图形进行移动。单击鼠标右键,在弹出的快捷菜单中选择【退出】或按〈Esc〉键则结束视图平移命令。

二、视图的缩放

缩放视图就是放大或缩小图形的显示比例,从而改变图形对象的外观尺寸,缩放视图并不改变图形的真实尺寸。

1. 视图缩放命令

激活视图缩放命令的方法有:

(1) 命令行输入:zoom。

(2) 菜单栏:【视图】|【缩放】。

2. 操作

激活视图缩放命令以后,命令行出现以下提示:

命令:zoom
指定窗口的角点,输入比例因子(nX 或 nXP),或者[全部(A)/中心(C)/动态(D)/范围(E)/上一个(P)/比例(S)/窗口(W)/对象(O)]〈实时〉:选择对应的选项

各选项含义如下:
全部(A):输入"A"后按〈Enter〉键或单击标准工具栏中按钮 则在绘图窗口显示整个图形。
中心(C):按照给定的中心点及屏高显示图形。
动态(D):动态确定缩放图形的大小和位置。
范围(E):充满绘图区显示当前所绘图形。
上一个(P):输入"P"后按〈Enter〉键或单击标准工具栏中按钮 可以返回上一次显示的图形,并能依次返回前10屏。
比例(S):指定缩放系数,按比例缩放显示图形。
窗口(W):输入"W"后按〈Enter〉键或单击标准工具栏中按钮 可以直接指定窗口大小,AutoCAD会自动把窗口中的图形部分在绘图窗口充满显示。
对象(O):输入"O"后按〈Enter〉键后,命令行出现以下提示:

选择对象:指定缩放的图形对象
选择对象:继续指定缩放的图形对象或回车结束命令
结果是被选中的图形对象在绘图窗口满屏显示。

三、视图的重新绘制

对图形进行编辑修改以后,可能会在绘图窗口留下一些痕迹。可用重新绘制命令将它们逐一清除掉。

激活视图重新绘制命令的方法有:
(1)命令行输入:redraw。
(2)菜单栏:【视图】|【重画】。

四、视图的重新生成

执行视图重新生成命令以后,可以使图形当中的有些图元(例如圆或圆弧),在视图缩放以后变得不光滑的部分恢复光滑。

激活视图重新生成命令的方法有:
1. 命令行输入:regen。
2. 菜单栏:【视图】|【重新生成】。

使用视图显示控制命令,一方面可以实现对图形的平移和缩放,提高绘图效率;另一方面利用视图的重新绘制和生成命令,可以让所绘图形更加清晰、完美,提高图形的精确度。因此,学生必须熟练掌握视图的各种显示控制命令。

第五节 图层、线型及颜色设置

图层是AutoCAD系统提供的一个管理工具,它的应用使得一个AutoCAD图形好像是由

多张透明的图纸重叠而组成的。用户可以通过图层来对图形中的对象进行归类处理。例如在机械、建筑等工程制图中,图形中可能包括粗实线、细实线、基准线、轮廓线、细虚线、剖面线、尺寸标注以及文字说明等元素。如果用图层来管理它们,不仅能使图形的各种信息清晰、有序,便于观察,而且也会给图形的编辑、修改和输出带来很大的方便。

AutoCAD 2007 中的图层具有以下特点。

(1)在一幅图中可以创建任意数量的图层,并且在每一图层上的图形对象数也没有任何限制。

(2)每个图层都有一个名称。当开始绘制新图时,系统自动创建层名为"0"的图层,这是系统的默认图层,其余图层需由用户创建。

(3)只能在当前图层上绘图。

(4)各图层具有相同的坐标系、绘图界限及显示缩放比例。

(5)可以对位于不同图层上的图形对象同时进行编辑操作。

① 对于每一个图层,可以设置其对应的线型、颜色等特性。

② 可以对各图层进行打开、关闭、冻结、解冻、锁定与解锁等操作。

(6)可以把图层设定成为打印或不打印图层。

一、创建新图层

启动 AutoCAD 2007 以后,系统会自动创建一个层名为"0"的图层,这也是系统的默认图层。如果用户绘制一张新图时,需要通过图层来组织图形,就必须创建新图层。

1. 创建图层命令

激活【图层特性管理器】对话框的方法有:

(1) 命令行输入:layer。

(2) 菜单栏:【格式】|【图层】。

(3) 图层工具栏:单击图层特性管理器按钮 。

2. 操作

激活创建图层命令以后,出现图层特性管理器对话框,如图 10-39 所示。单击【新建图层】按钮,在图层列表中出现一个名称为"图层1"的新图层,默认情况下,新建图层与当前图层的状态、颜色、线型及线宽等设置相同。创建了图层以后,可以单击图层名,然后输入一个新的有意义的图层名称并确认。

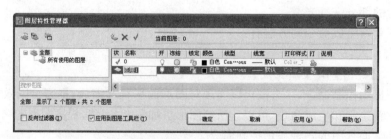

图 10-39 【图层特性管理器】对话框

二、设置图层线型

图层线型是指图层上图形对象的线型,如实线、虚线、点画线等。在使用 AutoCAD 系统进行工程制图时,可以使用不同的线型来绘制不同的图形对象,还可以对各图层上的线型进行不同的设置。

1. 设置已加载线型

在默认状态下,图层的线型为实线(Continuous)。要改变线型,可在相应图层中单击线型选项,弹出【选择线型】对话框,如图 10-40 所示。在已加载的线型列表中选择一种线型,然后单击确定,即完成线型的设置。

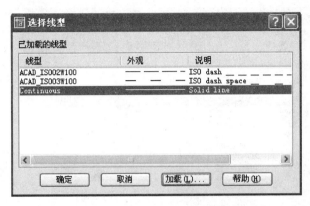

图 10-40 【选择线型】对话框

2. 加载线型

如果【已加载线型】列表中没有用户需要的线型,则可进行线型【加载】操作,将新线型添加到【已加载线型】列表框中。此时,单击【选择线型】对话框中 按钮,系统弹出如图 10-41 所示的【加载或重载线型】对话框。从【可用线型】列表框中选择需要加载的线型,然后单击确定,就可以将选择的线型添加到【选择线型】列表框中。

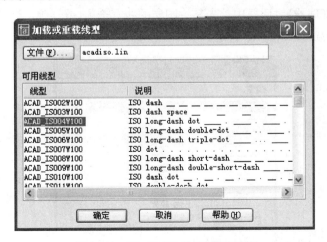

图 10-41 【加载或重载线型】对话框

3. 设置线型比例

对于虚线、点画线等非连续线型,由于其受图形尺寸的影响较大,不同图形尺寸的非连续线型外观也会不一样;有时甚至会出现虚线命令画出来的图形,从外观上看就像实线的情况。

因此需要通过设置线型比例来改变非连续线型的外观。

选择菜单栏【格式】|【线型】命令,系统会弹出【线型管理器】对话框,如图10-42所示。可从中设置线型比例。在线型列表中选择某一线型后,单击 显示细节 按钮,就可以在【详细信息】区域来设置【全局比例因子】和【当前对象缩放比例】参数;其中【全局比例因子】用于设置图形中所有对象的线型比例,【当前对象缩放比例】用于设置新建对象的线型比例。新建对象最后的线型比例将是全局比例因子和当前对象缩放比例的乘积。

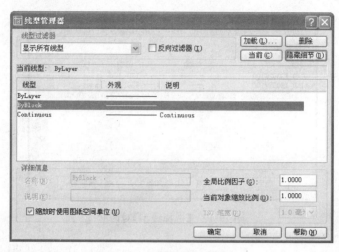

图10-42 【线型管理器】对话框

三、设置图层线宽

在 AutoCAD 系统中,用户可以使用不同线宽来表现不同图形对象,还可以设置图层的线宽。在【图层特性管理器】对话框中单击某一图层的线宽选项,就会弹出【线宽】对话框,可以从中选择所需要的线宽,如图10-43所示。

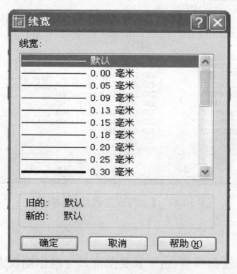

图10-43 【线宽】对话框

另外选择【格式】|【线宽】命令时，系统会弹出【线宽设置】对话框，如图 10-44 所示。在该对话框中可以选择当前要使用的线宽，还可以设置线宽的单位、显示比例等参数。如果在设置了线宽的图层中绘制对象，则默认状态下在该图层中绘制的图形都具有层中所设置的线宽。单击绘图窗口中底部状态栏里的 线宽 按钮，使其凹下时，图形对象的线宽立即在绘图窗口中显示出来；如果再次单击按钮，使其凸起时，则绘图窗口中的线宽将不再显示。

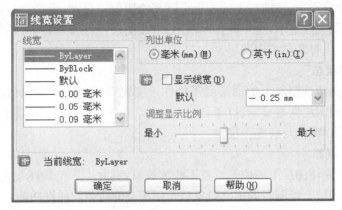

图 10-44 【线宽设置】对话框

四、设置图层颜色

所谓图层的颜色，是指绘制在该图层上的图形对象颜色。将不同图层设置成不同颜色，可以在绘制复杂的图形对象时，通过颜色区分不同的部分。在 AutoCAD 系统中，新建图层默认图层颜色为 7 号颜色，即白色或黑色（如果背景色为白色，则图层颜色为黑色；如果背景色为黑色，则图层颜色为白色）。

改变图层颜色，可以单击【图层特性管理器】对话框中【颜色】选项，在弹出的【选择颜色】对话框中修改图层颜色，如图 10-45 所示。

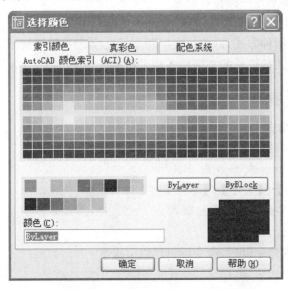

图 10-45 【选择颜色】对话框

五、设置图层状态

在【图层特性管理器】对话框中，还可以设置图层的各种状态，例如开/关、冻结/解冻、锁定/解锁、是否打印等，如图 10-39 所示。

1. 开/关状态

图层处于打开状态下，该图层上的图形可以在绘图窗口显示，也可以打印；而在关闭状态下，图层上的图形既无法显示，也不能打印输出。在【图层特性管理器】对话框中图层列表里，单击小灯泡图标可以打开与关闭图层。

2. 冻结/解冻状态

冻结图层，就是使该图层上的图形既不能在绘图窗口显示及打印输出，也不能编辑或修改；解冻图层则使该图层恢复显示、打印和编辑状态。单击【图层特性管理器】对话框中图层列表里的太阳图标可以冻结与解冻图层。

3. 锁定/解锁状态

锁定图层就是使该图层上的图形对象不能被编辑，但并不影响该图层上的图形对象的显示，还可在锁定的图层上绘制新的图形对象以及使用查询命令和捕捉功能。单击【图层特性管理器】对话框中图层列表里的锁图标，可以锁定与解锁图层。

4. 打印状态

单击【图层特性管理器】对话框中图层列表里的打印机图标，可以设置图层是否能够被打印。打印功能只对没有冻结和没有关闭的图层起作用。

第六节　文字的写入与编辑

在工程图中除了要将实际物体绘制成几何图形外，还需加上必要的注释，如技术要求、尺寸、标题栏、明细栏等。利用注释可以将用几何图形难以表达的信息表示出来，在 AutoCAD 中所有的这些注释都离不开一种特殊对象——文字。

文字写入是计算机绘图的重要内容。AutoCAD 2007 提供了强大的文字写入与编辑功能，其中文字写入分为两种方式，即单行文字和多行文字。一般情况下，简短的文字输入使用单行文字，带有内部格式且较长的文字输入则采用多行文字。

一、单行文字写入

1. 单行文字写入命令

激活单行文字写入命令的方法有：

（1）命令行输入：dtext 或 text 或 dt。

（2）菜单栏：【绘图】|【文字】|【单行文字】。

（3）文字工具栏：单击单行文字按钮 AI。

2. 操作

激活单行文字写入命令以后，命令行出现以下提示：

指定文字的起点或[对正(J)/样式(S)]:输入一点作为文字的起点或选择其他选项
指定高度〈当前值〉:给定文字的高度↙
指定文字的旋转角度〈当前值〉:给定文字的旋转角度↙
输入文字:输入文字内容
输入第一行文字以后,可以继续指定下一行文字的起点,命令行将继续提示：
输入文字:输入第二行文字的内容

此操作可以重复进行,即能输入若干处相互独立的单行文字,直到按〈Enter〉结束命令。例如分别输入文字"AutoCAD 2007"和"计算机绘图",如图10-46所示。

其他各选项含义如下。

对正(J):设置文字的对齐方式,即文字相对于起点的位置关系。输入"J"并按〈Enter〉,命令行提示：

输入选项[对齐(A)/调整(F)/中心(C)/中间(M)/右(R)/左上(TL)/中上(TC)/右上(TR)/左中(ML)/正中(MC)/右中(MR)/左下(BL)/中下(BC)/右下(BR)]:选择相应选项

样式(S):确定文字样式。

图10-46 单行文写入示例

二、多行文字写入

对于较长或较为复杂的文字内容,可以创建多行或段落文字。多行文字与单行文字的主要区别是多行文字无论行数多少,只要是单个编辑任务创建的段落集,AutoCAD都认为其是单个对象。

1. 多行文字写入命令

激活多行文字写入命令的方法有：
(1) 命令行输入:mtext 或 mt。
(2) 菜单栏:【绘图】|【文字】|【多行文字】。
(3) 绘图工具栏:单击多行文字按钮 A。

2. 操作

激活多行文字写入命令以后,命令行出现以下提示：

命令:mtext
当前文字样式:"Standard" 当前文字高度:2.5
指定第一角点:指定多行文字矩形框的第一个角点
指定对角点或[高度(H)/对正(J)/行距(L)/旋转(R)/样式(S)/宽度(W)]:指定对角点或选择对应选项

多行文字的写入主要通过【文字格式】编辑器来进行,如图10-47所示。

给定第一个角点后,在绘图窗口拖动光标,可以看见出现一个动态的矩形框。在矩形框中有一个箭头符号,它用来指定文字扩展方向的。此时,直接指定第二个角点,然后输入需要的文字内容。例如输入一段"技术要求"的多行文字,如图10-48所示。

图 10-47 【文字格式】编辑器　　　　图 10-48 【多行文字】输入示例

三、特殊符号写入

当输入文字时,有些特殊符号常常在键盘上难以直接输入,如"φ""°""±"等。AutoCAD提供了一些特殊字符的输入方法,比较常见的有:

%%C　　　　　　输入直径符号"φ"
%%D　　　　　　输入角度符号"°"
%%P　　　　　　输入上下偏差符号"±"
%%%　　　　　　输入百分比符号"%"
%%O　　　　　　开始/关闭字符的上划线
%%U　　　　　　开始/关闭字符的下划线

需要强调的是,特殊字符不能在中文文字样式中使用,否则将显示"?"。

四、编辑文字

文字输入的内容和样式通常不能一次就达到要求,还需要进行调整和修改;此时就需要在原有文字的基础上对文字对象进行编辑处理。

1. 文字编辑命令

激活文字编辑命令的方法有:
(1) 命令行输入:ddedit 或 ed。
(2) 菜单栏:【修改】|【对象】|【文字】|【编辑】。
(3) 文字工具栏:单击文字编辑按钮 。
(4) 双击需要编辑的文字对象。

2. 操作

(1) 编辑单行文字。激活编辑单行文字对象时,出现【编辑文字】对话框,如图 10-49 所示。在此可以任意编辑文字内容,修改完成后确定即可。

(2) 编辑多行文字。激活编辑多行文字对象时,出现【文字格式】编辑器对话框,如图 10-50 所示。在该对话框里可以对文字内容、字体样式、字高等进行修改。同时,还可以对文字进行加粗、设置斜体和下划线等一些特殊效果。修改好以后,直接单击【文字格式】编辑器对话框最右边的 按钮,就完成了对多行文字的编辑。

图 10-49 【编辑文字】对话框　　　　图 10-50 【文字格式】对话框

第七节　尺寸标注及图案填充

在 AutoCAD 系统中，尺寸标注用于标明图元的大小或图元间的相对位置，以及为图形添加公差符号、注释等；工程图中的尺寸标注必须正确、完整、清晰、合理。尺寸标注包括线性标注、角度标注、半径与直径标注、基线与连续标注等几种类型。

一、尺寸标注的组成

一个完整的尺寸标注由尺寸线、尺寸界线、尺寸箭头、尺寸数字 4 部分组成，如图 10-51 所示。

1. 尺寸线

尺寸线即标注尺寸线，一般是一条两端带有箭头的线段，用于标明尺寸标注的范围。

2. 尺寸界线

尺寸界线是标明标注范围的直线，可用于控制尺寸线的位置。

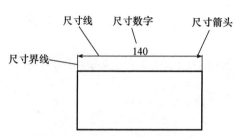

图 10-51　尺寸标注的组成

3. 尺寸箭头

尺寸箭头位于尺寸线的两端，用于指示测量的开始和结束位置。AutoCAD 2007 系统提供了多种箭头样式供用户选择。

4. 尺寸数字

尺寸数字是用于标明图形大小的数值，除了包含一个基本的数值外，还可以包含前缀、后缀、公差或其他文字。在创建标注样式时，可以控制尺寸数字的字体以及大小和方向。

二、新建尺寸标注样式

在 AutoCAD 2007 中，如果没有预先定义尺寸标注样式，系统将会默认使用 Standard 标注样式。用户可以根据已经存在的标注样式来创建新的尺寸标注样式。尺寸标注样式主要控制尺寸的四要素（尺寸线、尺寸界线、尺寸箭头和尺寸数字）的外观与方式。

1. 命令格式

激活尺寸标注样式命令的方法有：

(1) 命令行输入：ddim。

(2) 菜单栏：【格式】|【标注样式】。

2. 操作

激活新建尺寸标注样式命令以后，绘图窗口出现【标注样式管理器】对话框，如图 10-52 所示。

其中各选项含义：

(1)【置为当前】：将【样式】列表中某个标注样式置为当前使用的尺寸标注样式。

(2)【新建】：创建一个新的尺寸标注样式。

(3)【修改】：修改已有的尺寸标注样式。

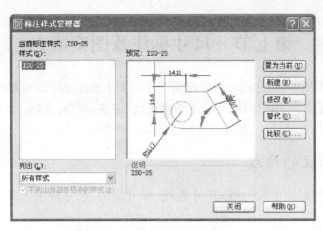

图 10-52 【标注样式管理器】对话框

图 10-53 【创建新标注样式】对话框

(4)【替代】：创建当前尺寸标注样式的替代样式。
(5)【比较】：比较两种不同的尺寸标注样式。

在标注样式管理器对话框中单击 [新建(N)] 按钮，系统会弹出如图 10-53 所示的【创建新标注样式】对话框。

首先在【新样式名】中输入即将创建的标注样式的名称，然后在【基础样式】中选择一种已有的标注样式作为参照样式，接下来为新标注样式选择适用范围。设置完成后，单击 [继续] 按钮，系统会弹出如图 10-54 所示的【新建标注样式：标注】对话框；在其中可以进行新标注样式的直线和箭头、文字、调整、主单位、换算单位以及公差等各要素的设置。

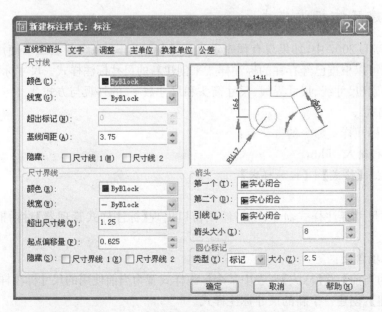

图 10-54 【新建标注样式：标注】对话框

(1) 直线和箭头。在"新建标注样式"对话框中,选择【直线和箭头】选项,可以设置尺寸标注的尺寸线、尺寸界线、箭头和圆心标记的格式和位置等。在【尺寸线】区,可以设置尺寸线的颜色和线宽、超出标记、基线间距以及尺寸线是否隐藏;在【尺寸界线】区,可以设置尺寸界线的颜色和线宽、超出尺寸线的距离、起点偏移量以及尺寸界线是否隐藏;在【箭头】区,可以设置第一个和第二个箭头的类型、引线的类型以及箭头的大小;在【圆心标记】区,可以设置圆心标记的类型和大小。

(2) 文字。在【新建标注样式:标注】对话框中,选择【文字】选项,可以设置尺寸数字的外观、位置和对齐方式等,如图 10-55 所示。在【文字外观】区,可以设置文字的样式、字体颜色和字高;在【文字位置】区,可以设置文字在垂直和水平方向上的位置,以及文字与尺寸线之间的距离;在【文字对齐】区,可以选择文字的对齐方式。

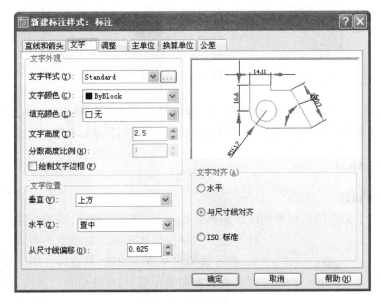

图 10-55 【文字】选项

(3) 调整。在【新建标注样式:标注】对话框中,选择【调整】选项,可以调整尺寸数字、尺寸线、尺寸界线以及尺寸箭头的位置。在 AutoCAD 系统中,当尺寸界线间有足够的空间时,文字和箭头将始终位于尺寸界线之间,否则按【调整】选项中的设置来放置。

(4) 主单位。在【新建标注样式:标注】对话框中,选择【主单位】选项,可以设置主单位的格式与精度等属性。

(5) 换算单位。在【新建标注样式:标注】对话框中,选择【换算单位】选项,可以显示换算单位及设置换算单位的格式,通常是显示英制标注的等效米制标注,或米制标注的等效英制标注。

(6) 公差。在【新建标注样式:标注】对话框中,选择【公差】选项,可以设置是否在尺寸标注中显示公差以及设置公差的格式等。

三、修改尺寸标注样式

在图 10-52【标注样式管理器】对话框中,单击 修改⑩... 按钮,弹出【修改标注样式】对话框,如图 10-56 所示。

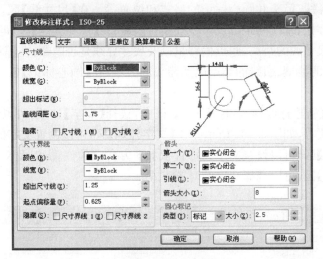

图 10-56 【修改标注样式】对话框

在"修改标注样式"对话框中,可以对尺寸标注样式的直线和箭头、文字、调整、主单位、换算单位及公差等要素进行修改,以满足不同行业制图标准对尺寸标注样式的要求。

四、尺寸标注

1. 线性尺寸标注

线性标注用于标注图形对象的线性距离或长度,包括水平标注、垂直标注以及旋转标注 3 种类型。水平标注用于标注对象上的两点在水平方向的距离,尺寸线沿水平方向放置;垂直标注用于标注对象上的两点在垂直方向的距离,尺寸线沿垂直方向放置;旋转标注用于标注对象上的两点在指定方向的距离,尺寸线沿旋转角度方向放置,如图 10-57 所示。

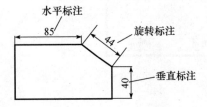

图 10-57 线性标注示例

(1) 命令格式。激活线性尺寸标注命令的方法有:

① 命令行输入:dimlinear。

② 菜单栏:【标注】|【线性】。

③ 标注工具栏:单击线性标注按钮 。

(2) 操作。激活线性标注命令以后,命令行出现以下提示:

指定第一条尺寸界线原点或〈选择对象〉:指定一点作为第一条尺寸界线的起点
指定第二条尺寸界线原点:指定第二条尺寸界线的起点
指定尺寸线位置或[多行文字(M)/文字(T)/角度(A)/水平(H)/垂直(V)/旋转(R)]:指定尺寸线的位置或选择相应选项
标注文字=〈当前值〉

如果选定尺寸线位置后直接确定,则 AutoCAD 根据所拾取的两点之间的准确投影距离而给出标注文字,进而进行尺寸标注。

各选项含义:

多行文字(M)：输入"M"后按〈Enter〉键，则出现【文字格式】编辑器，可以输入和编辑多行文字。

文字(T)：选择该项，则用单行文字来指定尺寸数字。

角度(A)：指定尺寸数字的旋转角度。

水平(H)：指定尺寸线呈水平方向，可用鼠标直接拖动标注水平尺寸。

垂直(V)：指定尺寸线呈铅垂方向，可用鼠标直接拖动标注垂直尺寸。

旋转(R)：指定尺寸线与水平线之间所夹的角度。

2. 对齐尺寸标注

对齐标注提供与拾取的标注点对齐的长度尺寸标注。

(1) 命令格式。激活对齐尺寸标注命令的方法有：

① 命令行输入：dimaligned。

② 菜单栏：【标注】|【对齐】。

③ 标注工具栏：单击对齐标注按钮 ╲。

(2) 操作。对齐标注与线性标注的使用方法基本相同，可以用来标注斜线尺寸，如图 10-58 所示。

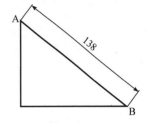

图 10-58　对齐标注示例

激活对齐标注命令后，命令行出现以下提示：

指定第一条尺寸界线原点或〈选择对象〉：指定第一条尺寸界线的起点
指定第二条尺寸界线原点：指定第二条尺寸界线的起点
指定尺寸线位置或［多行文字(M)/文字(T)/角度(A)］：指定尺寸线位置或选项
标注文字＝〈当前值〉

3. 角度尺寸标注

角度标注用于标注两条不平行直线间的夹角、圆弧包容的角度或部分圆周的角度，也可在不共线的三点之间标注角度，标注数字为度数。AutoCAD 系统在标注角度时，会自动为标注值后加上"°"符号。

(1) 命令格式。激活角度标注命令的方法有：

① 命令行输入：dimangular。

② 菜单栏：【标注】|【角度】。

③ 标注工具栏：单击角度标注按钮 △。

(2) 操作。

① 标注两条不平行直线之间的夹角，如图 10-59 所示。激活角度标注命令以后，命令行出现以下提示：

选择圆弧、圆、直线或〈指定顶点〉：选择直线 l_1
选择第二条直线：选择直线 l_2
指定标注弧线位置或［多行文字(M)/文字(T)/角度(A)］：指定角度标注尺寸线的位置
标注文字＝〈当前值〉

指定标注尺寸线位置时，可以选择【多行文字】【文字】或【角度】选项来改变标注文字及其方向。

② 标注圆弧或圆上某段圆周的角度。激活角度标注命令以后，命令行出现以下提示：

选择圆弧、圆、直线或〈指定顶点〉:选择圆弧或圆
　　指定标注弧线位置或[多行文字(M)/文字(T)/角度(A)]:指定标注弧线的位置或选择选项

如果标注部分圆周的角度,则出现以下提示:

指定角的第二个端点:指定标注圆周角的第二个端点
指定标注弧线位置或[多行文字(M)/文字(T)/角度(A)]:指定标注弧线的位置或选项

标注文字=〈当前值〉

结果如图10-60所示。

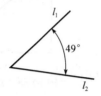
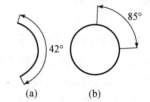

图10-59　标注两条不平行直线之间的夹角示例　　　图10-60　圆弧和圆周的角度标注示例

③ 标注三点之间的角度。激活角度标注命令以后,命令行出现以下提示:

选择圆弧、圆、直线或〈指定顶点〉:直接回车
指定角的顶点:指定角的顶点
指定角的第一个端点:指定标注角的第一个端点
指定角的第二个端点:指定标注角的第二个端点
指定标注弧线位置或[多行文字(M)/文字(T)/角度(A)]:指定标注弧线的位置或选项

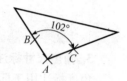

图10-61　三点角度标注示例

结果如图10-61所示。

4. 半径与直径标注

(1) 半径尺寸标注。半径尺寸标注就是标注圆弧或圆的半径尺寸。

① 命令格式。激活半径尺寸标注的方法有:

命令行输入:dimradius。

菜单栏:【标注】|【半径】。

标注工具栏:单击半径标注按钮 ◯。

② 操作。激活半径标注命令以后,命令行出现以下提示:

选择圆弧或圆:指定圆弧或圆对象
标注文字=〈当前值〉
指定尺寸线位置或[多行文字(M)/文字(T)/角度(A)]:给定尺寸线位置或选项

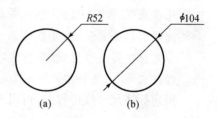

图10-62　半径和直径标注

结果如图10-62(a)所示。

(2) 直径尺寸标注。直径尺寸标注就是标注圆或圆弧的直径尺寸。

— 238 —

① 命令格式。激活直径尺寸标注的方法有：

命令行输入：dimdiameter。

菜单栏：【标注】|【直径】。

标注工具栏：单击直径标注按钮 ◎。

② 操作。激活直径标注命令以后，命令行出现以下提示：

选择圆弧或圆：指定圆弧或圆对象

标注文字=〈当前值〉

指定尺寸线位置或[多行文字(M)/文字(T)/角度(A)]：给定尺寸线位置或选项

结果如图 10-62(b)所示。AutoCAD 系统在标注半径尺寸时，会自动在尺寸数字前加上符号"R"；标注直径尺寸时，会自动在尺寸数字前加上符号"φ"。

5. 基线标注与连续标注

（1）基线尺寸标注。基线尺寸标注就是以某一个尺寸标注的第一条尺寸界线为基线，创建另一个尺寸标注。

① 命令格式。激活基线尺寸标注的方法有：

命令行输入：dimbaseline。

菜单栏：【标注】|【基线】。

标注工具栏：单击基线标注按钮 ⊢。

② 操作。用该命令标注基线尺寸前，应先用线性尺寸标注方式标注出基准尺寸，然后再标注基线尺寸，每一个基线尺寸都将以基准尺寸的第一条尺寸界线为第一尺寸界线进行标注。激活基线标注命令以后，命令行出现以下提示：

选择基准标注：选择基准标注的第一条尺寸界线

指定第二条尺寸界线原点或[放弃(U)/选择(S)]〈选择〉：指定第二条尺寸界线起点或选项

标注文字=〈当前值〉

指定第二条尺寸界线原点或[放弃(U)/选择(S)]〈选择〉：继续指定第二条尺寸界线起点或选项

标注文字=〈当前值〉

……

指定第二条尺寸界线原点或[放弃(U)/选择(S)]〈选择〉：继续指定第二条尺寸界线起点或回车结束命令

基线尺寸标注如图 10-63 所示。

（2）连续尺寸标注。连续尺寸标注就是在某一个尺寸标注的第二条尺寸界线处连续创建另一个尺寸标注，从而创建一个尺寸标注链。

① 命令格式。激活连续尺寸标注的方法有：

命令行输入：dimcontinue。

菜单栏：【标注】|【连续】。

标注工具栏：单击连续标注按钮 ⊢⊢。

② 操作。用该命令标注连续尺寸前，应先用线性尺寸标注方式标注出基准尺寸，然后再进行连续尺寸标注，每一个连续尺寸都将以前一尺寸

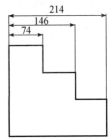

图 10-63 基线尺寸标注

的第二条尺寸界线为第一尺寸界线进行标注。激活连续标注命令以后,命令行出现以下提示:

> 选择连续标注:选择基准标注的第二条尺寸界线
> 指定第二条尺寸界线原点或[放弃(U)/选择(S)]〈选择〉:
> 指定第二条尺寸界线起点或选项
> 标注文字=〈当前值〉
> 指定第二条尺寸界线原点或[放弃(U)/选择(S)]〈选择〉:
> 继续指定第二条尺寸界线起点或选项
> 标注文字=〈当前值〉
> ……
> 指定第二条尺寸界线原点或[放弃(U)/选择(S)]〈选择〉:
> 继续指定第二条尺寸界线起点或回车结束命令

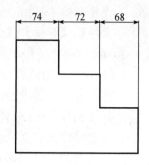

图 10-64　连续尺寸标注

连续尺寸标注如图 10-64 所示。

五、图案填充

在 AutoCAD 系统中,图案填充是指用某个图案来填充图形中的某个封闭区域,以表示该区域的特殊含义。例如在工程图中,图案填充用于表达一个剖切的区域,并且不同的图案填充表达不同的零部件或材料。

1. 图案填充命令

激活图案填充命令的方法有:

(1) 命令行输入:bhatch。

(2) 菜单栏:【绘图】|【图案填充】。

(3) 绘图工具栏:单击图案填充按钮 。

2. 操作

激活图案填充命令以后,AutoCAD 2007 弹出【边界图案填充】对话框,如图 10-65 所示。

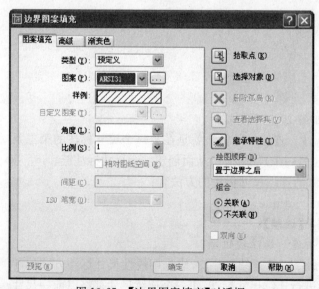

图 10-65　【边界图案填充】对话框

下面以图 10-66 为例来介绍图案填充的操作过程：

(1) 选择填充图案的类型。AutoCAD 2007 提供了丰富的填充图案。在【边界图案填充】对话框中选中【图案填充】选项，从【类型】下拉列表框中选择【预定义】选项，采用系统预定义的图案。然后打开【图案】下拉列表框，选中所需的图案，本例中选择"ANSI31"图案，在样例中就会显示对应的图形。

(2) 分别在【角度】和【比例】选项中设定填充图案的旋转角度和缩放比例。本例中"角度"设为"0"，比例设为"5"。

(3) 通过单击 按钮来设定填充的图形区域。此时【边界图案填充】对话框暂时关闭，回到绘图窗口，在需要填充的封闭图形区域内的任意位置单击鼠标左键，系统将自动选中封闭的图形区域；如果区域不封闭，系统将会给出提示。或者单击 按钮来依次选择需要填充的图形区域的边界，然后按〈Enter〉键结束选择。

(4) 预览。通过预览功能可以观察图案填充的情况，如果填充有误，可以进行修改。

(5) 确定，完成图案填充。图 10-66(a)为填充前的图形，图 10-66(b)为填充后的图形。

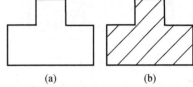

图 10-66　图案填充

3. 图案填充编辑

在创建图案填充以后，可以根据需要随时修改填充图案或修改图案区域的边界。

(1) 命令格式。激活图案填充编辑的方法有：

命令行输入：hatchedit。

菜单栏：【修改】|【对象】|【图案填充】。

(2) 操作。激活图案填充编辑命令以后，命令行出现以下提示：

　　选择图案填充对象：

选定需要编辑的填充图案后，AutoCAD 系统会重新弹出【边界图案填充】对话框，可以在该对话框中对填充图案进行修改。

第八节　图块与属性

在工程设计中，有很多图形元素需要大量重复使用，例如机械行业中的螺钉、螺母等标准紧固件，建筑行业中的座椅、家具等。这些多次重复使用的图形，如果每次都从头开始设计和绘制，就大大降低了绘图效率。AutoCAD 2007 可将逻辑上相关联的一系列图形对象定义成块，就从根本上解决了这类问题。

一、创建块

块是组成复杂图形的一组图形对象。在使用块之前，首先要创建相应的块，以便调用。创建块时，先要将组成块的图形对象绘制出来，然后再按照创建块的步骤将原始的图形对象定义成一个块。

1. 创建块的命令

激活创建块命令的方法有：

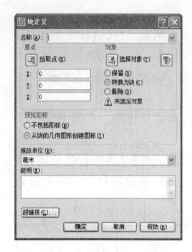

图 10-67 【块定义】对话框

(1) 命令行输入：block 或 bmake 或 b。

(2) 菜单栏：【绘图】|【块】|【创建】。

(3) 绘图工具栏：单击创建块按钮 。

2. 操作

激活创建块的命令以后，AutoCAD 系统弹出【块定义】对话框，如图 10-67 所示。在该对话框中，可以进行块的创建。

(1) 在【名称】框中输入所创建的块的名称，例如"螺钉""座椅"等。

(2) 在【基点】区域输入图块插入时的基点坐标，也可以用拾取点的方式从绘图窗口选取一点作为基点。

(3) 在【对象】区域确定组成块的图形对象。单击 按钮，返回绘图窗口，用户可以选择图形对象，然后单击鼠标右键回到【块定义】对话框，还可以在【拖放单位】选项中选择相应的拖放单位并附加必要的说明，然后单击确定，即完成块的创建。

二、块的插入

创建了块以后，即可进行块的插入操作。

1. 块的插入命令

激活块的插入命令的方法有：

(1) 命令行输入：insert。

(2) 菜单栏：【插入】|【块】。

(3) 绘图工具栏：单击插入块按钮 。

2. 操作

激活插入块命令以后，AutoCAD 系统弹出【插入】对话框，如图 10-68 所示。

图 10-68 【插入】对话框

(1) 在【名称】下拉列表框中选择所需要的块名或单击 按钮选择需要插入的图形文件作为块进行插入。

(2) 在【插入点】区域输入块插入时的点的坐标或用光标在绘图窗口直接指定。

(3) 给定块插入时的 X、Y、Z 三个方向的缩放比例，也可以在绘图窗口从命令行直接输入相应的比例系数。

(4) 在【旋转】区域输入块插入时的旋转角度，或从绘图窗口命令提示区直接输入旋转角度。

设置完成以后,单击确定,就完成了对块的插入。

第九节　AutoCAD 图形输出

　　AutoCAD 2007 提供了图形的输入与输出接口,不仅可以将其他应用程序中处理好的数据传送给 AutoCAD,以显示其图形;还可以直接使用 AutoCAD 提供的打印命令直接打印绘制好的图形。但在大多数情况下,用户希望对图形进行适当处理后再进行打印,如在一张图纸中输出图形的多个视图,添加标题栏等。此时就需要对图纸空间的布局进行操作,这就要求用户必须了解一些关于打印的设置方法。例如,打印设备和图纸尺寸的选择、打印范围、打印比例、打印区域与打印选项的设置等。

　　本节主要介绍 AutoCAD 2007 中布局的概念、布局的创建方法和打印设置,以及视口的创建和基本操作。同时,还对 AutoCAD 2007 中打印的作用和设置、打印样式的概念定义和使用,以及打印样式表和打印样式管理器的功能进行简单介绍。

一、工作空间

　　在 AutoCAD 2007 中有两种工作空间,即模型空间和布局空间。在模型空间中绘制图形时,可以绘制图形的主体模型;在布局空间中绘制图形时,可以排列模型的图纸形式。

　　本节将介绍一些关于 AutoCAD 图形输出的基本概念与常识,以帮助读者尽快掌握不同工作空间下的图形输出方法。

1. 模型空间

　　模型空间也就是用户在绘图和设计图纸时所说的工作空间。在模型空间中可以创建物体的视图模型,也可以完成二维或者三维造型;并且能根据用户需求用多个二维或三维视图来表达物体,如图 10-69 所示。

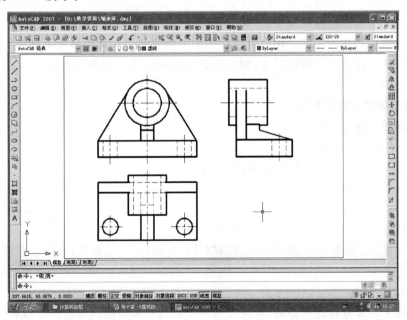

图 10-69　模型空间

2. 布局空间

布局空间又称为图纸空间，它完全模拟图纸页面，在绘图之前或之后安排图形的输出布局。例如希望在打印图形时为图形增加一个标题块，在一幅图中同时打印立体图形的三视图，这些都需借助图纸空间，如图 10-70 所示。

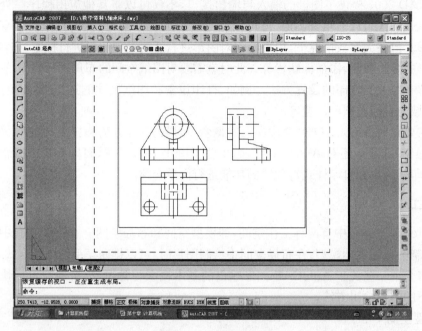

图 10-70　布局空间

二、布局空间设置

在布局空间中可以模拟图纸页面，并提供可预览的打印设置，可以创建并放置视口对象，还可以添加标题栏和几何图形。用户可以在图形中创建多个布局以显示不同视图。每个布局可以包含不同的打印比例和图纸尺寸，每一个布局表示一个可用各种比例显示一个或多个模型视图的图形表。

1. 使用布局命令创建布局

激活布局插入命令的方法有：

(1) 命令行输入：layout。

(2) 菜单栏：【插入】|【布局】|【新建布局】。

(3) 布局工具栏：单击布局按钮 。

2. 操作

在命令行输入布局命令"layout"，则 AutoCAD 提示：

输入布局选项 [复制(C)/删除(D)/新建(N)/样板(T)/重命名(R)/另存为(SA)/设置(S)/?]〈设置〉：

各项含义为：

(1) 复制(C)：复制指定的布局，复制后的新布局选项卡将插到被复制的布局选项卡之后。输入"C"，AutoCAD 继续提示：

输入要复制的布局名〈布局 2〉:(输入要复制的布局名。按〈Enter〉键选择默认值。)
输入要复制的布局名〈布局 2(2)〉:(输入复制后的布局名。)

(2) 删除(D):删除指定的布局。输入"D",AutoCAD 继续提示:

输入要删除的布局名〈布局 2〉:(输入要删除的布局名。)

(3) 新建(N):该选项主要用于创建一个新布局。选择该选项后,AutoCAD 将提示输入新布局的名称。

(4) 样板(T):该选项用于根据模板文件(.dwt)或图形文件(.dwg)中已有的布局来创建新的布局。选择该选项后,将弹出如图 10-71 所示的对话框。

图 10-71 【从文件选择样板】对话框

在该对话框中选择一个合适的模板文件后,将弹出如图 10-72 所示的对话框,在该对话框中选择一个或多个布局插入,最后单击【确定】即可。

(5) 重命名(R):该选项用于修改一个布局的名称。选择该选项后,AutoCAD 将提示用户输入要重新命名的布局名称和新的布局名称。

(6) 另存为(SA):该选项用于保存布局。选择该选项后,需要用户输入要保存到样板的布局,在输入布局名称后将弹出如图 10-72 所示的对话框。在该对话框中指定要保存的图形文件名称和路径,操作完成。

图 10-72 【创建图形文件】对话框

（7）设置(S)：该选项用于设置当前布局。在选择该选项后，需要用户输入设置为当前布局的名称。

（8）?：该选项用于显示图形中定义的所有布局。

3. 使用布局向导创建布局

创建布局的另一种方法是使用向导。布局向导可以通过选择【插入】|【布局】|【创建布局向导】命令或在命令行内输入"layout-wizard"命令调用。此时将弹出如图10-73所示的对话框。

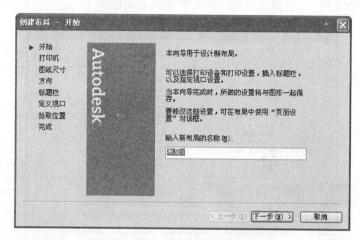

图10-73 【创建布局—开始】对话框

在该对话框中【新名称】文本框内输入新布局的名称，并单击【下一步】按钮。这时将弹出如图10-74所示的对话框。用户根据需要选择所要配置的打印机。

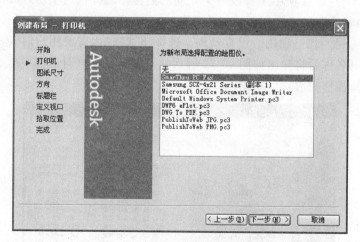

图10-74 【创建布局—打印机】对话框

打印机配置好以后，再次单击【下一步】按钮，将弹出如图10-75所示的对话框。在该对话框中，用户可以选择布局在打印时所使用的纸张大小和图形单位。

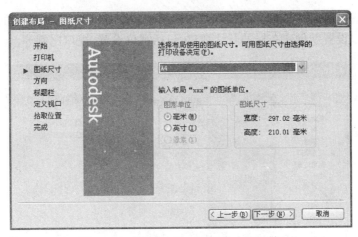

图 10-75 【创建布局—图纸尺寸】对话框

继续单击【下一步】按钮。下面需要设置打印的方向，AutoCAD 为用户提供了横向和纵向两种选择，如图 10-76 所示。设置完成后单击【下一步】按钮，此时弹出如图 10-77 所示的对话框，在该对话框中可以选择图纸的边框和标题栏的样式。

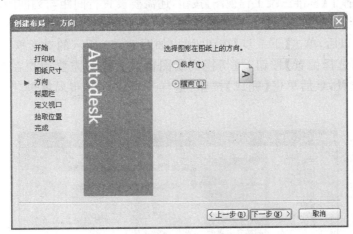

图 10-76 【创建布局—方向】对话框

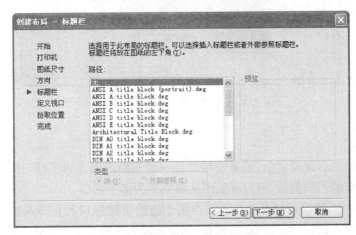

图 10-77 【创建布局—标题栏】对话框

设置好合适的标题栏后,单击【下一步】按钮。这时弹出如图10-78所示的对话框,在该对话框中,用户可以设置新创建布局的默认视口,包括视口设置、视口比例等。

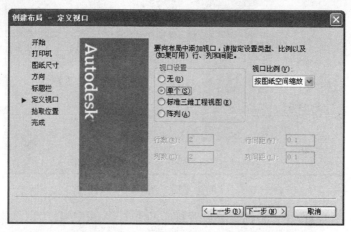

图 10-78 【创建布局—定义视口】对话框

如果用户选择了【标准三维工程视图】按钮,还需要设置行间距与列间距;如果选择了【阵列】按钮,则需要设置行数与列数。视口的比例可以从下拉列表中选择。

定义好视口以后,单击【下一步】按钮,弹出如图10-79所示的对话框,用来设置布局视口的位置;单击【选择位置】按钮,将切换到绘图窗口。此时需要用户在图形窗口中指定视口的大小和位置,最后单击【完成】按钮,这样一个完整的布局就创建完成了。其结果如图10-80所示。

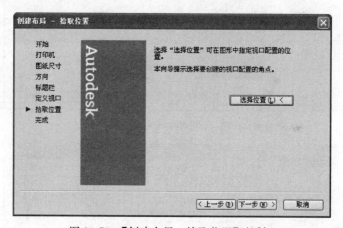

图 10-79 【创建布局—拾取位置】对话框

三、视口

如果所绘制的图形比较复杂,或者绘制的是一幅三维图形。为了便于同时观察图形的不同部分或三维图形的不同侧面,可以将绘图区域划分为多个视口。

在AutoCAD中,视口可以分为在模型空间创建的平铺视口和在布局图纸空间创建的浮动视口。对于平铺视口,各视口间必须相邻,视口只能为标准的矩形,而且用户无法调整视口边界。对于浮动视口而言,它是用来建立图形的最终布局的,其形状可以为矩形、任意多边形或圆等。浮动视口之间可以相互重叠,并能同时打印,而且可以调整视口边界形状。【视口】对话框如图 10-81 所示。

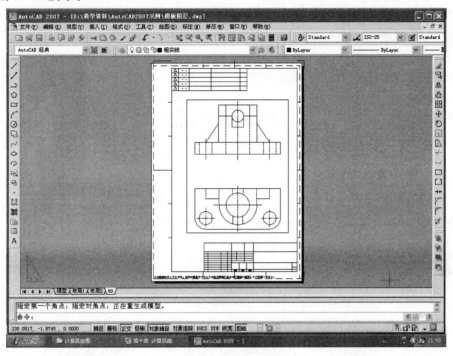

图 10-80　布局创建完成

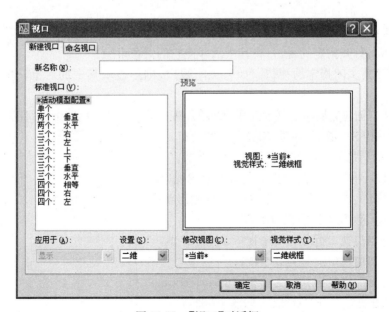

图 10-81　【视口】对话框

1. 使用视口命令创建视口

激活视口命令的方法有:

(1) 命令行输入:vports。
(2) 菜单栏:【视图】|【视口】|【新建视口】。
(3) 布局工具栏:单击视口按钮 。

如果在【模型】选项卡的命令下输入"vports",则显示命令行提示:

输入选项【保存(S)/恢复(R)/删除(D)/合并(J)/单一(SI)/? /2/3/4】〈3〉:输入选项

① 保存(S):使用指定的名称保存当前视口配置。
② 恢复(R):恢复以前保存的视口配置。
③ 删除(D):删除已命名的视口配置。执行该命令后,出现以下提示行:

输入要删除的视口配置名〈无〉:(输入名称或输入? 列出保存的视口配置)

④ 合并(J):将两个邻接的视口合并为一个较大的视口,得到的视口将继承主视口的视图。执行该命令后,出现以下提示行:

选择要合并的视口:(选择视口)

⑤ 单一(SI):将图形返回到单一视口的视图中,该视图使用当前视口的视图。
⑥ ?:列出视口配置即显示活动视口的标识号和屏幕位置。
⑦ 2:将当前视口拆分为2个相等的视口。
⑧ 3:将当前视口拆分为3个视口。
⑨ 4:将当前视口拆分为大小相同的4个视口。

此外,用户还可以在图纸空间使用视口命令创建视口,如果在【布局】选项卡的命令提示下输入"vports",则命令提示行将显示:

指定视口的角点或【开(ON)/关(OFF)/布满(F)/着色打印(S)/锁定(L)/对象(O)多边形(P)/恢复(R)/2/3/4】〈布满〉:(指定点或输入选项)

各选项含义分别如下:
① 用户可以直接指定两个角点来创建一个视口。
② 开(ON):打开指定的视口,将其激活并使它的对象可见。
③ 关(OFF):关闭指定的视口。如果关闭视口,则不显示其中的对象,也不能将其置为当前。
④ 布满(F):创建充满整个显示区域的视口。视口的实际大小由图纸空间视图的尺寸决定。
⑤ 着色打印(S):指定如何打印布局中的视口。
⑥ 锁定(L):锁定当前视口,与图层锁定类似。
⑦ 对象(O):将图纸空间中指定的对象换成视口。
⑧ 多边形(P):指定一系列的点创建不规则形状的视口。
⑨ 恢复(R):恢复保存的视口配置。
⑩ "2":将当前视口拆分为2个视口。
⑪ "3":将当前视口拆分为3个视口。
⑫ "4":将当前视口拆分为大小相同的4个视口。

在图纸空间创建视口的对话框,如图10-82所示。

四、图形输出设置

为了能使读者更好地掌握图形输出的方法与技巧,本节将简单介绍一些与图形输出相关的知识，如打印样式表的特点与使用方法、页面设置方案与布局样板文件的使用、在网上发布图形的方法等。

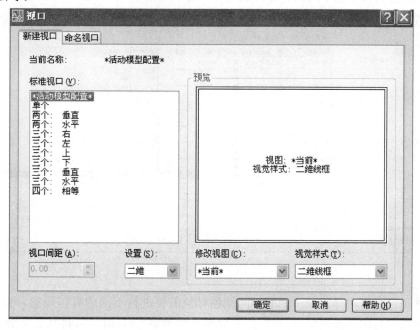

图 10-82 【新建视口】对话框

1. 图形打印与打印预览

如果要在 AutoCAD 2007 中打印图形，可以在【页面设置】中设置相应参数后单击【打印】，或者在【打印】对话框中设置打印参数后单击【确定】按钮。

若想要进行打印预览，可以选择【文件】|【打印预览】命令，或者单击【标准】工具栏中的打印预览按钮。如果没有在【页面设置】对话框中指定打印设备，则系统将无法进行打印预览。

在执行打印预览操作后，图形将处于缩放显示状态。此时单击并拖动鼠标，可以缩放打印预览画面。如果此时右击鼠标，系统将弹出一个快捷菜单，可以从中选择不同的菜单项，如退出打印预览、打印图形、平移预览画面等，如图 10-83 所示。

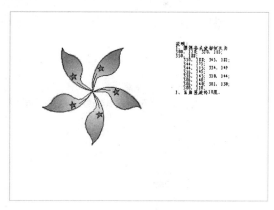

图 10-83 打印预览

2. 打印样式表

在输出图形时，根据输出对象的不同，对线型的要求也不相同。例如粗实线的宽度要比细实线宽，虚线、点画线、双点画线等的要求都不尽相同。这就需要设置不同的打印样式。

打印样式表有两种类型。一种是颜色相关打印样式表，它是用对象的颜色来确定打印特征。例如，图形中所有红色的图形对象均以相同的方式打印。可以在颜色相关打印样式表中编辑打印样式，但是不能添加或删除打印样式。当用户在创建图层时，如果选择的颜色不同，系统将根据颜色为其指定不同的打印样式，如图10-84 所示。

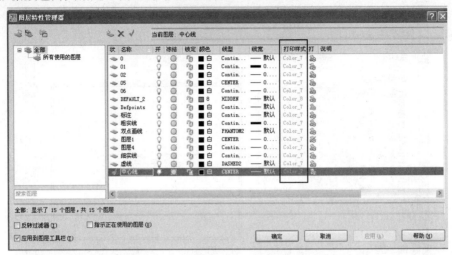

图 10-84　图层与打印样式

另一种是命名打印样式表。如果相同颜色对象需要进行不同的打印设置，可以使用这种方式。使用命名打印样式表时，可以根据需要创建多种命名打印样式，将其指定给对象。

3. 打印样式表的创建与编辑

要选择系统内置的打印样式表，可以直接在【页面设置】对话框中的【打印样式表】设置区的【名称】下拉列表中进行选择，如图10-85 所示。

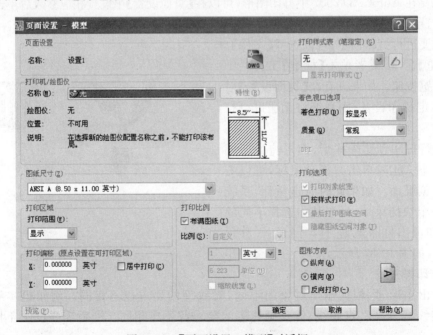

图 10-85　【页面设置—模型】对话框

要新建打印样式表，可以选择【文件】|【打印样式管理器】命令，这时将打开【打印样式】对

话框。在该对话框中双击【添加打印样式表向导】图标,将弹出【添加打印样式表】对话框向导,如图 10-86 所示。

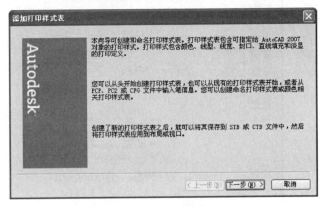

图 10-86　【添加打印样式表】向导

此时,按照提示单击【下一步】按钮,将弹出如图 10-87 中所示的【选择打印样式表】向导。提示用户创建颜色相关的打印样式表或者创建命名相关打印样式表。

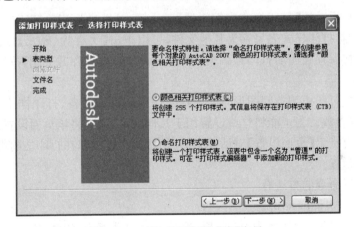

图 10-87　【选择打印样式表】向导

继续执行【下一步】命令,并且输入新文件名,接着执行【下一步】命令,单击弹出的如图 10-88 中所示的【打印样式表编辑器(S)...】按钮,此时将弹出如图 10-89 所示的对话框。

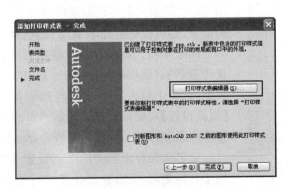

图 10-88　【添加打印样式表—完成】向导

工程制图及 AutoCAD

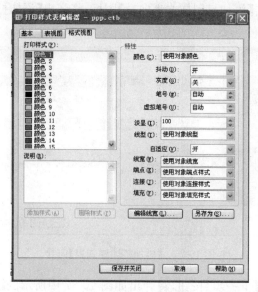

图 10-89 【打印样式表编辑器】对话框

通过图 10-89 所示的【打印样式表编辑器】对话框，可以进行相关打印参数的设置。设置完成后，如果希望将打印样式表另存为其他文件，可以单击【另存为(S)...】按钮。如果需要将修改后的结果直接保存在当前打印样式表文件中，可以单击【保存并关闭】按钮。

4. 页面设置

创建布局图或打印模型空间图形时必须指明使用的打印设备、打印样式、图纸尺寸、打印比例、打印范围等参数。为了能将这些设置用于其他图形，可以将该页面设置进行保存。如果在创建布局时没有指定【页面设置】对话框中的所有设置，也可以在打印之前设置页面，或者在打印时替换页面设置。

激活页面设置命令的方法有：

（1）命令行输入：pagesetup。

（2）菜单栏：在"模型"选项卡或"布局"选项卡上单击鼠标右键，然后选择【页面设置管理器】。

（3）布局工具栏：单击【页面设置】按钮：

图 10-90 【页面设置管理器】对话框

使用以上命令之一将激活【页面设置管理器】对话框，如图 10-90 所示。利用该对话框可以为当前布局或图纸指定页面设置，也可以创建命名页面设置、修改现有页面设置，或从其他图纸中输入页面设置。创建页面设置时可以在【页面设置管理器】对话框中单击【新建】按钮，在弹出的【新建页面设置】对话框中输入新页面的名称后单击【确定】按钮，将弹出【页面设置】对话框。当完成新的页面设置时，返回到【页面设置管理器】对话框，在该对话框中单击【置为当前】按钮。

命名和保存图形中的页面设置之后，要将这些页面设置用于其他图形，可以在命令提示行输入"psetupin"命令，或在

【页面设置管理器】对话框中单击【输入】按钮,此时弹出如图 10-91 所示的对话框。

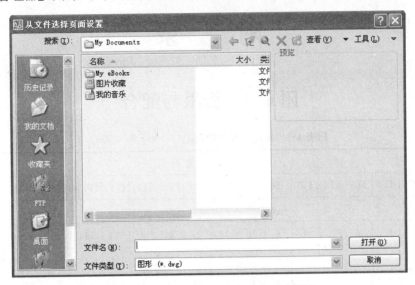

图 10-91 【从文件选择页面设置】对话框

在图 10-91 所示对话框中选择输入页面设置方案的图形文件之后,单击【打开】按钮,此时将打开【输入页面设置】对话框。在该对话框中选择希望输入的页面设置方案,单击【确定】按钮。此后该页面设置方案将会出现在【页面设置】对话框中的【页面设置名】下拉列表中。

5. 打印配置

在 AutoCAD 2007 中,一般使用绘图仪来输出图形文件。绘图仪管理器负责添加和修改 AutoCAD 绘图仪配置文件或 Windows 系统绘图仪配置文件。在绘图仪管理器中,可以创建和管理适用于 Windows 系统和 AutoCAD 设备的 pc3 文件。

要打开绘图仪管理器,可以在选择【文件】|【绘图仪管理器】菜单后,打开如图 10-92 所示的文件夹窗口。双击【添加绘图仪向导】图标,就可以向 AutoCAD 中添加绘图仪。要修改绘图仪配置,可以双击选定的绘图仪图标。

图 10-92 绘图仪管理器窗口

在 AutoCAD 2007 实际打印图形的过程中,所用到的打印机与绘图仪有各种不同的类型,但是它们的配置和使用方法却完全相同。在具体打印时,应该根据图形的特点和要求正确选择不同型号的绘图仪或打印机。

附 录

附录1 极限与配合

附表1-1 标准公差数值(GB/T 1800.2—2009)

基本尺寸/mm		公差等级																	
		IT1	IT2	IT3	IT4	IT5	I56	IT7	IT8	IT9	IT10	IT11	IT12	IT13	IT14	IT15	IT16	IT17	IT18
大于	至	/μm											/mm						
—	3	0.8	1.2	2	3	4	6	10	14	25	40	60	0.1	0.14	0.25	0.4	0.6	1	1.4
3	6	1	1.5	2.5	4	5	8	12	18	30	48	75	0.12	0.18	0.3	0.48	0.75	1.2	1.8
6	10	1	1.5	2.5	4	6	9	15	22	36	58	90	0.15	0.22	0.36	0.58	0.9	1.5	2.2
10	18	1.2	2	3	5	8	11	18	27	43	70	110	0.18	0.27	0.43	0.7	1.1	1.8	2.7
18	30	1.5	2.5	4	6	9	13	21	33	52	84	130	0.21	0.33	0.52	0.84	1.3	2.1	3.3
30	50	1.5	2.5	4	7	11	16	25	39	62	100	160	0.25	0.39	0.62	1	1.6	2.5	3.9
50	80	2	3	5	8	13	19	30	46	74	120	190	0.3	0.46	0.74	1.2	1.9	3	4.6
80	120	2.5	4	6	10	15	22	35	54	87	140	220	0.35	0.54	0.87	1.4	2.2	3.5	5.4
120	180	3.5	5	8	12	18	25	40	63	100	160	250	0.4	0.63	1	1.6	2.5	4	6.3
180	250	4.5	7	10	14	20	29	46	72	115	185	290	0.46	0.72	1.15	1.85	2.9	4.6	7.2
250	315	6	8	12	16	23	32	52	81	130	210	320	0.52	0.81	1.3	2.1	3.2	5.2	8.1
315	400	7	9	13	18	25	36	57	89	140	230	360	0.57	0.89	1.4	2.3	3.6	5.7	8.9
400	500	8	10	15	20	27	40	63	97	155	250	400	0.63	0.97	1.55	2.5	4	6.3	9.7
500	630	9	11	16	22	32	44	70	110	170	280	440	0.7	1.1	1.75	2.8	4.4	7	11
630	800	10	13	18	25	36	50	80	125	200	320	500	0.8	1.25	2	3.2	5	8	12.5
800	1 000	11	15	21	28	40	56	90	140	230	360	560	0.9	1.4	2.3	3.6	5.6	9	14
1 000	1 250	13	18	24	33	47	66	105	165	260	420	660	1.05	1.65	2.6	4.2	6.6	10.5	16.5
1 250	1 600	15	21	29	39	55	78	125	195	310	500	780	1.25	1.95	3.1	5	7.8	12.5	19.5
1 600	2 000	18	25	35	46	65	92	150	230	370	600	920	1.5	2.3	3.7	6	9.2	15	23
2 000	2 500	22	30	41	55	78	110	175	280	440	700	1 100	1.75	2.8	4.4	7	11	17.5	28
2500	3 150	26	36	50	68	96	135	210	330	540	860	1 350	2.1	3.3	5.4	8.6	13.5	21	33

注:1. 基本尺寸大于500mm 的 IT1~IT5 的标准公差数值为试行的。
    2. 基本尺寸小于或等于1mm时,无IT14~IT18。

附录

附表 1-2 常用及优先用途轴的极限偏差（GB/T 1800.2—2009）

基本尺寸 /mm		常用及优先公差带（带圈者为优先公差带）/μm											
		a	b		c			d				e		
大于	至	11	11	12	9	10	⑪	8	⑨	10	11	7	8	9
—	3	−270 −330	−140 −200	−140 −240	−60 −85	−60 −100	−60 −120	−20 −34	−20 −45	−20 −60	−20 −80	−14 −24	−14 −28	−14 −39
3	6	−270 −345	−140 −215	−140 −260	−70 −100	−70 −118	−70 −145	−30 −48	−30 −60	−30 −78	−30 −115	−20 −32	−20 −38	−20 −50
6	10	−280 −370	−151 −240	−150 −300	−80 −116	−80 −138	−80 −170	−40 −62	−40 −76	−40 −98	−40 −130	−25 −40	−25 −47	−25 −61
10	14	−290 −400	−150 −260	−150 −330	−95 −138	−95 −165	−95 −205	−50 −77	−50 −93	−50 −120	−50 −160	−32 −50	−32 −59	−32 −75
14	18													
18	24	−300 −430	−160 −290	−160 −370	−110 −162	−110 −194	−110 −240	−65 −98	−65 −117	−65 −149	−65 −195	−40 −61	−40 −73	−40 −92
24	30													
30	40	−310 −470	−170 −330	−170 −420	−120 −182	−120 −220	−120 −280	−80 −119	−80 −142	−80 −180	−80 −240	−50 −75	−50 −89	−50 −112
40	50	−320 −480	−180 −340	−180 −430	−130 −192	−130 −230	−130 −290							
50	65	−340 −530	−190 −380	−190 −490	−140 −214	−140 −260	−140 −330	−100 −146	−100 −174	−100 −220	−100 −290	−60 −90	−60 −106	−60 −134
65	80	−360 −550	−200 −390	−200 −500	−150 −224	−150 −270	−150 −340							
80	100	−380 −600	−220 −440	−220 −570	−170 −257	−170 −310	−170 −390	−120 −174	−120 −207	−120 −260	−120 −340	−72 −107	−72 −126	−72 −159
100	120	−410 −630	−240 −460	−240 −590	−180 −267	−180 −320	−180 −400							
120	140	−460 −710	−260 −510	−260 −660	−200 −330	−200 −360	−200 −450	−145 −208	−145 −245	−145 −305	−145 −390	−85 −125	−85 −148	−85 −185
140	160	−520 −770	−280 −530	−280 −680	−210 −310	−210 −370	−210 −460							
160	180	−850 −830	−310 −560	−310 −710	−230 −330	−230 −390	−230 −480							
180	200	−660 −950	−340 −630	−340 −800	−240 −355	−240 −425	−240 −530	−170 −242	−170 −285	−170 −355	−170 −460	−100 −146	−100 −172	−100 −215
220	225	−740 −1 030	−380 −670	−380 −840	−260 −375	−260 −445	−260 −550							
225	250	−820 −1 110	−420 −710	−420 −880	−280 −395	−280 −465	−280 −570							
250	280	−920 −1 240	−480 −800	−480 −1 000	−300 −430	−300 −510	−300 −620	−190 −271	−190 −320	−190 −400	−190 −510	−110 −162	−110 −191	−110 −240
280	315	−1 050 −1 370	−540 −860	−540 −1 060	−330 −460	−330 −540	−300 −650							
315	355	−1 200 −1 560	−600 −960	−600 −1 170	−360 −500	−360 −590	−360 −720	−210 −299	−210 −350	−210 −440	−210 −570	−125 −182	−125 −214	−125 −265
335	400	−1 350 −1 710	−680 −1 040	−680 −1 250	−400 −540	−400 −630	−400 −760							
400	450	−1 500 −1 900	−760 −1 160	−760 −1 390	−440 −595	−440 −690	−440 −840	−230 −327	−230 −358	−230 −480	−230 −630	−135 −198	−135 −232	−135 −200
450	500	−1 650 −2 050	−840 −1 240	−840 −1 470	−480 −635	−480 −730	−480 −880							

续表

基本尺寸/mm		常用及优先以公差带（带圈者为优先公差带）/μm													
		f					g			h					
大于	至	5	6	⑦	8	9	5	⑥	7	5	⑥	⑦	8	⑨	10	11	12
—	3	−6 −10	−6 −12	−6 −16	−6 −20	−6 −31	−2 −6	−2 −8	−2 −12	0 −4	0 −6	0 −10	0 −14	0 −25	0 −40	0 −60	0 −100
3	6	−10 −15	−10 −18	−10 −22	−10 −28	−10 −40	−4 −9	−4 −12	−4 −16	0 −5	0 −8	0 −12	0 −18	0 −30	0 −48	0 −75	0 −120
6	10	−13 −19	−13 −22	−13 −28	−13 −35	−13 −49	−5 −11	−5 −14	−5 −20	0 −6	0 −9	0 −15	0 −22	0 −36	0 −58	0 −90	0 −150
10	14	−16 −24	−16 −27	−16 −34	−16 −43	−16 −59	−6 −14	−6 −17	−6 −24	0 −8	0 −11	0 −18	0 −27	0 −43	0 −70	0 −110	0 −180
14	18																
18	24	−20 −29	−20 −33	−20 −41	−20 −53	−20 −72	−7 −16	−7 −20	−7 −28	0 −9	0 −13	0 −21	0 −33	0 −52	0 −84	0 −130	0 −210
24	30																
30	40	−25 −36	−25 −41	−25 −50	−25 −64	−25 −87	−9 −20	−9 −25	−9 −34	0 −11	0 −16	0 −25	0 −39	0 −62	0 −100	0 −160	0 −300
40	50																
50	65	−30 −43	−30 −49	−30 −60	−30 −76	−30 −104	−10 −23	−10 −29	−10 −40	0 −13	0 −19	0 −30	0 −46	0 −74	0 −120	0 −190	0 −300
65	80																
80	100	−36 −51	−36 −58	−36 −71	−36 −90	−36 −123	−12 −27	−12 −34	−12 −47	0 −15	0 −22	0 −35	0 −54	0 −87	0 −140	0 −220	0 −350
100	120																
120	140	−43 −61	−43 −68	−43 −83	−43 −106	−43 −143	−14 −32	−14 −39	−14 −54	0 −18	0 −25	0 −40	0 −63	0 −100	0 −160	0 −250	0 −400
140	160																
160	180																
180	200	−50 −70	−50 −79	−50 −96	−50 −122	−50 −165	−15 −35	−15 −44	−15 −61	0 −20	0 −29	0 −46	0 −72	0 −115	0 −185	0 −290	0 −460
200	225																
225	250																
250	280	−56 −79	−56 −88	−56 −108	−56 −137	−56 −186	−17 −40	−17 −49	−17 −69	0 −23	0 −32	0 −52	0 −81	0 −130	0 −210	0 −320	0 −520
280	315																
315	355	−62 −87	−62 −98	−62 −119	−62 −151	−62 −202	−18 −43	−18 −54	−18 −75	0 −25	0 −36	0 −57	0 −89	0 −140	0 −230	0 −360	0 −570
355	400																
400	450	−68 −95	−68 −108	−68 −131	−68 −165	−68 −223	−20 −47	−20 −60	−20 −83	0 −27	0 −40	0 −63	0 −97	0 −155	0 −250	0 −400	0 −630
450	500																

续表

基本尺寸 /mm		常用及优先公差带（带圈者为优先公差带）/μm													
		js			k			m			n			p		
大于	至	5	6	7	5	⑥	7	5	6	7	5	⑥	7	5	⑥	7
—	3	±2	±3	±5	+4 +0	+6 0	+10 0	+6 +2	+8 +2	+12 +2	+8 +4	+10 +4	+14 +4	+10 +6	+12 +6	+16 +6
3	6	±2.5	±4	±6	+6 +1	+9 +1	+13 +1	+9 +4	+12 +4	+16 +4	+13 +8	+16 +8	+20 +8	+17 +12	+20 +12	+24 +12
6	10	±3	±4.5	±7	+7 +1	+10 +1	+16 +1	+12 +6	+15 +6	+21 +6	+16 +10	+19 +10	+25 +10	+21 +15	+24 +15	+30 +15
10	14	±4	±5.5	±9	+9 +1	+12 +1	+19 +1	+15 +7	+18 +7	+25 +7	+20 +12	+23 +12	+30 +12	+26 +18	+29 +18	+36 +18
14	18															
18	24	±4.5	±6.5	±10	+11 +2	+15 +2	+23 +2	+17 +8	+21 +8	+29 +8	+24 +15	+28 +15	+36 +15	+31 +22	+35 +22	+43 +22
24	30															
30	40	±5.5	±8	±12	+13 +2	+18 +2	+27 +2	+20 +9	+25 +9	+34 +9	+28 +17	+33 +17	+42 +17	+37 +26	+42 +26	+51 +26
40	50															
50	65	±6.5	±9.5	±15	+15 +2	+21 +2	+32 +2	+24 +11	+30 +11	+41 +11	+33 +20	+39 +20	+50 +20	+45 +32	+51 +32	+62 +32
65	80															
80	100	±7.5	±11	±17	+18 +3	+25 +3	+38 +3	+28 +13	+35 +13	+48 +13	+38 +23	+45 +23	+58 +23	+52 +37	+59 +37	+72 +37
100	120															
120	140	±9	±12.5	±20	+21 +3	+28 +3	+43 +3	+33 +15	+40 +15	+55 +15	+45 +27	+52 +27	+67 +27	+61 +43	+68 +43	+83 +43
140	160															
160	180															
180	200	±10	±14.5	±23	+24 +4	+33 +4	+50 +4	+37 +17	+46 +17	+63 +17	+51 +31	+60 +31	+77 +31	+70 +50	+79 +50	+96 +50
200	225															
225	250															
250	280	±11.5	±16	±26	+27 +4	+36 +4	+56 +4	+43 +20	+52 +20	+72 +20	+57 +34	+66 +34	+86 +34	+79 +56	+88 +56	+108 +56
280	315															
315	355	±12.5	±18	±28	+29 +4	+40 +4	+61 +4	+46 +21	+57 +21	+78 +21	+62 +37	+73 +37	+94 +37	+87 +62	+98 +62	+119 +62
355	400															
400	450	±13.5	±20	±31	+32 +5	+45 +5	+68 +5	+50 +23	+63 +23	+86 +23	+67 +40	+80 +40	+103 +40	+95 +68	+108 +68	+131 +68
450	500															

续表

基本尺寸/mm		常用及优先公差带(带圈者为优先公差带)/μm												
		r			s			t			u		v	x	y	z
大于	至	5	6	7	5	⑥	7	5	6	7	⑥	7	6	6	6	6
—	3	+14/+10	+16/+10	+20/+10	+18/+14	+20/+14	+24/+14	—	—	—	+24/+18	+28/+18	—	+26/+20	—	+32/+26
3	6	+20/+15	+23/+15	+27/+15	+24/+19	+27/+19	+31/+19	—	—	—	+31/+23	+35/+23	—	+36/+28	—	+43/+35
6	10	+25/+19	+28/+19	+34/+19	+29/+23	+32/+23	+38/+23	—	—	—	+37/+28	+43/+28	—	+43/+34	—	+51/+42
10	14	+31/+23	+34/+23	+41/+23	+36/+28	+39/+28	+46/+28	—	—	—	+44/+33	+51/+33	—	+51/+40	—	+61/+50
14	18	+31/+23	+34/+23	+41/+23	+36/+28	+39/+28	+46/+28	—	—	—	+44/+33	+51/+33	+50/+39	+56/+45	—	+71/+60
18	24	+37/+28	+41/+28	+49/+28	+44/+35	+48/+35	+56/+35	—	—	—	+54/+41	+62/+41	+60/+47	+67/+54	+76/+63	+86/+73
24	30	+37/+28	+41/+28	+49/+28	+44/+35	+48/+35	+56/+35	+50/+41	+54/+41	+62/+41	+61/+48	+69/+48	+68/+55	+77/+64	+88/+75	+101/+88
30	40	+45/+34	+50/+34	+59/+34	+54/+43	+59/+43	+68/+43	+59/+48	+64/+48	+73/+48	+76/+60	+85/+60	+84/+68	+96/+80	+110/+94	+128/+112
40	50	+45/+34	+50/+34	+59/+34	+54/+43	+59/+43	+68/+43	+65/+54	+70/+54	+79/+54	+86/+70	+95/+70	+97/+81	+113/+97	+130/+114	+152/+136
50	65	+54/+41	+60/+41	+71/+41	+66/+53	+72/+53	+83/+53	+79/+66	+85/+66	+96/+66	+106/+87	+117/+87	+121/+102	+141/+122	+163/+144	+191/+172
65	80	+56/+43	+62/+43	+73/+43	+72/+59	+78/+59	+89/+59	+88/+75	+94/+75	+105/+75	+121/+102	+132/+102	+139/+120	+165/+146	+193/+174	+229/+210
80	100	+66/+51	+73/+51	+86/+51	+86/+71	+93/+71	+106/+71	+106/+91	+113/+91	+126/+91	+146/+124	+159/+124	+168/+146	+200/+178	+236/+214	+280/+258
100	120	+69/+54	+76/+54	+89/+54	+94/+79	+101/+79	+114/+79	+110/+104	+126/+104	+136/+104	+166/+144	+179/+144	+194/+172	+232/+210	+276/+254	+332/+310
120	140	+81/+63	+88/+63	+103/+63	+110/+92	+117/+92	+132/+92	+140/+122	+147/+122	+162/+122	+195/+170	+210/+170	+227/+202	+273/+248	+325/+300	+390/+365
140	160	+83/+65	+90/+65	+150/+65	+118/+100	+125/+100	+140/+100	+152/+134	+159/+134	+174/+134	+215/+190	+230/+190	+253/+228	+305/+280	+365/+340	+440/+415
160	180	+86/+68	+93/+68	+108/+68	+126/+108	+133/+108	+148/+108	+164/+146	+171/+146	+186/+146	+235/+210	+250/+210	+277/+252	+335/+310	+405/+380	+490/+465
180	200	+97/+77	+106/+77	+123/+77	+142/+122	+151/+122	+168/+122	+185/+166	+195/+166	+212/+166	+265/+236	+282/+236	+313/+284	+379/+350	+454/+425	+549/+520
200	225	+100/+80	+109/+80	+126/+80	+150/+130	+159/+130	+176/+130	+200/+180	+209/+180	+226/+180	+287/+258	+304/+258	+339/+310	+414/+385	+499/+470	+604/+575
225	250	+104/+84	+113/+84	+130/+84	+160/+140	+169/+140	+186/+140	+216/+196	+225/+196	+242/+196	+313/+284	+330/+284	+369/+340	+454/+425	+549/+520	+669/+640
250	280	+117/+94	+126/+94	+146/+94	+181/+158	+290/+158	+210/+158	+241/+218	+250/+218	+270/+218	+347/+315	+367/+315	+417/+385	+507/+475	+612/+680	+742/+710
280	315	+121/+98	+130/+98	+150/+98	+193/+170	+202/+170	+222/+170	+263/+240	+272/+240	+292/+240	+382/+350	+402/+350	+457/+425	+557/+525	+682/+650	+822/+790
315	355	+133/+108	+144/+108	+165/+108	+215/+190	+226/+190	+247/+190	+293/+268	+304/+268	+325/+268	+426/+390	+447/+390	+511/+475	+626/+590	+766/+730	+936/+900
355	400	+139/+114	+150/+114	+171/+114	+233/+208	+244/+208	+265/+208	+319/+294	+330/+294	+351/+294	+471/+435	+492/+435	+566/+530	+696/+660	+856/+820	+1 036/+1 000
400	450	+153/+126	+166/+126	+189/+126	+259/+232	+272/+232	+295/+232	+357/+330	+370/+330	+393/+330	+530/+490	+553/+490	+635/+595	+780/+740	+960/+920	+1 140/+1 100
450	500	+159/+132	+172/+132	+195/+132	+279/+252	+292/+252	+315/+252	+387/+360	+400/+360	+423/+360	+580/+540	+603/+540	+700/+660	+860/+820	+1 040/+1 000	+1 290/+1 250

附表 1-3 常用及优先用途孔的极限偏差(GB/T 1800.2—2009)

基本尺寸/mm		常用及优先公差带(带圈者为优先公差带)/μm												
		A	B	C	D				E		F			G
大于	至	11	11	12	11	8	⑨	10	11	8	9	6	7	⑧	9	6
—	3	+330 +270	+200 +140	+240 +140	+120 +60	+34 +20	+45 +20	+60 +20	+80 +20	+28 +14	+39 +14	+12 +6	+16 +6	+20 +6	+31 +6	+8 +2
3	6	+345 +270	+215 +140	+260 +140	+145 +70	+48 +30	+60 +30	+78 +30	+105 +30	+38 +20	+50 +20	+18 +10	+22 +10	+28 +10	+40 +10	+12 +4
6	10	+370 +280	+240 +150	+300 +150	+170 +80	+62 +40	+76 +40	+98 +40	+170 +40	+47 +25	+61 +25	+22 +13	+28 +13	+35 +13	+49 +13	+14 +5
10	14	+400 +290	+260 +150	+330 +150	+205 +95	+77 +50	+93 +50	+120 +50	+160 +50	+59 +32	+75 +32	+27 +16	+34 +16	+43 +16	+59 +16	+17 +6
14	18															
18	24	+430 +300	+260 +160	+370 +160	+240 +110	+98 +65	+117 +65	+149 +65	+195 +65	+73 +40	+92 +40	+33 +20	+41 +20	+53 +20	+72 +20	+20 +7
24	30															
30	40	+470 +310	+330 +170	+420 +170	+280 +170	+119 +80	+142 +80	+180 +80	+240 +80	+89 +50	+112 +50	+41 +25	+50 +25	+64 +25	+87 +25	+25 +9
40	50	+480 +320	+340 +180	+430 +180	+290 +180											
50	65	+530 +340	+389 +190	+490 +190	+330 +140	+146 +100	+170 +100	+220 +100	+290 +100	+106 +60	+134 +60	+49 +30	+60 +30	+76 +30	+104 +30	+29 +10
65	80	+550 +360	+330 +200	+500 +200	+340 +150											
80	100	+600 +380	+440 +220	+570 +220	+390 +170	+174 +120	+207 +120	+260 +120	+340 +120	+126 +72	+159 +72	+58 +36	+71 +36	+90 +36	+123 +36	+34 +12
100	120	+630 +410	+460 +240	+590 +240	+400 +180											
120	140	+710 +460	+510 +260	+660 +260	+450 +200	+208 +145	+245 +145	+305 +145	+395 +145	+148 +85	+185 +85	+68 +43	+83 +43	+106 +43	+143 +43	+39 +14
140	160	+770 +520	+530 +280	+680 +280	+460 +210											
160	180	+830 +580	+560 +310	+710 +310	+480 +230											
180	200	+950 +660	+630 +340	+800 +340	+530 +240	+240 +170	+285 +170	+355 +170	+460 +170	+172 +100	+215 +100	+79 +50	+96 +50	+122 +50	+165 +50	+44 +15
200	225	+1 030 +740	+670 +380	+840 +380	+550 +260											
225	250	+1 110 +820	+710 +420	+880 +420	+570 +280											
250	280	+1 240 +320	+800 +480	+1 000 +480	+620 +300	+271 +190	+320 +190	+400 +190	+510 +190	+191 +110	+240 +110	+88 +56	+108 +56	+137 +56	+186 +56	+49 +17
280	315	+1 370 +1 050	+860 +540	+1 060 +540	+650 +330											
315	355	+1 560 +1 200	+960 +600	+1 170 +600	+720 +360	+299 +210	+350 +210	+440 +210	+570 +210	+214 +125	+265 +125	+98 +62	+119 +62	+151 +62	+202 +62	+54 +18
355	400	+1 710 +1 350	+1 040 +680	+1 250 +680	+760 +400											
400	450	+1 900 +1 500	+1 160 +760	+1 390 +760	+840 +440	+327 +230	+385 +230	+480 +230	+630 +230	+232 +135	+290 +135	+108 +68	+131 +68	+165 +68	+223 +68	+60 +20
450	500	+2 050 +1 650	+1 240 +840	+1 470 +840	+880 +480											

续表

基本尺寸/mm		常用及优先公差带（带圈者为优先公差带）/μm														
		H							JS			K			M		
大于	至	⑦	6	⑦	⑧	⑨	10	11	12	6	7	8	6	⑦	8	6	7	8
—	3	+12 +2	+6 0	+10 0	+14 0	+25 0	+40 0	+60 0	+100 0	±3	±5	±7	0 −6	0 −10	0 −11	−2 −8	−2 −12	−2 −16
3	6	−16 −4	+8 0	+12 0	+18 0	+30 0	+48 0	+75 0	+120 0	±4	±6	±9	+2 −6	+3 −9	+5 −13	−1 −9	0 −12	+2 −16
6	10	+20 +5	+9 0	+15 0	+22 0	+36 0	+58 0	+90 0	+150 0	±4.5	±7	±11	+2 −7	+5 −10	+6 −16	−3 −12	0 −15	+1 −21
10	14	+24 +6	+11 0	+18 0	+27 0	+43 0	+70 0	+110 0	+180 0	±5.5	±9	±13	+2 −9	+6 −12	+8 −19	−4 −15	0 −18	+2 −25
14	18																	
18	24	+28 +7	+13 0	+21 0	+33 0	+52 0	+84 0	+130 0	+210 0	±6.5	±10	±16	+2 −11	+6 −15	+10 −22	−4 −17	0 −21	+4 −29
24	30																	
30	40	+34 +9	+16 0	+25 0	+39 0	+62 0	100 0	+160 0	+250 0	±8	±12	±19	+3 −13	+7 −18	+12 −27	−4 −20	0 −25	+5 −34
40	50																	
50	65	+40 +10	+19 0	+30 0	+46 0	+74 0	+120 0	+190 0	+300 0	±9.5	±15	±23	+4 −15	+9 −21	+12 −32	−5 −24	0 +30	+5 −41
65	80																	
80	100	+47 +12	+22 0	+35 0	+54 0	+87 0	+140 0	+220 0	+350 0	±11	±17	±27	+4 −18	+10 −25	+16 −33	−6 −28	0 −35	+6 −43
100	120																	
120	140	+54 +14	+25 0	+40 0	+63 0	+100 0	+160 0	+250 0	+400 0	±12.5	±20	±31	+4 −21	+12 −28	+20 −43	−8 −33	0 −40	+8 −55
140	160																	
160	180																	
180	200	+61 +15	+29 0	+46 0	+72 0	+115 0	+185 0	+290 0	+460 0	±14.5	±23	±36	+5 −24	+13 −33	+22 −50	−8 −37	0 −46	+9 −63
200	225																	
225	250																	
250	280	+69 +17	+32 0	+52 0	+81 0	+130 0	+210 0	+320 0	+520 0	±16	±26	±40	+5 −27	+16 −36	+25 −56	−9 −41	0 −52	+9 −72
280	315																	
315	355	+75 +18	+36 0	+57 0	+89 0	+140 0	+230 0	+360 0	+570 0	±18	±28	±44	+7 −29	+17 −40	+28 −61	−10 −46	0 −57	+11 −78
355	400																	
400	450	+83 +20	+40 0	+63 0	+97 0	+155 0	+250 0	+400 0	+630 0	±20	±31	±48	+8 −32	+18 −45	+29 −68	−10 −50	0 −63	+11 −86
450	500																	

续表

基本尺寸/mm		常用及优先公差带(带圈者为优先公差带)/μm										
		N			P		R		S		T		U
大于	至	6	⑦	8	6	⑦	6	7	6	⑦	6	7	⑦
—	3	−4 −10	−4 −14	−4 −18	−6 −12	−6 −16	−10 −16	−10 −20	−14 −20	−14 −24	—	—	−18 −28
3	6	−5 −13	−4 −16	−2 −20	−9 −17	−8 −20	−12 −20	−11 −23	−16 −24	−15 −27	—	—	−19 −31
6	10	−7 −16	−4 −19	−3 −25	−12 −21	−9 −24	−16 −25	−13 −28	−20 −29	−17 −32	—	—	−22 −37
10	14	−9 −20	−5 −23	−3 −30	−15 −26	−11 −29	−20 −31	−16 −34	−25 −36	−21 −39	—	—	−26 −44
14	18												
18	24	−11 −24	−7 −28	−3 −36	−18 −31	−14 −35	−24 −37	−20 −41	−31 −44	−27 −48	—	—	−33 −54
24	30										−37 −50	−33 −54	−40 −61
30	40	−12 −28	−8 −33	−3 −42	−21 −37	−17 −42	−29 −45	−25 −50	−38 −54	−34 −59	−43 −59	−39 −64	−51 −76
40	50										−49 −65	−45 −70	−61 −76
50	65	−14 −33	−9 −39	−4 −50	−26 −45	−21 −51	−35 −54	−30 −60	−47 −66	−42 −72	−60 −79	−55 −85	−86 −106
65	80						−37 −56	−32 −62	−53 −72	−48 −78	−69 −88	−64 −94	−91 −121
80	100	−16 −38	−10 −45	−4 −58	−30 −52	−24 −59	−44 −66	−38 −73	−64 −86	−58 −93	−84 −106	−78 −113	−111 −146
100	120						−47 −69	−41 −76	−72 −94	−66 −101	−97 −119	−91 −126	−131 −166
120	140	−20 −45	−12 −52	−4 −67	−36 −61	−28 −68	−56 −81	−48 −88	−85 −110	−77 −117	−115 −140	−107 −147	−155 −195
140	160						−58 −83	−50 −90	−93 −118	−85 −125	−137 −152	−110 −159	−175 −215
160	180						−61 −86	−53 −93	−101 −126	−93 −133	−139 −164	−131 −171	−195 −235
180	200	−22 −51	−14 −60	−5 −77	−41 −70	−33 −79	−68 −97	−60 −106	−113 −142	−101 −155	−157 −186	−149 −195	−219 −265
200	225						−71 −100	−63 −109	−121 −150	−113 −159	−171 −200	−163 −209	−241 −287
225	250						−75 −104	−67 −113	−131 −160	−123 −169	−187 −216	−179 −225	−317 −263
250	280	−25 −57	−14 −66	−5 −86	−47 −79	−36 −88	−85 −117	−74 −126	−149 −181	−138 −190	−209 −241	−198 −250	−295 −347
280	315						−89 −121	−78 −130	−161 −193	−150 −202	−231 −263	−220 −272	−330 −382
315	355	−26 −62	−16 −73	−5 −94	−51 −87	−41 −98	−97 −133	−87 −144	−179 −215	−169 −226	−257 −293	−247 −304	−369 −426
355	400						−103 −139	−93 −150	−197 −233	−187 −244	−283 −319	−273 −330	−414 −471
400	450	−27 −67	−17 −80	−6 −103	−55 −95	−45 −108	−113 −153	−103 −166	−219 −259	−209 −272	−317 −357	−307 −370	−467 −530
450	500						−119 −159	−109 −172	−239 −279	−229 −292	−347 −387	−337 −400	−517 −580

附录 2 螺 纹

附表 2-1 普通螺纹直径、螺距和基本尺寸(GB/T 193—2003,GB/T 196—2003)

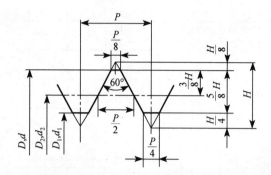

标记示例

粗牙普通螺纹,公称直径 $d=10$,中径公差带代号 5g,顶径公差带代号 6g,标记:
M10－5g6g

细牙普通螺纹,公称直径 $d=10$,螺距 $P=1$,中径、顶径公差带代号 7H,标记:
M10×1－7H

公称直径 D,d		螺距 P		螺纹小径 D_1,d_1
第一系列	第二系列	粗牙	细牙	粗牙
3		0.5	0.35	2.459
	3.5	0.6		2.850
4		0.7	0.5	3.242
	4.5	0.75		3.688
5		0.8		4.134
6		1	0.75	4.917
8		1.25	1,0.75	6.647
10		1.5	1.25,1,0.75	8.376
12		1.75	1.25,1	10.106
	14	2	1.5,1.25,1	11.835
16		2	1.5,1	13.835
	18	2.5	2,1.5,1	15.294
20		2.5		17.294
	22	2.5	2,1.5,1	19.294
24		3	2,1.5,1	20.752
	27	3	2,1.5,1	23.752
30		3.5	(3),2,1.5,1	26.211
	33	3.5	(3),2,1.5	29.211
36		4	3,2,1.5	31.670

注:1. 螺纹公称直径应优先选用第一系列,第三系列未列入。
 2. 括号内的尺寸尽量不用。

附表 2-2　55°非密封管螺纹(GB/T 7307—2001)

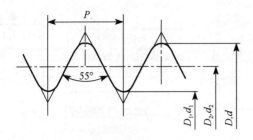

标　记　示　例

G1$\frac{1}{2}$LH：1$\frac{1}{2}$左旋内螺纹(右旋不标)

G1$\frac{1}{2}$B：1$\frac{1}{2}$B级外螺纹

尺寸代号	第25.4mm中的螺纹牙数	螺距 P	螺纹直径	
			大径 D,d	小径 D_1,d_1
$\frac{1}{8}$	28	0.907	9.728	8.566
$\frac{1}{4}$	19	1.337	13.157	11.445
$\frac{3}{8}$	19	1.337	16.662	14.950
$\frac{1}{2}$	14	1.814	20.955	18.631
$\frac{5}{8}$	14	1.814	22.911	20.587
$\frac{3}{4}$	14	1.814	26.411	24.117
$\frac{7}{8}$	14	1.814	30.201	27.887
1	11	2.309	33.249	30.291
1$\frac{1}{8}$	11	2.309	37.897	34.939
1$\frac{1}{4}$	11	2.309	41.910	38.952
1$\frac{1}{2}$	11	2.309	47.803	44.845
1$\frac{1}{4}$	11	2.309	53.746	50.788
2	11	2.309	59.614	56.656
2$\frac{1}{4}$	11	2.309	65.710	62.752
2$\frac{1}{2}$	11	2.309	75.184	72.226
2$\frac{3}{8}$	11	2.309	81.534	78.576
3	11	2.309	87.884	84.926

附表 2-3 55°密封管螺纹(GB/T 7306.1—2000)

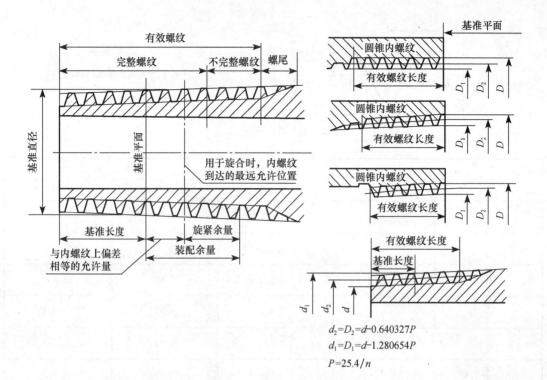

$d_2=D_2=d-0.640327P$
$d_1=D_1=d-1.280654P$
$P=25.4/n$

尺寸代号	第25.4mm内螺纹牙数 n	螺距 P /mm	基面上直径/mm			基准长度/mm	有效螺纹长度/mm	装配余量	
			基本大径(基面直径) $d=D$	中径 $d_2=D_2$	小径 $d_1=D_1$			余量/mm	圈数
1/16	28	0.907	7.723	7.142	6.561	4	6.5	2.5	2¾
⅛	28	0.907	9.728	9.147	8.566	4	6.5	2.5	2¾
¼	19	1.337	13.157	12.301	11.445	6	9.7	3.7	2¾
⅜	19	1.337	16.662	15.806	14.950	6.4	10.1	3.7	2¾
½	14	1.814	20.955	19.793	18.631	8.2	13.2	5	2¾
¾	14	1.814	26.441	25.279	24.117	9.5	14.5	5	2¾
1	11	2.309	33.249	31.770	30.291	10.4	16.8	6.4	2¾
1¼	11	2.309	41.910	40.431	38.952	12.7	19.1	6.4	2¾
1½	11	2.309	47.803	46.324	44.845	12.7	19.1	6.4	3¼
2	11	2.309	59.614	58.135	56.656	15.9	23.4	7.5	4
2½	11	2.309	75.184	73.705	72.226	17.5	26.7	9.2	4
3	11	2.309	87.884	86.405	84.926	20.6	29.8	9.2	4
3½ *	11	2.309	100.330	98.851	97.372	22.2	31.4	9.2	4
4	11	2.309	113.030	111.551	110.072	25.4	35.8	10.4	4½
5	11	2.309	138.430	136.951	135.472	28.6	40.1	11.5	5
6	11	2.309	163.830	162.351	160.872	28.6	40.1	11.5	5

注:1. 本表适用于管子、管接头、旋塞、阀门和其他螺纹连接的附件。
2. 有*的代号限用于蒸汽机车。

附录3 螺纹紧固件

附表3-1 六角头螺栓 C级(GB/T 5780—2016)、六角头螺栓 A和B级(GB/T 5782—2016)

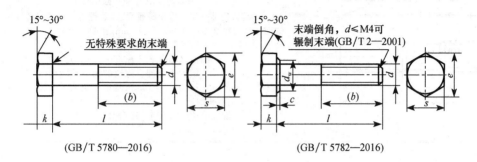

(GB/T 5780—2016)　　　　　(GB/T 5782—2016)

标记示例

螺纹规格为M12、公称长度$l=80$、性能等级为8.8级、表面氧化、A级六角头螺栓的标记：

螺栓 GB/T 5780 M12×80

螺纹规格d			M3	M4	M5	M6	M8	M10	M12	M16	M20	M24	M30
b 参考	$l\leqslant125$		12	14	16	18	22	26	30	38	46	54	66
	$125<l\leqslant200$		18	20	22	24	28	32	36	44	52	60	72
	$l\leqslant200$		31	33	35	37	41	45	49	57	65	73	85
c(max)			0.4	0.4	0.5	0.5	0.6	0.6	0.6	0.8	0.8	0.8	0.8
d_w	产品等级	A	4.57	5.88	6.88	8.88	11.63	14.63	16.63	22.49	28.19	33.61	—
		B	4.45	5.74	6.74	8.74	11.47	14.47	16.47	22	27.7	33.25	42.75
e	产品等级	A	6.01	7.66	8.79	11.05	14.38	17.77	20.03	26.75	33.53	39.98	—
		B	5.88	7.50	8.63	10.89	14.20	17.59	19.85	25.17	32.95	39.55	50.85
k 公称			2	2.8	3.5	4	5.3	6.4	7.5	10	12.5	15	18.7
r			0.1	0.2	0.2	0.25	0.4	0.4	0.6	0.6	0.8	0.8	1
s 公称			5.5	7	8	10	13	16	18	24	30	36	46
l(商品规格范围)			20~30	25~40	25~50	30~60	40~80	45~100	50~120	65~160	80~200	90~240	110~300
l 系列			12,16,20,25,30,45,40,45,50,55,60,65,70,80,90,100,120,130,140,150,160,180,200,220,240,260,280,300,320,340,360										

注：1. A级用于$d\leqslant24$和$l\leqslant10d$或$l\leqslant150$的螺栓；B级用于$d>24$和$l>10d$或$l>150$的螺栓。
2. 螺纹规格d范围：GB/T 5780—2016为M5~M64；GB/T 5782—2016为M1.6~M64。
3. 公称长度l范围：GB/T 5780—2016为25~500；GB/T 5782—2016为12~500。

附表 3-2　双头螺柱 $b_m=d$(GB/T 897—1988)、$b_m=1.25d$(GB/T 898—1988)、$b_m=1.5d$(GB/T 899—1988)、$b_m=2d$(GB/T 900—1988)

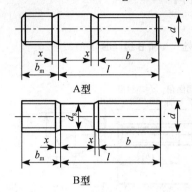

A型

B型

标记示例

1. 两端均为粗牙普通螺纹，$d=10$mm，$l=15$mm 性能等级为 4.8 级，不经表面处理，B 型、$b_m=d$ 的双头螺柱：
　　螺柱　GB/T 897 M10×50
2. 旋入机体一端为粗牙普通螺纹，旋螺母一端为螺距 $P=1$mm 的细牙普通螺纹，$d=10$mm，$l=15$mm，性能等级为 4.8 级，不经表面处理，A 型、$b_m=d$ 的双头螺柱：
　　螺柱　GB/T 897 AM10-M10×1×50
3. 旋入机体一端为过渡配合螺纹的第一种配合，旋螺母一端为粗牙普通螺纹，$d=10$mm，$l=15$mm 性能等级为 8.8 级，镀锌钝化，B 型、$b_m=d$ 的双头螺柱：
　　螺柱　GB/T 897 GM10-M10×50-8.8-Zn·D

mm

螺纹规格 d	b_m				l/b
	GB/T 897 —1988	GB/T 898 —1988	GB/T 899 —1988	GB/T 900 —1988	
M2			3	4	(12~16)/6,(18~25)/10
M2.5			3.5	5	(14~18)/8,(20~30)/11
M3			4.5	6	(16~20)/6,(22~40)/12
M4			6	8	(16~22)/8,(25~40)/14
M5	5	6	8	10	(16~22)/10,(25~50)/16
M6	6	8	10	12	(18~22)/10,(25~30)/14,(32~75)/18
M8	8	10	12	16	(18~22)/12,(25~30)/16,(32~90)/22
M10	10	12	15	20	(25~28)/14,(30~38)/16,(40~120)/30,130/32
M12	12	15	18	24	(25~30)/16,(32~40)/20,(45~120)/30,(130~180)/36
(M14)	14	18	21	28	(30~35)/18,(38~45)/25,(50~120)/34,(130~180)/40
M16	16	20	24	32	(30~38)/20,(40~55)/30,(60~120)/38,(130~200)/44
(M18)	18	22	27	36	(35~40)/22,(45~60)/35,(65~120)/42,(130~200)/48
M20	20	25	30	40	(35~40)/25,(45~65)/35,(70~120)/46,(130~200)/52
M22	22	28	33	44	(40~45)/30,(50~70)/40,(75~120)/50,(130~200)/56
M24	24	30	36	48	(45~50)/30,(55~75)/45,(80~120)/54,(130~200)/60
(M27)	27	35	40	54	(50~60)/35,(65~85)/50,(90~120)/60,(130~200)/66
M30	30	38	45	60	(60~65)/40,(70~90)/50,(95~120)/66,(130~200)/72,(210~250)/85
M36	36	45	54	72	(65~75)/45,(80~110)/60,120/78,(130~200)/84,(210~300)/97
M42	42	52	63	84	(70~80)/50,(65~110)/70,120/90,(130~200)/96,(210~300)/109
M48	48	60	72	96	(80~90)/60,(95~110)/80,120/102,(130~200)/108,(210~300)/121
l(系列)	12,(14),16,(18),20,(22),25,(28),30,(32),35,(38),40,45,50,55,60,65,70,75,80,85,90,95,100,110,120,130,140,150,160,170,180,190,200,210,220,230,240,250,260,280,300				

注：1. $b_m=d$ 一般用于旋入机体为钢的场合；$b_m=(1.25~1.5)d$ 一般用于旋入机体为铸铁的场合；$b_m=2d$ 一般用于旋入机体为铝的场合。
　2. 不带括号的为优先系列，仅 GB/T 898—1988 有优先系列。
　3. b 不包括螺尾。
　4. $d_g \approx$ 螺纹基本中径。
　5. $x_{max}=1.5P$(螺距)。

附表 3-3 开槽圆头螺钉(GB/T 65—2016)

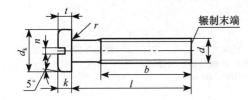

标 记 示 例

螺纹规格为 M5、公称长度 $l=20$、性能等级为 4.8 级、不经表面处理的 A 级开槽圆柱头螺钉：

螺钉 GB/T 65 M5×20

mm

螺纹规格 d	M4	M5	M6	M8	M10
螺距 P	0.7	0.8	1	1.25	1.5
b	38	38	38	38	38
d_k	7	8.5	10	13	16
k	2.6	3.3	3.9	5	6
n	1.2	1.2	1.6	2	2.5
r	0.2	0.2	0.25	0.4	0.4
t	1.1	1.3	1.6	2	2.4
公称长度 l	5～40	6～50	8～60	10～80	12～80
l 系列	5,6,8,10,12,(14),16,20,25,30,35,40,45,50,(55),60,(65),70,(75),80					

注：1. 公称长度 $l \leqslant 40$ 的螺钉，制出全螺纹。
　　2. 螺纹规格 $d=$M1.6～M10；公称长度 $l=$2～80。
　　3. 括号内的规格尽可能不采用。

附表 3-4 开槽盘头螺钉(GB/T 67—2016)

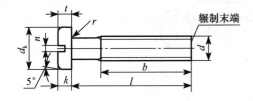

标 记 示 例

螺纹规格为 M5、公称长度 $l=20$、性能等级为 4.8 级、不经表面处理的 A 级开槽盘头螺钉：

螺钉 GB/T 67 M5×20

mm

螺纹规格 d	M1.6	M2	M2.5	M3	M4	M5	M6	M8	M10
螺距 P	0.35	0.4	0.45	0.5	0.7	0.8	1	1.25	1.5
b	25	25	25	25	38	38	38	38	38
d_k	3.2	4	5	5.6	8	9.5	12	16	20
k	1	1.3	1.5	1.8	2.4	3	3.6	4.8	6
n	0.4	0.5	0.6	0.8	1.2	1.2	1.6	2	2.5
r	0.1	0.1	0.1	0.1	0.2	0.2	0.25	0.4	0.4
t	0.35	0.5	0.6	0.7	1	1.2	1.4	1.9	2.4
公称长度 l	2～16	2.5～20	3～25	4～30	5～40	6～50	8～60	10～80	12～80
l 系列	2,2.5,3,4,5,6,8,10,12,(14),16,20,25,30,35,40,45,50,(55),60,(65),70,(75),80								

注：1. M1.6～M3 的螺钉，公称长度 $l \leqslant 30$ 的，制出全螺纹；M4～M10 的螺钉，公称长度 $l \leqslant 40$ 的，制出全螺纹。
　　2. 括号内的规格尽可能不采用。

附表 3-5 开槽沉头螺钉（GB/T 68—2016）

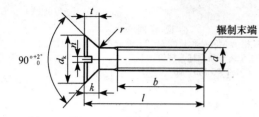

标 记 示 例

螺纹规格 $d=$M5、公称长度 $l=20$、性能等级为 4.8 级、不经表面处理的 A 级开槽沉头螺钉：

螺钉 GB/T 68 M5×20

mm

螺纹规格 d	M1.6	M2	M2.5	M3	M4	M5	M6	M8	M10
螺距 P	0.35	0.4	0.45	0.5	0.7	0.8	1	1.25	1.5
b	25	25	25	25	38	38	38	38	38
d_k	3.6	4.4	5.5	6.3	9.4	10.4	12.6	17.3	20
k	1	1.2	1.5	1.65	2.7	2.7	3.3	4.65	5
n	0.4	0.5	0.6	0.8	1.2	1.2	1.6	2	2.5
r	0.4	0.5	0.6	0.8	1	1.3	1.5	2	2.5
t	0.5	0.6	0.75	0.85	1.3	1.4	1.6	2.3	2.6
公称长度 l	2.5~16	3~20	4~25	5~30	6~40	8~50	8~60	10~80	12~80
l 系列	2.5,3,4,5,6,8,10,12,(14),16,20,25,30,35,40,45,50,(55),60,(65),70,(75),80								

注：1. M1.6~M3 的螺钉，公称长度 $l \leqslant 30$ 的，制成全螺纹；M4~M10 的螺钉，公称长度 $l \leqslant 45$ 的，制出全螺纹。
2. 括号内的规格尽可能不采用。

附表 3-6 内六角圆柱头螺钉（GB/T 70.1—2008）

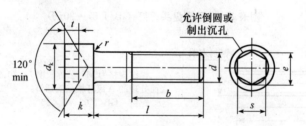

标 记 示 例

螺纹规格 $d=$M5、公称长度 $l=200$mm、性能等级为 8.8 级、表面氧化的内六角圆柱头螺钉：

螺钉 GB/T 70.1 M5×20

mm

螺纹规格 d	M1.6	M2	M2.5	M3	M4	M5	M6	M8	M10	M12	(M14)	M16	M20	M24	M30	M36
d_k	3	3.8	4.5	5.5	7	8.5	10	13	16	18	21	24	30	36	45	54
k	1.6	2	2.5	3	4	5	6	8	10	12	14	16	20	24	30	36
t	0.7	1	1.1	1.3	2	2.5	3	4	5	6	7	8	10	12	15.5	19
r	0.1	0.1	0.1	0.1	0.2	0.2	0.25	0.4	0.4	0.6	0.6	0.6	0.8	0.8	1	1
s	1.5	1.5	2	2.5	3	4	5	6	8	10	12	14	17	19	22	27
e	1.73	1.73	2.3	2.9	3.4	4.6	5.7	6.9	9.2	11.4	13.7	16	19	21.7	25.2	30.9
b（参考）	15	16	17	18	20	22	24	28	32	36	40	44	52	60	72	84
t	2.5~16	3~20	4~25	5~30	6~40	8~50	10~60	12~80	16~100	20~120	25~140	25~160	30~200	40~200	45~200	55~200

续表

螺纹规格 d	M1.6	M2	M2.5	M3	M4	M5	M6	M8	M10	M12	(M14)	M16	M20	M24	M30	M36
全螺纹时最大长度	16	16	20	20	25	25	30	35	40	45	55	55	65	80	90	110
l 系列	2.5,3,4,5,6,8,10,12,(14),(16),20,25,30,35,40,45,50,(55),60,(65),70,80,90,100,110,120,130,140,150,160,180,200															

注:1. 尽可能不采用括号内的规格。
2. b 不包括螺尾。

附表 3-7 内六角平端紧定螺钉(GB/T 77—2007)、内六角锥端紧定螺钉(GB/T 78—2007)

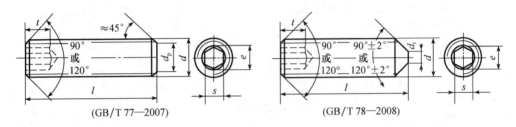

(GB/T 77—2007)   (GB/T 78—2008)

标 记 示 例
螺纹规格 d=M6,公称长度 l=12mm,性能等级为 33H,表面氧化的内六角平端紧定螺钉:
螺钉 GB/T 77 M6×12

mm

螺纹规格 d		M1.6	M2	M2.5	M3	M4	M5	M6	M8	M10	M12	M16	M20	M24
d_p		0.8	1	1.5	2	2.5	3.5	4	5.5	7	8.5	12	15	18
d_t		0	0	0	0	0	0	1.5	2	2.5	3	4	5	6
e		0.8	1	1.4	1.7	2.3	2.9	3.4	4.6	5.7	6.9	9.2	11.4	13.7
s		0.7	0.9	1.3	1.5	2	2.5	3	4	5	6	8	10	12
公称长度 l	GB/T 77	2~8	2~10	2~12	2~16	2.5~20	3~25	4~30	5~40	6~50	8~60	10~60	12~60	14~60
	GB/T 78	2~8	2~10	2.5~12	2.5~16	3~20	4~25	5~30	6~40	8~50	10~60	12~60	14~60	20~60
公称长度 l≤右表内值时,GB/T 78—2007 两端制成 120°,其他为端头制成 120°。公称长度 l>右表内值时,GB/T 78—2007 两端制成 90°,其他为端头制成 90°	GB/T 77	2	2.5	3	3	4	5	6	6	8	12	16	16	20
	GB/T 78	2.5	2.5	3	3	4	5	6	8	10	12	16	20	25
l 系列		2,2.5,3,4,5,6,8,10,12,(14),16,20,25,30,35,40,45,50,(55),60												

注:尽可能不采用括号内的规格。

附表 3-8　开槽锥端紧定螺钉(GB/T 71—2018)、开槽平端紧定螺钉(GB/T 73—2017)、开槽凹端紧定螺钉(GB/T 74—2018)、开槽长圆柱端紧定螺钉(GB/T 75—2018)

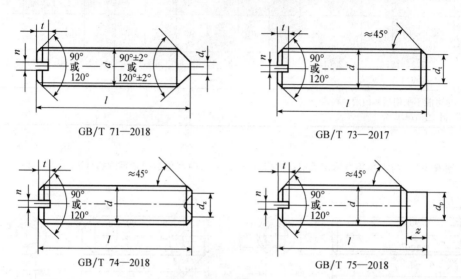

标 记 示 例

螺纹规格 d＝M5,公称长度 l＝12mm,性能等级为 14H,表面氧化的开槽锥端定螺钉:
螺钉　GB/T 71　M5×12

mm

螺纹规格 d		M1.2	M1.6	M2	M2.5	M3	M4	M5	M6	M8	M10	M12
n		0.2	0.25	0.25	0.4	0.4	0.6	0.8	1	1.2	1.6	2
t		0.5	0.7	0.8	1	1.1	1.4	1.6	2	2.5	3	3.6
d_z			0.8	1	1.2	1.4	2	2.5	3	5	6	8
d_t		0.1	0.2	0.2	0.3	0.3	0.4	0.5	1.5	2	2.5	3
d_p		0.6	0.8	1	1.5	2	2.5	3.5	4	5.5	7	8.5
z			1.1	1.3	1.5	1.8	2.3	2.8	3.3	4.3	5.3	6.3
公称长度 l	GB/T 71—2018	2～6	2～8	3～10	3～12	4～16	6～20	8～25	8～30	10～40	12～50	14～60
	GB/T 73—2017	2～6	2～8	2～10	2.5～12	3～1	64～20	5～25	6～30	8～40	10～50	12～60
	GB/T 74—2018		2～8	2.5～10	3～12	3～16	4～20	4～25	6～30	8～40	10～50	12～60
	GB/T 75—2018		2.5～8	3～10	4～12	5～16	6～20	8～25	8～30	10～40	12～50	14～60
公称长度 l≤右表内值时,GB/T 71 两端制成 120°,其他为开槽端制成 120°。公称长度 l＞右表内值时,GB/T 71 两端制成 90°,其他为开槽端制成 90°	GB/T 71—2018	2	2.5	2.5	3	3	4	5	6	8	10	12
	GB/T 73—2017		2	2.5	2.5	3	3	4	5	6	8	10
	GB/T 74—2018		2	2.5	3	3	4	4	5	6	8	10	12
	GB/T 75—2018			2.5	3	4	5	6	8	10	14	16	20
l 系列		2,2.5,3,4,5,6,8,10,12,(14),16,20,25,30,35,40,45,50,(55),60										

附 录

附表 3-9　1 型六角螺母—C 级(GB/T 41—2016)、**1 型六角螺母—A 和 B 级**(GB/T 6170—2015)、**六角薄螺母**(GB/T 6172.1—2016)

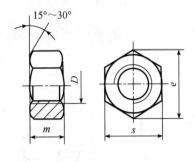

(GB/T 41—2016)　　　　　　　　　　(GB/T 6170—2015)、(GB/T 6172.1—2016)

标 记 示 例　　　　　　　　　　　　　　标 记 示 例

螺纹规格 D＝M12，性能等级为 5 级，不经表面处理，C 级的 1 型六角螺母：

　　螺母　GB/T 41　M12

螺纹规格 D＝M12，性能等级为 10 级，不经表面处理，A 级的 1 型六角螺母：

　　螺母　GB/T 6170　M12

螺纹规格 D＝M12，性能等级为 04 级，不经表面处理，A 级的六角薄螺母：

　　螺母　GB/T 6170　M12

mm

纹路规格 D		M3	M4	M5	M6	M8	10	M12	(M14)	M16	(M18)	M20	(M22)	M24	(M27)	M30	M36	M42	M48	M56	M64
e		6	7.7	8.8	11	14.4	17.8	20	23.4	26.8	29.6	35	37.3	39.6	45.2	50.9	60.8	72	82.6	93.6	104.9
s		5.5	7	8	10	13	16	18	21	24	27	30	34	36	41	46	55	65	75	85	95
m	GB/T 6170—2015	2.4	3.2	4.7	5.2	6.8	8.4	10.8	12.8	14.8	15.8	18	19.4	21.5	23.8	25.6	31	34	38	45	51
	GB/T 6172.1—2016	1.8	2.2	2.7	3.2	4	5	6	7	8	9	10	11	12	13.5	15	18	21	24	28	32
	GB/T 41—2016			5.6	6.1	7.9	9.5	12.2	13.9	15.9	16.9	18.7	20.2	22.3	24.7	26.4	31.5	34.9	38.9	45.9	52.4

注：1. 表中 e 为圆整近似值。
　　2. 不带括号的为优先系列。
　　3. A 级用于 D≤16 的螺母；B 级用于 D>16 的螺母。

附表 3-10 1 型六角开槽螺母—A 和 B 级(GB/T 6178—1986)、**1 型六角开槽螺母—C 级**(GB/T 6179—1986)、**2 型六角开槽螺母—A 和 B 级**(GB/T 6180—1986) **六角开槽薄螺母—A 和 B 级**(GB/T 6181—1986)

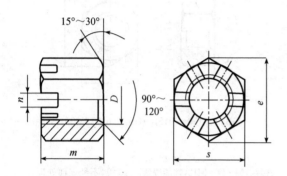

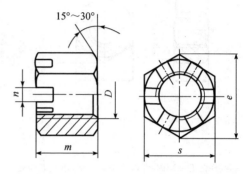

(GB/T 6178—1986)、(GB/T 6180—1986)　　　　　　　　　(GB/T 6179—1986)、(GB/T 6181—1986)

标记示例　　　　　　　　　　　　　　　　　　　　　　　标记示例

螺纹规格 D=M5,性能等级为 8 级,不经表面处理,A 级的 1 型六角开槽螺母:
　　螺母　GB/T 6178　M5

螺纹规格 D=M5,性能等级为 5 级,不经表面处理,C 级的 1 型六角开槽螺母:
　　螺母　GB/T 6179　M5

螺纹规格 D=M5,性能等级为 04 级,不经表面处理,A 级的六角开槽薄螺母:
　　螺母　GB/T 6181　M5

mm

螺纹规格 D		M4	M5	M6	M8	M10	M12	(M14)	M16	M20	M24	M30	M36
n		1.8	2	2.6	3.1	3.4	4.3	4.3	5.7	5.7	6.7	8.5	8.5
e		7.7	8.8	11	14	17.8	20	23	26.8	33	39.6	50.9	60.8
s		7	8	10	13	16	18	21	24	30	36	46	55
m	GB/T 6178—1986	6	6.7	7.7	9.8	12.4	15.8	17.8	20.8	24	29.5	34.6	40
	GB/T 6179—1986		6.7	7.7	9.8	12.4	15.8	17.8	20.8	24	29.5	34.6	40
	GB/T 6180—1986		6.9	8.3	10	12.3	16	19.1	21.1	26.3	31.9	37.6	43.7
	GB/T 6181—1986		5.1	5.7	7.5	9.3	12	14.1	16.4	20.3	23.9	28.6	34.7
开口销		1×10	1.2×12	1.6×14	2×16	2.5×20	3.2×22	3.2×25	4×28	4×36	5×40	6.3×50	6.3×63

注:1. GB/T 6178—1986,D 为 M4~M36;其余标准 D 为 M5~M36。
　　2. A 级用于 $D\leqslant 16$ 的螺母,B 级用于 $D>16$ 的螺母。

附表 3-11　圆螺母(GB/T 812—1988)

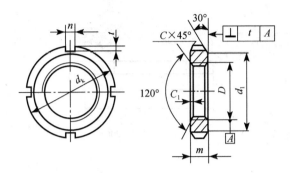

标 记 示 例

螺纹规格 D = M16×1.5，材料为 45，槽或全部热处理后硬度 35～45HRC，表面氧化的圆螺母：

螺母　GB/T 812　M16×1.5

mm

D	d_k	d_1	n	n	t	C	C_1	D	d_k	d_1	n	n	t	C	C_1
M10×1	22	16						M64×2	95	84		8	3.5		
M12×1.25	25	19	4		2			M65×2*	95	84	12				
M14×1.5	28	20						M68×2	100	88					
M16×1.5	30	22		8		0.5		M72×2	105	93					
M18×1.5	32	24						M75×2*	105	93		10	4		
M20×1.5	35	27						M76×2	110	98	15				
M22×1.5	38	30	5		2.5			M80×2	115	103					
M24×1.5	42	34						M85×2	120	108					
M25×1.5*	42	34						M90×2	125	112					
M27×1.5	45	37						M95×2	130	117		12	5	1.5	1
M30×1.5	48	40				1	0.5	M100×2	135	122	18				
M33×1.5	52	43		10				M105×2	140	127					
M35×1.5*	52	43						M110×2	150	135					
M36×1.5	55	46						M115×2	155	140					
M39×1.5	58	49	6		3			M120×2	160	145		14	6		
M40×1.5*	58	49						M125×3	165	150	22				
M42×1.5	62	53						M130×2	170	155					
M45×1.5	68	59						M140×2	180	165					
M48×1.5	72	61				1.5		M150×5	200	180	26				
M50×1.5*	72	61						M160×3	210	190					
M52×1.5	78	67						M170×3	220	200		16	7	2	1.5
M55×2*	78	67	12	8	3.5			M180×3	230	210					
M56×2	85	74					1	M190×3	240	220	30				
M60×2	90	79						M200×3	250	230					

注：1. 槽数 n：当 D≤M100×2 时，n=4；当 D≥M105×2 时，n=6。
　　2. 标有 * 者仅用于滚动轴承锁紧装置。

附表 3-12 平垫圈—C 级(GB/T 95—2002)、大垫圈—A 级和 C 级(GB/T 96—2002)、平垫圈—A 级(GB/T 97.1—2002)、平垫圈—倒角型—A 级(GB/T 97.2—2002)、小垫圈—A 级(GB/T 848—2002)

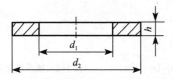

(GB/T 95—2002)*、(GB/T 96—2002)*
(GB/T 97.1—2002)、(GB/T 848—2002)
*垫圈两端面无粗糙度符号

标记示例

标准系列、公称尺寸 $d=8$mm,性能等级为 100HV 级,不经表面处理的平垫圈:

垫圈 GB/T 95 8

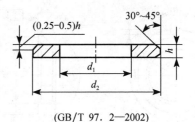

(GB/T 97.2—2002)

标记示例

标准系列、公称尺寸 $d=8$mm,性能等级为 140HV 级,不经表面处理的倒角型平垫圈:

垫圈 GB/T 97.2—2002 8

mm

公称尺寸 (螺纹规格) d	标准系列 GB/T 95—2002、GB/T 97.1—2002、GB/T 97.2—2002				大系列 GB/T 96—2002			小系列 GB/T 848—2002		
	d_2	h	d_1(GB/T 95)	d_1(GB/T 97.1、GB/T 97.2)	d_1	d_2	h	d_1	d_2	h
1.6	4	0.3		1.7	—	—	—	1.7	3.5	0.3
2	5	0.3		2.2	—	—	—	2.2	4.5	0.3
2.5	6	0.5		2.7	—	—	—	2.7	5	0.5
3	7	0.5		3.2	3.2	9	0.8	3.2	6	0.5
4	9	0.8		4.3	4.3	12	1	4.3	8	0.5
5	10	1	5.5	5.3	5.3	15	1.2	5.3	9	1
6	12	1.6	6.6	6.4	6.4	18	1.6	6.4	11	1.6
8	16	1.6	9	8.4	8.4	24	2	8.4	15	1.6
10	20	2	11	10.5	10.5	30	2.5	10.5	18	1.6
12	24	2.5	13.5	13	13	37	3	13	20	2
14	28	2.5	15.5	15	15	44	3	15	24	2.5
16	30	3	17.5	17	17	50	3	17	28	2.5
20	37	3	22	21	22	60	4	21	34	3
24	44	4	26	25	26	72	5	25	39	4
30	56	4	33	31	33	92	6	31	50	4
36	66	5	39	37	39	110	8	37	60	5

注:1. GB/T 95—2002、GB/T 97.2—2002 中,d 的范围为 5~36mm;GB/T 96—2002 中,d 的范围为 3~36mm;GB/T 848—2002、GB/T 97.1—2002 中,d 的范围为 1.6~36。

2. 表列 d、d_2、h 均为公称值。

3. C 级垫圈粗糙度要求为 ⌀。

4. GB/T 848—2002 主要用于带圆柱头的螺钉,其他用于标准的六角螺栓、螺钉和螺母。

5. 精装配系列用 A 级垫圈,中等装配系列用 C 级垫圈。

附表 3-13 标准型弹簧垫圈(GB/T 93—1987)、轻型弹簧垫圈(GB/T 859—1987)

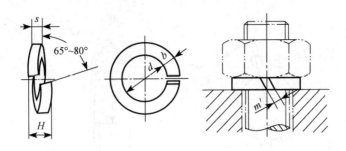

标 记 示 例

规格 16mm,材料为 65Mn,表面氧化的标准型弹簧垫圈:

垫圈 GB/T 93 16

mm

规格(螺纹大径)	d	GB/T 93—1987		GB/T 859—1987		
		$s=b$	$0<m'\leqslant$	s	b	$0<m'\leqslant$
2	2.1	0.5	0.25	0.5	0.8	
2.5	2.6	0.65	0.33	0.6	0.8	
3	3.1	0.8	0.4	0.8	1	0.3
4	4.1	1.1	0.55	0.8	1.2	0.4
5	5.1	1.3	0.65	1	1.2	0.55
6	6.2	1.6	0.8	1.2	1.6	0.65
8	8.2	2.1	1.05	1.6	2	0.8
10	10.2	2.6	1.3	2	2.5	1
12	12.3	3.1	1.55	2.5	3.5	1.25
(14)	14.3	3.6	1.8	3	4	1.5
16	16.3	4.1	2.05	3.2	4.5	1.6
(18)	18.3	4.5	2.25	3.5	5	1.8
20	20.5	5	2.5	4	5.5	2
(22)	22.5	5.5	2.75	4.5	6	2.25
24	24.5	6	3	4.8	6.5	2.5
(27)	27.5	6.8	3.4	5.5	7	2.75
30	30.5	7.5	3.75	6	8	3
36	36.6	9	4.5	—	—	—
42	42.6	10.5	5.25	—	—	—
48	49	12	6	—	—	—

附表 3-14 圆螺母用止动垫圈(GB/T 858—1988)

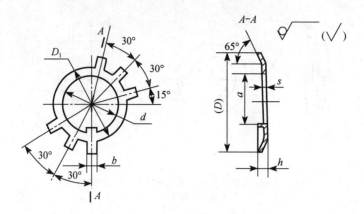

标 记 示 例

规格为 16mm,材料为 Q235A,经退火表面氧化的圆螺母用止动垫圈:
垫圈 GB/T 858 16

mm

规格(螺纹)基本大径	d	(D)	D_1	s	b	a	h	轴端		规格(螺纹)基本大径	d	(D)	D_1	s	b	a	h	轴端	
								b_1	t									b_1	t
14	14.5	32	20	3.8	11	3	4	10		55*	56	82	67	7.7		6	8	52	—
16	16.5	34	22		13			12		56	57	90	74					53	52
18	18.5	35	24		15			14		60	61	94	79					57	56
20	20.5	38	27	1	17	4	5	16		64	65	100	84					61	60
22	22.5	42	30		4.8	19		18		65*	66	100	84	1.5				62	—
24	24.5	45	34			21		20		68	69	105	88					65	64
25*	25.5	45	34			22		—		72	73	110	93					69	68
27	27.5	48	37			24		23		75*	76	110	93		9.6		10	71	—
30	30.5	52	40			27		296		76	77	115	98					72	70
33	33.5	56	43			30		29		80	71	120	103					76	74
35*	35.5	56	43			32		—		85	86	125	108					81	79
36	36.5	60	46		5.7	33	5	32	6	90	91	130	112			7	12	86	84
39	39.5	62	49			36		35		95	96	135	117		11.6			91	89
40*	40.5	62	49	1.5		37		—		100	101	140	122	2				96	94
42	42.5	66	53			39		38		105	106	145	127					101	99
45	45.5	72	59			42		41		110	111	156	135					106	104
48	48.5	76	61			45		44		115	116	160	140					111	109
50*	50.5	76	61		7.7	47	8	—		120	121	166	145		13.5		14	116	114
52	52.5	82	67			49	6	48		125	126	170	150					121	119

注:标有 * 者仅用于滚动轴承锁紧装置。

附表 3-15 平键 键和键槽的剖面尺寸(GB/T 1095—2003)、普通型平键(GB/T 1096—2003)

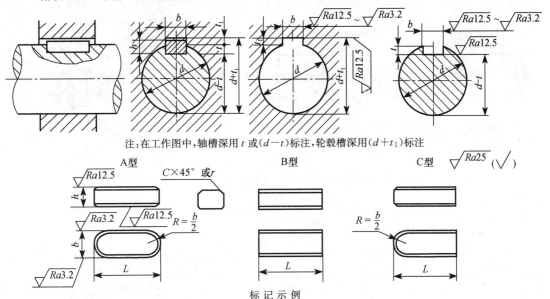

注：在工作图中，轴槽深用 t 或 $(d-t)$ 标注，轮毂槽深用 $(d+t_1)$ 标注

标 记 示 例

圆头普通平键(A 型) $b=16mm$、$h=10mm$、$L=100mm$；键 16×100 GB/T 1096
平头普通平键(B 型) $b=16mm$、$h=10mm$、$L=100mm$；键 B16×100 GB/T 1096
单圆头普通平键(C 型) $b=16mm$、$h=10mm$、$L=100mm$；键 C16×100 GB/T 1096

mm

轴	键		键 槽										
			宽度 b					深度				半径 r	
公称直径 d	公称尺寸 $b×h$	长度 L	公称长度 b	极限偏差					轴 t		毂 t_1		
				较松键连接		一般键连接		较紧键连接					
				轴 H9	毂 D10	轴 N9	毂 Js9	轴和毂 P9	公称尺寸	极限偏差	公称尺寸	极限偏差	最大	最小
自 6~8	2×2	6~20	2	+0.025 0	+0.060 +0.020	−0.004 −0.029	±0.0125	−0.006 −0.031	1.2	+0.1 0	1.0	+0.1 0	0.08	0.16
>8~10	3×3	6~36	3						1.8		1.4			
>10~12	4×4	8~45	4	+0.030 0	+0.078 +0.030	0 −0.030	±0.015	−0.012 −0.042	2.5		1.8			
>12~17	5×5	10~56	5						3.0		2.3			
>17~22	6×6	14~70	6						3.5		2.8			
>22~30	8×7	18~90	8	+0.036 0	+0.098 +0.040	0 −0.036	±0.018	−0.018 −0.061	4.0		3.3		0.16	0.25
>30~38	10×8	22~110	10						5.0		3.3			
>38~44	12×8	28~140	12	+0.043 0	+0.120 +0.050	0 −0.043	±0.0215	−0.018 −0.061	5.0	+0.2 0	3.3	+0.2 0	0.25	0.40
>44~50	14×9	36~160	14						5.5		3.8			
>50~58	16×10	45~180	16						6.0		4.3			
>58~65	18×11	50~200	18						7.0		4.4			
>65~75	20×12	56~220	20	+0.052 0	+0.149 +0.065	0 −0.052	±0.026	−0.022 −0.074	7.5	+0.2 0	4.9	+0.2 0	0.25	0.40
>75~85	22×14	63~250	22						9.0		5.4			
>85~95	25×14	70~280	25						9.0		5.4		0.40	0.60
>95~110	28×16	80~320	28						10.0		6.4			
>110~130	32×18	80~360	32						11.0		7.4			
>130~150	36×20	100~400	36	+0.062 0	+0.180 +0.080	0 −0.062	±0.031	−0.026 −0.088	12.0	+0.3 0	8.4	+0.3 0	0.70	1.0
>150~170	40×22	100~400	40						13.0		9.4			
>170~200	45×25	110~450	45						15.0		10.4			

注：1. $(d-t)$ 和 $(d+t_1)$ 两组组合尺寸的极限偏差按相应的 t 和 t_1 的极限偏差选取，但 $(d-t)$ 极限偏差应取负号(−)。
2. L 系列：6,8,10,12,14,16,18,20,22,25,28,32,36,40,45,50,56,63,70,80,90,100,110,125,140,160,180,200,220,250,280,320,330,400,450。

附表 3-16　半圆键　键槽的剖面尺寸(GB/T 1098—2003)、普通型半圆键(GB/T 1099.1—2003)

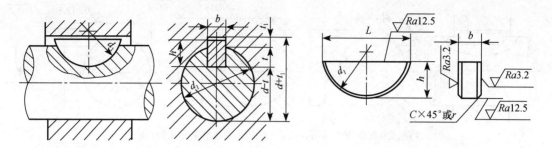

注：在工作图中，轴槽深用 t 或 $(d-t)$ 标注，轮毂槽深用 $(d+t_1)$ 标注

标 记 示 例

半圆键 $b=6\text{mm}$、$h=10\text{mm}$、$d_1=25\text{mm}$：

键 $6×25$ GB/T 1099

mm

轴径 d		键		键 槽								
				宽度 b				深度				
					极限偏差						半径 r	
键传递扭矩	键定位用	公称尺寸 $b×h×d_1$	长度 $L≈$	公称长度	一般键连接		较紧键连接	轴 t		轴 t_1		
					轴 N9	毂 Js9	轴和毂 P9	公称尺寸	极限偏差	公称尺寸	极限偏差	最小	最大
自 3~4	自 3~4	1.0×1.4×4	3.9	1.0				1.0		0.6			
>4~5	>4~6	1.5×2.6×7	6.8	1.5				2.0		0.8			
>5~6	>6~8	2.0×2.6×7	6.8	2.0	−0.004 −0.029	±0.012	−0.006 −0.031	1.8	+0.1 0	1.0		0.08	0.16
>6~7	>8~10	2.0×3.7×10	9.7	2.0				2.9		1.0			
>7~8	>10~12	2.5×3.7×10	9.7	2.5				2.7		1.2			
>8~10	>12~15	3.0×5.0×13	12.7	3.0				3.8		1.4			
>10~12	>15~18	3.0×6.5×15	15.7	3.0				5.3		1.4	+0.1 0		
>12~14	>18~20	4.0×6.5×16	15.7	4.0				5.0		1.8			
>14~16	>20~22	4.0×7.5×19	18.6	4.0				6.0	+0.2 0	1.8			
>16~18	>22~25	5.0×6.5×16	15.7	5.0				4.5		2.3		0.16	0.25
>18~20	>25~28	5.0×7.5×19	18.6	5.0	0 −0.030	±0.015	−1.012 −0.042	5.5		2.3			
>20~22	>28~32	5.0×9.0×22	21.6	5.0				7.0		2.3			
>22~25	>32~36	6.0×9.0×22	21.6	6.0				6.5		2.8			
>25~28	>34~40	6.0×10.0×25	24.5	6.0				7.5	+0.3 0	2.8			
>28~32	40	8.0×11.0×28	27.4	8.0	0 −0.036	±0.018	−0.015 −0.051	8.0		3.3	+0.2 0	0.25	0.40
>32~28	—	10.0×13.0×32	31.4	10.0				10.0		3.3			

注：$(d-t)$ 和 $(d+t_1)$ 两个组合尺寸的极限偏差按相应的 t 和 t_1 的极限偏差选取，但 $(d-t)$ 极限偏差值应取负号 (−)。

附表 3-17 圆柱销不淬硬钢和奥氏体不锈钢(GB/T 119.1—2000)

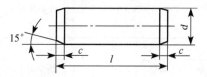

标记示例

公称直径 $d=8$mm、长度 $l=30$mm,材料为 35,热处理硬度 28～38HRC,表面氧化处理的 A 型圆柱销:

销 GB/T 119.1 A8×30

mm

d(公称直径)	2.5	3	4	5	6	8	10	12	16	20	25	30
$c\approx$	0.4	0.5	0.63	0.08	1.2	1.6	2.0	2.5	3.0	3.5	4.0	5.0
l	6～24	8～30	8～40	10～50	12～60	14～80	18～95	22～140	16～180	35～200	50～200	60～200
l 系列	6,8,10,12,14,16,18,20,22,24,26,28,30,32,35,40,45,50,55,60,65,70,75,80,85,90,95,100,120,140,160,180,200											

附表 3-18 圆锥销(GB/T 117—2000)

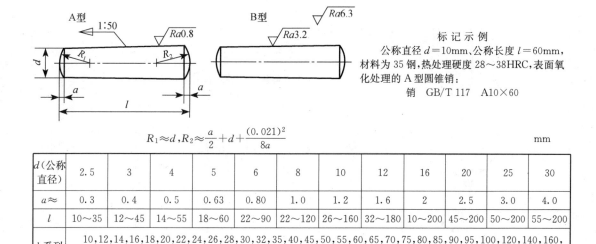

标记示例

公称直径 $d=10$mm,公称长度 $l=60$mm,材料为 35 钢,热处理硬度 28～38HRC,表面氧化处理的 A 型圆锥销:

销 GB/T 117 A10×60

$$R_1\approx d, R_2\approx \frac{a}{2}+d+\frac{(0.021)^2}{8a}$$

mm

d(公称直径)	2.5	3	4	5	6	8	10	12	16	20	25	30
$a\approx$	0.3	0.4	0.5	0.63	0.80	1.0	1.2	1.6	2	2.5	3.0	4.0
l	10～35	12～45	14～55	18～60	22～90	22～120	26～160	32～180	10～200	45～200	50～200	55～200
l 系列	10,12,14,16,18,20,22,24,26,28,30,32,35,40,45,50,55,60,65,70,75,80,85,90,95,100,120,140,160,180,200											

附表 3-19 开口销(GB/T 91—2000)

标记示例

公称直径 $d=5$mm、长度 $l=50$mm,材料为低碳钢,不经表面处理的开口销:

销 GB/T 91 5×50

mm

d(公称直径)	0.6	0.8	1	1.2	1.6	2	2.5	3.2	4	5	6.3	8	10	13
c	1	1.4	1.8	2	2.8	3.6	4.6	5.8	7.4	9.2	11.8	15	19	24.8
$b\approx$	2	2.4	3	3	3.2	4	5	6.4	8	10	12.6	16	20	26
a	1.6	1.6	2.5	2.5	2.5	2.5	2.5	3.2	4	4	4	4	6.3	6.3
l	4～12	5～16	6～20	8～25	8～32	10～40	12～50	14～65	18～80	22～100	30～125	40～160	45～200	70～250
l 系列	4,5,6,8,10,12,14,16,18,20,22,24,26,28,30,32,36,40,45,50,55,60,65,70,75,80,85,90,95,100,120,140,160,180,200,225,250													

注:销孔直径等于 d(公称直径)。

附表 3-20　紧固件通孔及沉孔尺寸

(GB/T 5277—1985、GB/T 152.2—2014、GB/T 152.3—1988、GB/T 152.4—1988)

mm

螺栓或螺钉直径 d			3	3.5	4	5	6	8	10	12	14	16	20	24	30	36	42	48
通孔直径 d_h (GB/T 5277—1985)		精装配	3.2	3.7	4.3	5.3	6.4	8.4	10.5	13	15	17	21	25	31	37	43	50
		中等装配	3.4	3.9	4.5	5.5	6.6	9	11	13.5	15.5	17.5	22	26	33	39	45	52
		精装配	3.6	4.2	4.8	5.8	7	10	12	14.5	16.5	18.5	24	28	35	42	48	56
六角头螺栓和六角螺母用沉孔 (GB/T 152.4—1988)		d_2	9	—	10	11	13	18	22	26	30	33	40	48	61	71	82	98
		t	只要能制出与通孔轴线垂直的圆平面即可															
沉头用沉孔 (GB/T 152.2—2014)		d_2	6.4	8.4	9.6	10.6	12.8	17.6	20.3	24.4	28.4	32.4	40.4	—	—	—	—	—
开槽圆柱头用的圆柱头沉孔 (GB/T 152.3—1988)		d_2	—	—	8	10	11	15	18	20	24	26	33	—	—	—	—	—
		t	—	—	3.2	4	4.7	6	7	8	9	10.5	12.5	—	—	—	—	—
内六角圆柱头用的圆柱头沉孔 (GB/T 152.3—1988)		d_2	6	—	8	10	11	15	18	20	24	26	33	40	48	57	—	—
		t	3.4	—	4.6	5.7	6.8	9	11	13	15	17.5	21.5	25.5	32	38	—	—

附录 4 常用滚动轴承

附表 4-1 深沟球轴承外形尺寸(GB/T 276—2013)

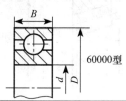

60000型

轴承编号	尺寸/mm			轴承编号	尺寸/mm		
	d	D	B		d	D	B
10 系列				6219	95	170	32
6000	10	26	8	6220	100	180	34
6001	12	28	8	6221	105	190	36
6002	15	32	9	6222	110	200	38
6003	17	35	10	6224	120	215	40
6004	20	42	12	6226	130	230	40
6005	25	47	12	6228	140	250	42
6006	30	55	13	6230	150	270	45
6007	35	62	14	03 系列			
6008	40	68	15	6300		35	11
6009	45	75	16	6301	10	37	12
6010	50	80	16	6302	12	42	13
6011	55	90	18	6303	15	47	14
6012	60	95	18	6304	17	52	15
6013	65	100	18	6305	20	62	17
6014	70	110	20	6306	25	72	19
6015	75	115	20	6307	30	80	21
6016	80	125	22	6308	35	90	23
6017	85	130	22	6309	40	100	25
6018	90	140	24	6310	45	110	27
6019	95	145	24	6311	50	120	29
6020	100	150	24	6312	55	130	31
6021	105	160	26	6313	60	140	33
6022	110	170	28	6314	65	150	35
6024	120	180	28	6315	70	160	37
6026	130	200	33	6316	75	170	39
6028	140	210	33	6317	80	180	41
6030	150	225	35	6318	85	190	43
02 系列				6319	90	200	45
6200	10	30	9	6320		215	47
6201	12	32	10	04 系列			
6202	15	35	11	6403	17	62	17
6203	17	40	12	6404	20	72	19
6204	20	47	14	6405	25	80	21
6205	25	52	15	6406	30	90	23
6206	30	62	16	6407	35	100	25
6207	35	72	17	6408	40	110	27
6208	40	80	18	6409	45	120	29
6209	45	85	19	6410	50	130	31
6210	50	90	20	6411	55	140	33
6211	55	100	21	6412	60	150	35
6212	60	110	22	6413	65	160	37
6213	65	120	23	6414	70	180	42
6214	70	125	24	6415	75	190	45
6215	75	130	25	6416	80	200	48
6216	80	140	26	6417	85	210	52
6217	85	150	28	6418	90	225	54
6218	90	160	30				

附表 4-2　圆锥滚子轴承外形尺寸(GB/T 297—2015)

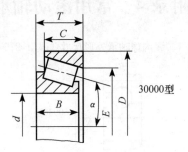

30000型

mm

轴承型号	d	D	B	C	T	E	α	轴承型号	d	D	B	C	T	E	α
20 系列								30216	80	140	26	22	28.25	119.169	15°38′32″
32005	25	47	15	11.5	15	37.393	16°	30217	85	150	28	24	30.50	12.6685	15°38′32″
32006	30	55	17	13	17	44.438	16°	30218	90	160	30	26	32.50	134.901	15°38′32″
32007	35	62	18	14	18	50.510	16°50′	30219	95	170	32	27	34.50	143.385	15°38′32″
32008	40	68	19	14.5	19	56.897	14°10′	30220	100	180	34	29	37	151.310	15°38′32″
32009	45	75	20	15.5	20	63.248	14°40′	03 系列							
32010	50	80	20	15.5	20	67.84	15°45′	30302	15	42	13	11	14.25	33.272	10°45′29″
32011	55	90	23	17.5	23	76.505	15°10′	30303	17	47	14	12	25.25	37.420	10°45′29″
32012	60	95	23	17.5	23	80.634	16°	30304	20	52	15	13	16.25	41.318	11°18′36″
32013	65	100	23	17.5	23	85.567	17°	30305	25	62	17	15	18.25	50.637	11°18′36″
32014	70	110	25	19	25	93.633	16°10′	30306	30	72	19	16	20.75	58.287	11°51′35″
32015	75	115	25	19	25	98.358	17°	30307	35	80	21	18	22.75	65.769	11°51′35″
02 系列								30308	40	90	23	20	25.25	72.703	12°57′10″
30203	17	40	12	11	13.25	31.408	12°57′10″	30309	45	100	25	22	27.25	81.780	12°57′10″
30204	20	47	14	12	15.25	37.304	12°57′10″	30310	50	110	27	23	29.25	90.633	12°57′10″
30205	25	52	15	13	16.25	41.135	14°02′10″	30311	55	120	29	25	31.50	99.146	12°57′10″
30206	30	62	16	14	17.25	49.990	14°02′10″	30312	60	130	31	26	33.50	107.769	12°57′10″
30207	35	72	17	15	18.25	58.844	14°02′10″	30313	65	140	33	28	36	116.846	12°57′10″
30208	40	80	18	16	19.75	65.730	14°02′10″	30314	70	150	35	30	38	125.244	12°57′10″
30209	45	85	19	16	20.75	70.44	15°06′34″	30315	75	160	37	31	40	134.097	12°57′10″
30210	50	90	20	17	21.75	75.078	15°38′32″	30316	80	170	39	33	42.50	143.174	12°57′10″
30211	55	100	21	18	22.75	84.197	15°06′34″	30317	85	180	41	34	44.50	150.433	12°57′10″
30212	60	110	22	19	23.75	91.876	15°06′34″	30318	90	190	43	36	46.50	159.061	12°57′10″
30213	65	120	23	20	24.75	101.934	15°06′34″	30319	95	200	45	38	49.50	165.861	12°57′10″
30214	70	125	24	21	26.75	105.748	15°38′32″	30320	100	215	47	39	51.50	178.578	12°57′10″
30215	75	130	25	22	27.25	110.408	16°10′20″								

附表 4-3　推力球轴承外形尺寸(GB/T 301—2015)

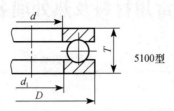

5100型

轴承型号	尺寸/mm			轴承型号	尺寸/mm		
	d	D	T		d	D	T
11 系列				51216	80	115	28
51100	10	24	9	51217	85	125	31
51101	12	26	9	51218	90	135	35
51102	15	28	9	51220	100	150	38
51103	17	30	9	51222	110	160	38
51104	20	35	10	51224	120	170	39
51105	25	42	11	51226	130	190	45
51106	30	47	11	51228	140	200	46
51107	35	52	12	51230	150	215	50
51108	40	60	13	13 系列			
51109	45	65	14	51305	25	52	18
51110	50	70	14	51306	30	60	21
51111	55	78	16	51307	35	68	24
51112	60	85	17	51308	40	78	26
51113	65	90	18	51309	45	85	28
51114	70	95	18	51310	50	95	31
51115	75	100	19	51311	55	105	35
51116	80	105	19	51312	60	110	35
51117	85	110	19	51313	65	115	36
51118	90	120	22	51314	70	125	40
51120	100	135	25	51315	75	135	44
51122	110	145	25	51316	80	140	44
51124	120	155	25	51317	85	150	49
51126	130	170	30	51318	90	155	50
51128	140	180	31	51320	100	170	55
51130	150	190	31	51322	110	190	63
12 系列				51324	120	210	70
51200	10	26	11	51326	130	225	75
51201	12	28	11	51328	140	240	80
51202	15	32	12	51330	150	250	80
51203	17	35	12	14 系列			
51204	20	40	14	51405	25	60	24
51205	25	47	15	51406	30	70	28
51206	30	52	16	51407	35	80	32
51207	35	62	18	51408	40	90	36
51208	40	68	19	51409	45	100	39
51209	45	73	20	51410	50	110	43
51210	50	78	22	51411	55	120	48
51211	55	90	25	51412	60	130	51
51212	60	95	26	51413	65	140	56
51213	65	100	27	51414	70	150	60
51214	70	105	27	51415	75	160	65
51215	75	110	27	51416	80	170	68

注：d_1——座圈公称内径。

附录5　常用材料及热处理名词解释

附表 5-1　常用铸铁牌号

名称	牌号	牌号表示方法说明	硬度/HB	特性及用途举例
灰铸铁	HT100	"HT"是灰铸铁的代号,它后面的数字表示抗拉强度(MPa)。("HT"是"灰铁"两字汉语拼音的第一个字母)	143～229	属低强度铸铁。用于盖、手把、手轮等不重要零件
	HT150		143～241	属中等强度铸铁。用于一般铸件,如机床座、端盖、带轮、工作台等
	HT200 HT250		163～255	属高强度铸铁。用于较重要铸件,如气缸、齿轮、凸轮、机座、床身、飞轮、带轮、齿轮箱、阀壳、联轴器、轴承座等
	HT300 HT350 HT400		170～255 170～269 197～269	属高强度、高耐磨铸铁。用于重要铸件,如齿轮、凸轮、床身、液压泵和滑阀的壳体、车床卡盘等
球墨铸铁	QT450-10 QT500-7 QT600-3	"QT"是球墨铸铁的代号,它后面的数字分别表示强度和伸长率的大小。("QT"是"球铁"两字汉语拼音的第一个字母)	170～207 187～255 197～269	具有较高的强度和塑性。广泛用于机械制造业中受磨损和受冲击的零件,如曲轴、凸轮轴、齿轮、气缸套、活塞环、摩擦片、中低压阀门、千斤顶底座、轴承座等
可锻铸铁	KTH300-06 KTH330-08 KTZ450-05	"KTH""HTZ"分别是黑心和珠光体可锻铸铁的代号,它们后面的数字分别表示强度和伸长率的大小,("KT"是"可铁"两字汉的第一个字母)	120～163 120～163 152～219	用于承受冲击、振动等零件,如汽车零件、机床附件(如扳手等)、各种管접头、低压阀门、农机具等。珠光体可锻铸铁在某些场合可代替低碳钢、中碳钢及低合金钢,如用于制造齿轮、曲轴、连杆等

附表 5-2　常用钢材牌号

名称	牌号	牌号表示方法说明	特性及用途举例
碳素结构钢	Q215AF	牌号由屈服点字母(Q)、屈服点(强度)值(MPa)、质量等级符号(A、B、C、D)和脱氧方法(F—沸腾钢,b—半镇静钢,Z—镇静钢,TZ—特殊镇静钢)等4部分按顺序组成。在牌号组成表示方法中"Z"与"TZ"符号可以省略	塑性大,抗拉强度低,易焊接。用于炉撑、铆钉、垫圈、开口销等
	Q235A		有较高的强度和硬度,伸长率也相当大,可以焊接,用途很广,是一般机械上的主要材料,用于低速轻载齿轮、键、拉杆、钩子、螺栓、套圈等
	Q255A		伸长率低,抗拉强度高,耐磨性好,焊接性不够好。用于制造不重要的轴、键、弹簧等
优质碳素结构钢 普通含锰钢	15	牌号数字表示钢中的平均碳质量万分数。如"45"表示平均碳的质量分数为0.45%	塑性、韧性、焊接性能和冷冲性能均较好,但强度低。用于螺钉、螺母、法兰盘、渗碳零件等
	20		用于不经受很大应力而要求很大韧性的各种零件,如杠杆、轴套、拉杆等。还可用于表面硬度高而心部强度要求不大的渗碳与氰化零件
	35		不经热处理可用于中等载荷的零件,如拉杆、轴、套筒、钩子等;经调质处理后适用于强度及韧性要求较高的零件,如传动轴等
	45		用于强度要求较高的零件。通常在调质或正火后使用,用于制造齿轮、机床主轴、花键轴、联轴器等。由于它的淬透性差,因此截面大的零件很少采用

续表

名称	牌号	牌号表示方法说明	特性及用途举例
优质碳素结构钢	60	牌号数字表示钢中的平均碳质量万分数。如"45"表示平均碳的质量分数为0.45%	一种强度和弹性相当高的钢。用于制造连杆、轧辊、弹簧、轴等
	75		用于板簧、螺旋弹簧以及受磨损的零件
	15Mn（较高含锰钢）		性能与15钢相似，但淬透性、强度和塑性都比15钢高些。用于制造中心部分的力学性能要求较高且必须渗碳的零件。焊接性好
	45Mn		用于受磨损的零件，如转轴、心轴、齿轮、叉等。焊接性差。还可制造受较大载荷的离合器盘、花键轴、凸轮轴、曲轴等
	65Mn		钢的强度高,淬透性较大,脱碳倾向小,但有过热敏感性,易生淬火裂纹,并有回火脆性。适用于较大尺寸的各种扁、圆弹簧,以及其他经受摩擦的农机具零件
合金钢	15Mn2（锰钢）	① 合金钢牌号用化学元素符号表示；② 含碳量写在牌号最前方，但高合金钢如高速工具钢、不锈钢等的含碳量不标出；③ 合金工具钢含碳量≥1%时不标出；<1%时，以千分之几来标出；④ 化学元素的含量<1.5%时不标出；含量≥1.5%时才标出；如Cr17,17表示含铬量约为17%	用于钢板、钢管。一般只经正火
	20Mn2		用于截面较小的零件，相当于20Cr，可作渗碳小齿轮、小轴、活塞销、柴油机套筒、气门推杆、钢套等
	30Mn2		用于调质钢，如冷镦的螺栓及断面较大的调质零件
	45Mn2		用于截面较小的零件，相当于40Cr，直径在50mm以下时,可代替40Cr做重要螺栓及零件
	27SiMn（硅锰钢）		用于调质钢
	35SiMn		除要求低温（-20℃）冲击韧性很高时,可全面代替40Cr作调质零件,亦可部分代替40CrNi,此钢耐磨、耐疲劳性均佳,适用于作轴、齿轮及在430℃以下使用的重要紧固件
	15Cr（铬钢）		用于船舶主机上的螺栓、活塞销、凸轮、凸轮轴、汽轮机套环、机车上用的小零件，以及心部韧性高的渗碳零件
	20Cr		用于柴油机活塞销、凸轮、轴、小拖拉机传动齿轮，以及较重要的渗碳件
	18CrMnTi（铬锰钛钢）		工艺性能特优,用于汽车、拖拉机等上的重要齿轮,和一般强度、韧性均高的减速器齿轮,供渗碳处理
	38CrMnTi		用于尺寸较大的调质钢件
	GCr6（铬轴承钢）	铬轴承钢，牌号前有汉语拼音字母"G"，并且不标出含碳量。含铬量以千分之几表示	一般用来制造滚动轴承中直径小于10mm的滚球或滚子
	GCr15		一般用来制造滚动轴承中尺寸较大的滚球、滚子、内圈和外圈
铸钢	ZG200-400	铸钢件,前面一律加汉语拼音字母"ZG"	用于各种形状的零件，如机座、变速器壳等
	ZG270-500		用于各种形状的零件，如飞轮、机架、水压工作缸、横梁等，焊接性尚可
	ZG310-570		用于各种形状的零件，如联轴器气缸齿轮及重载荷的机架等

附表 5-3 常用有色金属牌号

名称		牌号	说明	用途举例
青铜	压力加工用青铜	QSn 4-3	Q 表示青铜,后面加第一个主添加元素符号,及除基元素(铜)以外的成分数字组来表示	扁弹簧、圆弹簧、管配件和化工器械
		QSn 6.5-0.1		耐磨零件、弹簧及其他零件
	铸造锡青铜	ZQSn 5-5-5	Z 表示铸造,其他同压力加工用青铜	用于承受摩擦的零件,如轴套、轴承填料和承受 1MPa 气压以下的蒸汽和水的配件
		ZQSn 10-1		用于承受剧烈摩擦的零件,如丝杆、轻型轧钢机轴承、蜗轮等
		ZQSn 8-12		用于制造轴承的轴瓦及轴套,以及在重载荷条件下工作的零件
	铸造无锡青铜	ZQA 19-4		强度高、减磨性、耐蚀性、受压性、铸造性均良好,用于蒸汽和海水条件下工件的零件,及受摩擦和腐蚀的零件,如蜗轮衬套、轧钢机压下螺母等
		ZQA 110-5-1.5		制造耐磨、硬度高、强度好的零件,如蜗轮、螺母、轴套及防锈零件
		ZQMn 5-21		用于中等工作条件下轴承的轴套和轴瓦等
黄铜	压力加工用黄铜	H 59	H 表示黄铜,后面数字表示基元素(铜)的含量。黄铜系铜锌合金	热压及热轧零件
		H 62		散热器、垫圈、弹簧、各种网、螺钉及其他零件
	铸造黄铜	ZHMn 58-2-2	Z 表示铸造,后面符号表示主添加元素,后一组数字表示除锌以外的其他元素含量	用于制造轴瓦、轴套及其他耐磨零件
		ZHA 166-6-3-2		用于制造丝杆螺母、受重载荷的螺旋杆、压下螺丝的螺母及在重载荷下工件的大型蜗轮轮缘等
铝	硬铝合金	LY1	LY 表示硬铝,后面是顺序号	热状态和退火状态下塑性良好;切削加工性能在热状态下良好,在退火状态下降低;耐蚀性中等。系铆接铝合金结构用的主要铆钉材料
		LY8		退火和新淬火状态下塑性中等。焊接性好;切削加工性在时效状态下良好,退火状态下降低。耐蚀性中等。用于各种中等强度的零件和构件、冲压的连接部件、空气螺旋桨叶及铆钉等
	锻铝合金	LD2	LD 表示锻铝,后面是顺序号	热态和退火状态下塑性高;时效状态下中等。焊接性良好。切削加工性能在软态下不良;在时效状态下良好。耐蚀性高。用于要求在冷状态和热状态时具有高可塑性,且承受中等载荷的零件和构件
	铸造铝合金	ZL301	Z 表示铸造,L 表示铝,后面是顺序号	用于受重大冲击载荷、高耐蚀的零件
		ZL102		用于气缸活塞以及在高温工作下的复杂形状零件
		ZL401		用于压力铸造用的高强度铝合金
轴承合金	锡基轴承合金	ZChSnSb9-7	Z 表示铸造,Ch 表示轴承合金,Ch 后面是主元素,再后面是第一添加元素。一组数字表示除第一个基元素外的添加元素含量	韧性强,适用于内燃机、汽车等轴承及轴衬
		ZChSnSb13-5-12		适用于一般中速、中压的各种机器轴承及轴衬
	铅基轴承合金	ZChPbSb16-16-2		用于浇注汽轮机、机车、压缩机的轴承
		ZChPbSb15-5		用于浇注汽油发动机、压缩机、球磨机等的轴承

附表 5-4 热处理名词解释

名 称	说 明	目 的	适用范围
退火	加热到临界温度以上,保温一定时间,然后缓慢冷却(例如在炉中冷却)	消除在前一工序(锻造、冷拉等)中所产生的内应力降低硬度,改善加工性能增加塑性和韧性使材料的成分或组织均匀,为以后的热处理准备条件	完全退火适用于碳含量0.8%以下的铸、锻、焊件;为消除内应力的退火主要用于铸件和焊件
正火	加热到临界温度以上,保温一定时间,再在空气中冷却	细化晶粒与退火后相比,强度略有增高,并能改善低碳钢的切削加工性能	用于低、中碳钢。对低碳钢常用以低温退火
淬火	加热到临界温度以上,保温一定时间,再在冷却剂(水、油或盐水)中急速地冷却	提高硬度及强度提高耐磨性	用于中、高碳钢。淬火后钢件必须回火
回火	经淬火后再加热到临界温度以下的某一温度,在该温度停留一定时间,然后在水、油或空气中冷却	消除淬火时产生的内应力增加韧性,降低硬度	高碳钢制的工具、量具、刃具用低温(150~250℃)回火弹簧用中温(270~450℃)回火
调质	在 450~650℃进行高温回火称"调质"	可以完全消除内应力,并获得较高的综合力学性能	用于重要的油、齿轮,以及丝杆等零件
表面淬火	用火焰或高频电流将零件表面迅速加热至临界温度以上,急速冷却	使零件表面获得高硬度,而心部保持一定的韧度,使零件既耐磨又能承受冲击	用于重要的齿轮以及曲轴、活塞销等
渗碳淬火	在渗碳剂中加热到 900~950℃,停留一定时间,将碳渗入钢表面,深度为 0.5~2mm,再淬火后回火	增加零件表面硬度和耐磨性,提高材料的疲劳强度	适用于碳含量为 0.08%~0.25%的低碳钢及低碳合金钢
氮化	使工作表面渗入氮元素	增加表面硬度、耐磨性、疲劳强度和耐蚀性	适用于含铝、铬、钼、锰等的合金钢,例如,要求耐磨的主轴、量规、样板等
碳氮共渗	使工作表面同时饱和碳、氮元素	增加表面硬度、耐磨性、疲劳强度和耐蚀性	适用于碳素钢及合金结构钢,也适用于高速钢的切削工具
时效处理	天然时效:在空气中长期存放半年到一年以上人工时效:加热到 500~600℃,在这个温度保持 10~20h 或更长时间	使铸件消除内应力而稳定其形状和尺寸	用于机床床身等大型铸件
冰冷处理	将淬火钢继续冷却至室温以下的处理方法	进一步提高硬度、耐磨性、并使其尺寸趋于稳定	用于滚动轴承的钢球、量规等
发蓝发黑	氧化处理。用加热办法使工件表面形成一层氧化铁所组成的保护性薄膜	防腐蚀、美观	用于一般常见的坚固件
布氏硬度 HBW	材料抵抗硬的物体压入零件表面的能力称"硬度"。根据测定方法的不同,可分为布氏硬度、洛氏硬度、维氏硬度等	检验材料的硬度	用于经退火、正火、调质的零件及铸件的硬度检测
洛式硬度 HRC			用于经淬火、回火及表面化学热处理的零件的硬度检测
维氏硬度 HV			特别适用于薄层硬化零件的硬度检测

附录6　常用标准数据和标准结构

附表 6-1　回转面及端面砂轮越程槽的形式及尺寸(GB/T 6403.5—2008)

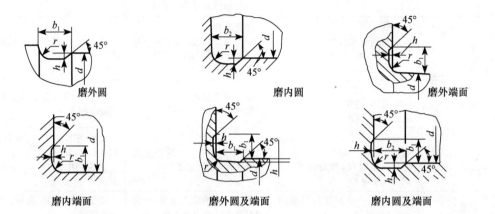

mm

b_1	0.6	1.0	1.6	2.0	3.0	4.0	5.0	8.0	10
b_2	2.0	3.0		4.0		5.0		8.0	10
h	0.1	0.2		0.3	0.4		0.6	0.8	1.2
r	0.2	0.5		0.8	1.0		1.6	2.0	3.0
d		~10		>10~50		>50~100		>100	

附表 6-2　与直径 d 或 D 相应的倒角 C、倒圆 R 的推荐值(GB/T 6403.4—2008)

d 或 D	~3	3~6	6~10	10~18	18~30	30~50	50~80	80~120	120~180
D 或 R	0.2	0.4	0.6	0.8	1.0	1.6	2.0	2.5	3.0
d 或 D	180~250	250~320	320~400	400~500	500~630	630~800	800~1 000	1 000~1 250	1 250~1 600
C 或 R	4.0	5.0	6.0	8.0	10	12	16	20	25

附表 6-3 普通螺纹收尾、肩距、退刀槽、倒角

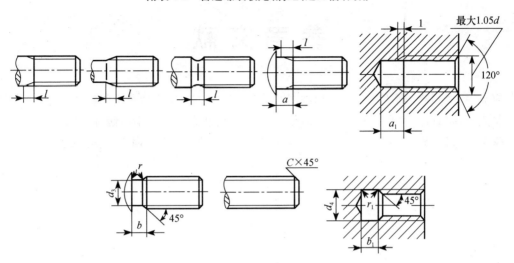

螺距 P	粗牙螺纹大径 d	外螺纹					倒角 C	内螺纹				
		螺纹收尾 $l \leqslant$	肩距 $a \leqslant$	退刀槽				螺纹收尾 $l_1 \leqslant$	肩距 $a_1 \geqslant$	退刀槽		
				b	r	d_3				b_1	r_1	d_4
0.2	—	0.5	0.6				0.2	0.4	1.2			
0.25	1, 1.2	0.6	0.75	0.75				0.5	1.5			
0.3	1.4	0.75	0.9	0.9			0.3	0.6	1.8			—
0.35	1.6, 1.8	0.9	1.05	1.05		$d-0.6$		0.7	2.2			
0.4	2	1	1.2	1.2		$d-0.7$	0.4	0.8	2.5			
0.45	2.2, 2.5	1.1	1.35	1.35		$d-0.7$		0.9	2.8			
0.5	3	1.25	1.5	1.5		$d-0.8$	0.5	1	3	2		
0.6	3.5	1.5	1.8	1.8		$d-1$		1.2	3.2			$d+0.3$
0.7	4	1.75	2.1	2.1		$d-1.1$	0.6	1.4	3.5			
0.75	4.5	1.9	2.25	2.25		$d-1.2$		1.5	3.8	3		
0.8	5	2	2.4	2.4		$d-1.3$	0.8	1.6	4			
1	6.7	2.5	3	3	0.5P	$d-1.6$	1	2	5	4	0.5P	
1.25	8	3.2	4	3.75		$d-2$	1.2	2.5	6	5		
1.5	10	3.8	4.5	4.5		$d-2.3$	1.5	3	7	6		
1.75	12	4.3	5.3	5.25		$d-2.6$		3.5	9	7		
2	14, 16	5	6	6		$d-3$	2	4	10	8		
2.5	18, 20, 22	6.3	7.5	7.5		$d-3.6$		5	12	10		
3	24, 27	7.5	9	9		$d-4.4$	2.5	6	14	12		$d+0.5$
3.5	30, 33	9	10.5	10.5		$d-5$	3	7	16	14		
4	36, 39	10	12	12		$d-5.7$		8	18	16		
4.5	42, 45	11	13.5	13.5		$d-6.4$	4	9	21	18		
5	48, 52	12.5	15	15		$d-7$		10	23	20		
5.5	56, 60	14	16.5	17.5		$d-7.7$	5	11	25	22		
6	64, 68	15	18	18		$d-8.3$		12	28	24		

注：1. 本表列入 l、a、b、l_1、a_1、b_1 的一般值；长的、短的和窄的数值未列入。
  2. 肩距 $a(a_1)$ 是螺纹收尾 $l(l_1)$ 加螺纹空白的总长。
  3. 外螺纹倒角和退刀槽过渡角一般按 45°，也可按 60° 或 30°，当螺纹按 60° 或 30° 倒角时，倒角深度约等于螺纹深度。内螺纹倒角一般是 120° 锥角，也可以是 90° 锥角。
  4. 细牙螺纹按本表螺距 P 选用。

参 考 文 献

[1] 唐克中,朱同钧. 画法几何及工程制图[M]. 4版. 北京:高等教育出版社,2009.
[2] 张京英,张辉,焦永和. 机械制图[M]. 3版. 北京:北京理工大学出版社,2013.
[3] 张兰英,盛尚雄,陈卫华. 现代工程制图[M]. 2版. 北京:北京理工大学出版社,2010.